U0176400

HIGHER AND COLDER

更高 更冷 更极端

人类极限探索史

[英] 瓦妮莎·赫吉 著 向丽娟 译

中国出版集团 现代出版社

版权登记号：01-2021-3302

图书在版编目（CIP）数据

更高更冷更极端：人类极限探索史：汉文、英文 /
(英) 瓦妮莎·赫吉著；向丽娟译. -- 北京：现代出版
社, 2021.7
ISBN 978-7-5143-9286-9

Ⅰ. ①更… Ⅱ. ①瓦… ②向… Ⅲ. ①人体 - 研究 -
汉、英 Ⅳ. ①Q983

中国版本图书馆CIP数据核字(2021)第110676号

更高更冷更极端：人类极限探索史

著　　者　［英］瓦妮莎·赫吉
译　　者　向丽娟
责任编辑　姜　军
出版发行　现代出版社
地　　址　北京市安定门外安华里504号
邮政编码　100011
电　　话　(010) 64267325
传　　真　(010) 64245264
网　　址　www.1980xd.com
电子邮箱　xiandai@vip.sina.com
印　　刷　北京九天鸿程印刷有限责任公司
开　　本　787 mm×1092 mm　1/32
印　　张　12.75
字　　数　234千字
版　　次　2022年4月第1版　2022年4月第1次印刷
书　　号　ISBN 978-7-5143-9286-9
定　　价　69.00元

献给我的父母黛比（Debe）和亚历克斯（Alex），

谢谢你们为我做的一切。

目 录

第一章

概述：极端环境下的人体表现

在20世纪，人类分别到达了地球表面最热、最冷和最高的地方，而且到达这些地方的人类的数量是前所未有的。他们中的很多人去这些地方是出于殖民、统治或军事需求；其他人则是出于娱乐，或是为了个人或国家的荣誉。人们的动机并不是单一绝对的，很多都与在极端环境中“搞科研”的愿望相关联。于是探险队中就有了科学家，他们参与、协助、组织或领导了这些探险活动。其中，地球物理学家、地理学家和天文学家的表现尤为突出，也有生物学家和生态学家在计算企鹅数量、收集蝴蝶和寻找喜马拉雅雪人，还有生理学家和生物医学科学家跟在后面研究这些去探险的人。本书介绍了这些生物医学科学家和生理学家的历史，他们对极端环境的关注点不是环境本身，也不是有机环境或无机环境的特征，而是人类在极端温度、海拔和生活条件下的具体遭遇。这些研究人员利用探险的机会来研究人体的生理极限，并反过来提供科学的指导和技术，让人类能够登上更高的山峰，能够进一步深入严寒之地和沙漠。

本书不是一部按时间顺序罗列探险科学工作的作品（这样的作品已经存在[1]），其内容是对20世纪极端生理学家的工作进行主题探索。本书将说明关于生物医学工作的两个相互矛盾的事实：首先，它是一种非凡的科学实践形式，是在具有独特挑战的特殊环境下进行的；其次，尽管它具有很强的独特性，但依旧是20世纪科学发展的一个极好的例子。极端环境下的生理研究与政治和军事目的，以及社会和文化力量之间存在着密不可分的联系。它找到了创造专业知识，决定谁能、谁不能被认定为专家的方法；它依靠数据、物质文化、思想和人在复杂的全球网络中传播和转化。这就是它能成为20世纪科学典范的原因，尽管这门科学所用的仪器都驮在牦牛背上，研究者们手指都冻伤了仍在努力做笔记。这本书还是20世纪至今依然悬而未决的两个故事的延续。其中一个故事更偏向于科学史，讲述了探险作为科学实践形式的内容；另一个故事则更多地和医学史相关，其内容主要为习服，它试图确保来自温带气候的人在最极端的环境中也能生存下来，是生物医学研究的一个对象。

探险是认识的途径之一

航海探险对于欧洲的科学、自然历史和自然哲学的形式和实践的重要性，早在现代初期就已得到充分确立[2]。远航带来了各种改变：人们开始接触新的种族、地理环境，以及不一样的思想；人们对新发现的地理和生物现象进行解释的愿望被激发；人们通过生产和加工糖、香料、奎宁或其他数百种新型消费品获得了经济回报；人们在全球范围内收集大量数据或实物的能力得到了提高。与这些同等重要的是，远航还对改进舰船设计、配给，以及导航和通信技术提出了技术要求。探险在特定科学领域中的积极作用在现代已经得到了充分的论证，尤其是在自然历史领域和后来的进化领域，高屋建瓴的林奈（Linnaeus）国际植物学体系，以及达尔文（Darwin）的积极探索都是例证[3]。另外，天文学的发展也需要探险来推动，例如在 18 世纪末期以及 19 世纪末期进行的试图记录金星凌日现象的航行。费利克斯·德赖弗（Felix Driver）所说的地理“斗士”，作为殖民统治的重要工具，在 19 世纪确立了自己的地位。探险家和探险队在绘制地图和勘测方面具有至关重要的作用，这些活动本应允许对新征服的土地进行科学的统治[4]。

但是，20 世纪的探险又如何呢？人类在 20 世纪第一次到达了北极（1909 年或 1969 年）[5]、南极（1911 年）和作为“第三极”的珠穆朗玛峰（1953 年）。的确，在 20 世纪，人类不仅踏入了南极洲，还登上了海拔 7 000 米以上的高峰；也是在这个世纪，人类离开地球，开始探索大气层以外的地方。在这一个世纪里，世界地图上原先不为人所知的地区很快一个个露出了真容，也许在这个世纪——多亏了通信和运输技术的进步，更不用说还有资金的支持——到这些荒蛮地带进行的探险、科考、军事或休闲活动的数量不断增加，远远超过了过去任何一个世纪。地理史学家对 20 世纪探险科学的历史做出了重大贡献，其中包括那些受到环境历史影响的学科，尤其是海洋学。尽管如此，直到 21 世纪初，有关这个主题的英语著作才大量出现，其中最著名的就是由西蒙 · 内勒（Simon Naylor）和詹姆斯·瑞安（James Ryan）编辑的一套论文集《探索新空间》（*New Spaces of Exploration*）[6]。这些研究成果强调了 20 世纪的探险科学与 1900 年以前较深入的探险之间的连续性。

在 20 世纪，就像在 19 世纪、16 世纪一样，探险揭示了知识和权力之间的联系。一开始是绘制一个地方的地图，因为自己想要“了解”那儿，接着就可能宣称自己对此地拥有所有权，或者将其据为己有。这样的做法在南极洲可以被清楚地看到。1957 年备受赞誉的《南极条约》（*Antarctic Treaty*）规定，在南极进行科研的国家将按其能力得到相应的领土主权[7]。探险活动也凸显了国家之间存在的接触与交流的问题，这些问题不论是在16世纪还是在20世纪都同样重要。这本书还强调了探险史学家的主张，即历史研究必须超越文字的限制，并重视对图像、地图和其他形式的物质文化的使用。接下来的几章会证明许多关于探险科学的知识是不言自明的，它们常通过口头和非正式途径传播，而不是通过公开发表的方式传播，并且在某些情况下表现在实物上，比如防毒面具或废弃食物堆存处。

尽管20世纪的地理学家、海洋学家、气象学家，以及近期的生物学家和生态学家的探索都引起了历史性的关注，但在这场当代探险科学的复兴中，我们几乎看不见生物医学的身影[8]。G. E. 福格（G. E. Fogg）在其关于南极科考活动的历史巨著中指出，在美国南极科考队于1939—1941年探险之前，“以医学的名义做研究几乎没什么尊严可言”，但即使在此之后，他也只用了10页的篇幅来介绍该地区的医学、生理和心理方面的工作[9]。他的这些说法并不公平——正如我们将在后面的章节中看到的那样，早在1939年以前，南极洲就已经存在某些形式的生理学研究了。福格的书里没有提到在南极洲进行的首次生理学考察（国际生理学南极考察队，INPHEXAN），也将许多生理学家做的工作一笔带过，但他们的故事在接下来的章节中会有更详尽的介绍。虽然高原科学历史已经受到了历史性的关注（详见后文），但第一个关于单次高海拔探险的专著体量的研究直到2018年才得以出版。它聚焦于高海拔探险与科学史和环境史的相关性，并以1963年的美国珠峰探险队（AMEE）的探险为焦点，而生理学只是因高山挑战影响而形成的众多科学学科之一[10]。医学、生理学领域的田野科学不仅仅在研究极端环境时遭到历史学家的忽视。以国际生物学计划（IBP）为例，这项历时10年的庞大的国际合作项目，旨在为有机世界做国际地球物理年（IGY）为无机世界做的事情。虽然IBP展示了以这种规模做生物学研究的挑战，有时甚至被认为是失败的，但它却涉及来自几十个国家的数百名科学家，他们在1964—1974年资助、支持并影响了数千个研究项目。然而，直到最近它才真正得到了科学史学家的关注。乔安娜·雷丁（Joanna Radin）对此进行了最为细致的探讨。她分析了IBP所涉及的人类进化方面的工作，并提示了种族科学是如何被着重纳入IBP的理论、目标以及实践之中的[11]。人体的遗传和进化研究是由各种关于“原始”和“未被接触”的人的假设构成的，在这些研究中，研究人员希望通过非温带地区的原住民来了解“文明”的白种人的进化史[12]。本书中记载了类似的观点和假设模式，特别是在第五章。这并不是巧合，因为IBP就建立在前几代人的探险工作和他们创建的理论模型的基础上。在这个项目中，“人类的适应能力”主题的很多参与者和关键人物都是在20世纪50年代和60年代参与极端生理学研究的研究人员，所以他们在加入 IBP 之前的工作也被写进了这本书里。虽然雷丁主攻的是分子生物学、遗传学和遗传研究，但在之后的篇章里，关于生理学的研究也会在她的故事中占有一席之地。这个故事不会讲得面面俱到，而是着重于生存技术和习服科学，在长期适应性和进化方面还有很多工作要做，但是生理学通常是分子生物学与人类学之间的桥梁。

为什么医学和生理学领域的田野科学都比较不受重视？对于这个问题，我认为有两个相互关联的科学编史学方面的原因：第一个原因是现代生物医学的总体概况，它强调了 19 世纪的实验室的重要性和 20 世纪的“大科学”（从本质上来说，研究的是分子生物学或遗传学）的作用。在实验室科学的兴起主导并塑造了医学和生命科学的历史背景下，在科学界占据一个位置的田野科学被边缘化也就不足为奇了；第二个原因可能更微妙，那就是田野科学本身的史学。20 世纪 80 年代的历史和哲学工作将实验室定义并完善为一个进行科学工作的特殊场所。在柏拉图式的理想中，这是一个“没有固定位置”的地方，一个进入要遵守规定、服从规章制度、可以重复实验、把自然世界简化为基本原理的地方，一个可以客观地主张知识和真理的地方[13]。但是，大量研究表明，“现实世界”的实验室的状况比这个理想中所描述的要复杂得多，场景也更混乱（尤其是与它们的多孔边界有关）[14]。这种特点意味着当历史学家——

在这个历史事件中，著名的是罗伯特·科勒（Robert Kohler）和亨里克·库克利克（Henrika Kuklick）——呼吁大家重拾对田野的关注，而不是只把目光局限在实验室时，历史上便形成了两大对立阵营[15]。田野被描述为一个边界具有渗透性的空间，实验室则相反，一定程度上是由其对出入实验室的材料和人员施加限制、加以管理的能力来定义的。从对田野的描述来看，它是一个人员成分混杂的工作空间，通常每个人的目的都不一样。例如，和科学家并肩作战的很可能是猎场看守人。但在实验室里就不一样了，大家志趣相投，目标一致。田野还代表科学家对环境的控制和影响相对较小的地方，最有代表性的就是处于恶劣天气状况下的地方。而实验室最基本的定义原则就是能够为实验人员提供一个受严密控制的场所，至少在理论上单个变量是可修改的，而其他所有变量都能保持稳定。同样，田野能产生当地的、特定的知识，而实验室的主要哲学主张是其有对真理做出可归纳的、普遍的、无区域差别的断言的能力[16]。

陷入了这种模式，人们就很难将田野工作本身视为一项活动。田野工作总是被看作实验室工作的对照物或其研究的必然结果。它要么以一种抵制的形式出现，拒绝实验室的规则；要么进行妥协，接纳实验室的一些特点，以声称自己得出的是客观知识[17]。到目前为止，有关 20 世纪医学和生命科学田野工作的历史的很多工作，都将非实验室工作（科勒称为“边缘地”）的各种场所进行了分类，这与史学的特征相符合。而这些场所从自然或“野生的”场所，到野外实验室，从水族馆和植物园，到实验室本身。或者，田野工作也可以在技术研究方面施展拳脚，尤其是使用工具（包括大型的工具，如勘查船）来调整或控制研究现场产生的数据[18]。因此，尽管科勒和库克利克对增加现场研究的呼吁得到了强有力的回应，但大多数史学都有特定的发展方向。这种发展方向是受特定的科学知识模型影响的，这种模型使实验室和田野相对立，并将某些行为和惯例赋予其中一种或另一种。比如，研究自然历史和采集属于田野工作，而做实验是实验室里的事。

近期，有好几本书都对这种科学实践的划分提出了疑问，本书也是其中之一[19]。虽然布鲁诺・斯特拉瑟（Bruno Strasser）等科学家指出，类似研究“自然历史”的实践在实验室中相当普遍，但我们将在之后的章节中说明，对于许多科学家而言，地球上的野生空间就是“天然的实验室”。也就是说，它们也能提供简化模型、标准化条件以及独特的人类体验，从而使人们获得有关人体的具有普遍性意义的知识[20]。实际上，第二章的内容就是对某具体情况的案例研究，在该案例中，田野工作产生的知识被反复且有力地证明是获得关于自然世界的“真相”的唯一来源，因为事实一次又一次证明，通过实验室模型和数学理论得出的数据总是败给探险中所收集的数据。本书的其余部分将试着让田野工作，尤其是让科学考察走出实验室的阴影，并将其视为一种科学实践。这种做法反映的最明显的一点是，生物医学家在这里仅被认为是现场工作人员的情况是罕见的。在工作中，他们的脚步从不停歇，几乎都不断地在各个地点穿梭，前一秒还安安定定，紧接着就跑到数百英里外的暴风雪中采集空气样本，然后转身又去往位于世界另一端的暖和的实验室里，把这空气样本取一点点出来，用滴定法进行测量。有时，一间被雪封住的南极小屋证明了一个被隔离且可控的空间使实验得以成功进行。有几次，屋里炉子内的一氧化碳泄漏到空气中，把科学家们熏得头昏脑涨，连基本的数学计算都做不出来。

史学存在的局限性是让实验室和田野划清界限，使分子生物学作为 20 世纪的典范学科享有特权。当我们从这些限制中走出来时，其他被忽视的故事就会重见天日。其中最明显的例子是生物勘探的历史，我们将在第四章中进行讨论。生物勘探是一个现代名词，意思是利用大自然中的资源，获取具有经济或社会价值的材料。生物勘探几乎总是被用来描述遗传或生化工作，研究的原始对象一般是植物，但有时也会是动物或人类。隆达·施宾格（Londa Schiebinger）在近代早期把这个词用在探险中，考察了帝国对“自然财富”的开发[21]。虽然历史学家将探险视为近代早期科学实践的核心组成部分，但 20 世纪却与此不同，施宾格对生物勘探更广泛的理解在当代历史中几乎不见踪迹，20世纪大多数有关生物勘探的历史记录都集中在药理学、植物提取物和遗传学上[22]。我们将在第四章说明这个名词如何有效地应用于1900年以后的时期以及除制药以外的技术。

生物勘探也使我们想起了移动和转化在科学和实践知识的使用过程中的中心地位。本书中讲到，在北极、南极、高海拔地区、沙漠和热带地区之间流转的不仅是实物和行为技术，还包括生物。对于探险家和探险科学家来说，探险中最重要的是人，本书将全程记录他们的行动轨迹。但是其他动物也很重要，尤其是狗和（20世纪初的）矮种马。它们从格陵兰、西伯利亚和阿拉斯加被运到南极洲充当劳动力和运输工具，有时还成了食物。人们也曾尝试把其他动物带入极地：1933年，美国人理查德·伯德（Richard Byrd）把三头根西奶牛运到了南极洲，一方面是为了证明该大陆可以为定居者和永久基地生产（或至少提供）食物；另一方面是利用名人效应给“好立克麦芽乳”（Horlicks Malted Milk）打广告[23]。与此相反，也有人曾试图把动物从极地带出去：挪威科学家和企业家在20世纪初曾尝试把企鹅引入挪威海岸（名义上是为了企鹅油，但也有可能是为了企鹅肉）[24]。

这种在经济上有利可图的动物迁移计划反映了本书的第二个主题：习服，或者是将生物从一个生态系统安全地迁移到另一个生态系统的愿望。

习服、适应、进化

从希波克拉底的体液学说到瘴气论，大多数古代和现代早期关于健康和疾病的理论，都包含了同样的假设，即地点对人的健康和安乐至关重要[25]。有些地方特别有益人体健康，有些地方对人体健康尤其有害。医学理论也一再重申环境对人的体质有直接的影响，能塑造身心，使人易患某些疾病，重塑性情，改变人生。对于这些影响是固定的还是可变的，不同理论的说法不一：有的认为出生地会对人体产生永久的、不可磨灭的影响，其他的则认为这些影响可以随时间流逝而改变，或者通过饮食和行为的改变来减轻。同样地，也有理论坚称某些环境对所有人都是不健康的，还有一些则认为“健康”和“不健康”是一种相对的说法，对特定环境的反应是个人反应的问题。

在整个西欧探险时期，以及始于约 15 世纪末的殖民和帝国扩张时期，环境对身体和健康的影响是否恒定已成为一个具有重要政治意义的话题。正如我们在前面的部分所看到的，到了18世纪初期，对于大多数西欧国家而言，实物和人在全球网络中的移动已经成了至关重要的政治活动，在经济上也是举足轻重的。预测这些移动是否能成功，人们首先要回答以下两个问题：欧洲人能否在非温带气候中生存下去？非温带国家的具有经济效益的动植物能否成功地在欧洲（或在殖民地）进行繁殖或培育？对后一个问题的解答，最著名的或许是卡尔·林奈的习服实验。但圣地亚哥·阿拉贡（Santiago Aragón）等人认为，将习服确立为一门系统化的欧洲科学的人，是法国动物学家伊西多尔·若弗鲁瓦·圣－伊莱尔（Isidore Geoffroy Saint-Hilaire）[26]。这些农业作物和植物的移植活动取得的成效差异很大，但它们对许多国家（尤其是那些涉及生产如糖、棉花、茶、咖啡等几大经济作物的国家）的生态系统产生了明显的影响。迈克尔·奥斯本（Michael Osborne）认为，习服是典型的殖民地科学[27]。

到19世纪，人类亟须对环境变化做出反应。这比处理那些从世界其他地区收集、课税或出口的动植物更紧迫[28]。永久的白种人定居点，尤其是在特别炎热、潮湿或热带气候的国家，需要的医疗方法不同于临时或短期停留所需的。在某些地方，两代甚至三代白种人都于非温带环境中出生，于是，这引发了有关环境对种族特征的影响的新问题。原住民对殖民统治和压迫的抵抗使得如何保持部队、行政人员及移民的健康和活力，成为生物医学研究中有争议的（可能在经济上是有利可图的）问题[29]。

从18世纪晚期到20世纪初期，西方思想中的关于归属、习服、种族和环境的研究应该朝着什么方向走，已被几位历史学家定下了基调。奥斯本、沃里克·安德森（Warwick Anderson）、马克·哈里森（Mark Harrison）、戴维·利文斯通（David Livingstone）和迈克尔·沃博伊斯（Michael Worboys）对此做了清晰的叙述，将我们的思绪带回到20世纪20年代：最初，18世纪末期的科学家们都一致乐观地认为，白种人能够成功地在非温带环境中繁衍生息（同样地，热带的动植物也有可能适应温带环境）[30]。在整个19世纪，这种乐观主义渐渐消失了，部分原因是经济和军事发展受挫，部分原因似乎是起源于殖民地国家的几次传染病（比如霍乱）的肆虐，也有部分原因是人们对遗传和进化的理解发生了变化。无论你相信的是人类多地起源说还是人类同源论，都会发现自然选择说间接地说明了不同的人类种族（物种？）在很大程度上已经适应了各自的生态位。一方面，这条理论被用来证明热带种族既懒惰又不开化这一普遍的假设；另一方面，它也引发了人们的担忧，即生活在热带环境中的白种人可能天生就无法适应那里的气候，或者最糟糕的是，他们可能会退化——由优转劣，回到更原始的状态[31]。

与对白种人在热带地区会退化的担忧齐行的，是人们对工业化、城市化的欧洲国家衰退的恐惧。“退化的”欧洲城市贫困人口和“原始落后的”殖民地居民因感染“印度”霍乱（以及其他显然源自热带地区的疾病）而死亡的人数达到了空前的数量，而中高阶层殖民地行政人员的死亡率，也渐渐描绘出全球非温带地区的白种人的长远未来的悲惨画面。批评者指责迅速却无序的工业化和城市化，认为城市居民到第三代就会消亡，并被健康的农村人口取代（这种模式最终导致人口灭绝）。他们还认为第三代白种人移民是身体残废的、不育的或有智力障碍的。旅行向导、殖民地医生和做研究的生理学家都会给移民提供生存建议——通常包括移民的工作、饮食、衣着模式中的行为改变。热带环境给白种人的身体带来的威胁，既有短期的疾病，也有长期持续的机体衰退。但是到了 19 世纪末，随着一门新的医学专业——热带医学的出现，生物医学为白种人的生存带来了更有希望的前景[32]。

非洲大陆西海岸的气候、当地人的军事抵抗，再加上传染病，导致了当地极高的死亡率和发病率，尤其是“瓜分非洲”（scramble for Africa）事件导致“白种人坟墓”（White man's grave）一词在该处被创造出来[33]。关于传染病的成因，西方研究人员的解释从瘴气论转变为微生物论（也就是说，罪魁祸首是细菌、病毒和其他带菌媒介），研究者们开始为炎热、潮湿气候下多发的传染病和发热病的具体病因提出更多的可能性。首先是疫苗的开发，然后是化学疗法的发展，它们为传染病的预防和治愈带来了希望。对于诸如疟疾这样的疾病，识别其传播媒介——通常是蚊子——意味着人们就能用网织品防叮咬和进行（有时候会破坏环境的）灭虫尝试。这些手段都能有效地应对非温带环境中最严峻的挑战。之前的历史学家的工作无可争议地证明了殖民野心和建立热带医学之间的联系，而热带医学是一门专业，也是值得（国家）资助的医学形式。被尊为“热带医学创建者”的帕特里克·曼森（Patrick Manson）就将这一学科当作帝国的统治工具：有了抗疟疾药物、预防疫苗和化学治疗，白种人再也不会死于热带坟墓，而是会茁壮成长、繁衍、定居、征服[34]。

人们对“热带白种人”的可能性信心满满，这种情绪存在了几十年，一直持续到20世纪。其间最有名的例子是：在澳大利亚，拥护者坚持认为处于热带气候的昆士兰州的白种人定居点是白种人可以在热带长期居住的证据。这种说法本身就是关于离乡者和移民的种族主义议论的一部分，其要求同化和消灭澳大利亚的土著居民——将他们确定为热带病的“宿主”，并将其从移民定居的土地上清除干净[35]。但环境决定论——人体被不可逆转、不可改变地“固定”在家庭生活环境中——一时兴起一时衰落。戴维·利文斯通认为20世纪有两个时期——

人们对这一理论深信不疑：第一个时期与20世纪二三十年代“热带白种人”之梦的消逝相并行[36]。与此同时，各种形式的热带医学实践开始作为一种医疗传教活动发挥作用，针对的不再是眼前的殖民征服和移民定居。相反，国际公共卫生组织和相关单位转而开始尝试在殖民和后殖民国家建立西方医疗设施、系统和思维模式。

进入20世纪时，短期适应性或习服科学依然缺失。尽管在西医历史的大部分时间里，环境和“致病气候”几乎是一回事，但19世纪末的微生物革命将（微生物导致的）疾病对人体造成的后果和外界对人体的影响区分开来，后者包括高温和低温、极端湿度或气压、强紫外线暴晒和24小时黑暗。历史学家通常选择遵循关于疾病和适应性的长期理论（例如种族科学和环境决定论），而非短期习服理论。但也有例外，最值得一提的当数沃里克·安德森，他对自然人类学和种族科学的研究一直持续到了19世纪初期[37]。尽管本书无法将沃里克·安德森的工作系统地与整个20世纪衔接起来讲，但是生存科学、非温带环境下的关于白种人身体的生理学和种族主义科学之间的交叉将在接下来的所有章节中得到论述。

除此之外，另一个缺乏历史关注的重要问题就是高海拔适应性，这也是我踏入相关领域的路径。致谢中的只言片语无法表达我对约翰·韦斯特教授（Professor John West）的感激。教授撰写的《高原生活：高原医学史》（*High Life: A History of Altitude Medicine*）给该领域的工作提供了最重要的参考；他还创建了资料库，这样我和未来的研究人员才得以对这个专业进行深入的探索[38]。生物医学的从业者和探险家也对极端生理学的历史表现出了极大的兴趣，至少是在高原工作方面——不仅通过做史学研究并将成果出版，还通过回忆和纪念活动。他们的参与提醒着我们，这是一门有生命的科学：当我在 2017 年春末整理本书的初稿时，英国的研究人员宣布了一项突破性的发现，即夏尔巴搬运工有对高海拔低氧环境相对免疫的遗传基础[39]。欧洲人在一个世纪前就发现了他们卓越的登山能力，而在首个表明夏尔巴人的血液对海拔的反应与欧洲人不一样的研究发表的 60 年后，西方科学仍然没有关于夏尔巴人的生理学的完整图景。本书在一定程度上对此遗憾的成因进行了解释，并展示了 20 世纪生理学方面的研究和发现。

更高、更冷之地：生理学探险路线图

本书旨在探讨 20 世纪的西方科学，其本身的局限性在所难免。书中的援引绝大多数都来自用英语撰写的资料，辅以一些用其他欧洲语言撰写的资料（除非另做说明，否则法语、德

语都是我翻译的）；同样，例子大多也来自使用英语的国家或欧洲的探险队和实验团队。这体现了现代极端生理学研究中的主导群体和语言，当然，俄罗斯和中国也正在开展相同的或不同的研究；同样，南美洲也有一种强大的本土研究文化，尤其是在这方面。多亏有了马科斯·奎托（Marcos Cueto）、豪尔赫·洛西奥（Jorge Lossio）、斯特凡·波尔－巴莱罗（Stefan Pohl-Valero）等历史学家的研究成果，我才得以写出来自秘鲁、巴西、安第斯和墨西哥的案例[40]。

这也完全是一个关于男性的故事。男性在20世纪的科学工作和探险活动中总是占主导地位的，具体执行也是由男性完成的，女性并没有存在的空间，对此大家几乎都觉得理所当然。正如我们将在第三章中看到的那样，那些决定谁能出入极端环境的人用各种软、硬的手段将女性排除在外，在20世纪80年代之前，女性的角色都只能是为数不多的受验者或实习者。但我们还是能通过各种新的途径发掘关于女性参与科学活动的故事。在本书的撰写过程中，标签“# thanksfortyping”在推特上流行了起来，这是评论男性作者和研究者在学术和研究中减少或轻视女性角色（通常是妻子或年轻学者）这一趋势的一种方式。在文章、书籍甚至题赠的致谢部分中，我的确看到了女性所扮演的角色，她们是打字员、打包员，或探险的资助者。一项开创性的历史工作已经展开，我们要把曾在极端环境下工作的女性的故事原原本本地讲述出来。本书也要强调这样一个事实，即她们的故事确实发生过，但要想让这些故事重见天日，历史学家们就需要更努力和更富于想象力地使用资料[41]。我在这里举个例子。记载银色小屋探险（Silver Hut Expedition，20世纪60年代中期的一次高原生理学探险）相关内容的已发表的材料中提到，科学家的妻子们去大本营探望他们，而材料里还加注了一笔，即她们的到访导致了个人冲突，造成了紧张的气氛。但直到我翻看了一些和探险有关的照片时才发现，一张照片里有一位女性拿着气象仪器，另一张里的一位女性显然在做笔记以协助实验，但已发表的材料里并没有关于她们的记载[42]。

女性常常是男性探险家必不可少的研究搭档，但在科研报告里，她们的功劳却被抹去了。另一个典型的例子是琼・勒达尔（Joan Rodahl），她的丈夫科勒・勒达尔（Kåre Rodahl）在20世纪中叶跻身世界上首屈一指的研究北极生活和“爱斯基摩人”（Eskimo）专家之列。［关于术语的说明：在我的资料中，凡涉及这个时期，我大多使用的是“爱斯基摩人”（由于本书作者对“爱斯基摩人”的使用做了客观说明，遂下文将根据情况用此称谓。——编者注）；而另一个名称“因纽特人”（Inuit）——自1977年前后——至今仍不为一些极地周围的居民所接受。在本书中，我将基本上沿用原始资料中的用词。[43]］

科勒出差都有琼的伴随，他大量的医疗和救生设备总是由她负责打包和寄送。她在科勒的医疗诊所中做帮手，帮他记笔记、数字，以及测量数据。她的帮助达到这样一种水平：如果她是一名男性医科学生，就完全可以做合著者。但是，当后来的探险家提到“勒达尔的爱斯基摩人”（Rodahl’s Eskimo）的时候，指的是科勒·勒达尔记述、研究并“发现”的爱斯基摩人，而不是“勒达尔夫妇的爱斯基摩人”（Rodahls’Eskimo），即这一对夫妇共同的发现。

错位的撇号看起来像是晦涩且微妙的字体，但正是这种微妙之处使女性经常被发现。在很长一段时间里，我竟然没发现，20 世纪中叶关于男性对寒冷的适应的一些主要研究成果是由一位女士——R. J. 萨瑟兰（R. J. Sutherland）太太进行分析和撰写的。因为她写的报告没有采用传统做法——使用“小姐”或“太太”来标记女性作家，而只列出了她的名字缩写加上姓氏（关于萨瑟兰的内容，详见第三章）。同样，我曾坚持认为 20 世纪 50 年代没有女性参与喜马拉雅高海拔地区的生理学或生物医学工作。过了很长时间，即在项目接近尾声时，我才发现了两位女性：一位是女性登山者的先驱——内阿·莫林（Nea Morin），她为心电图（ECG）的研究做出了贡献；另一位是伦敦经济学院登山俱乐部（London School of Economics’ Mountaineering Club）的女性会员，她在睡眠方面的研究中做研究对象（也可能是研究者）。因此，本书将如实反映女性在这些领域的工作——绝不会用“……以及几位女性”这样的话语来整理她们的活动；相反，她们的故事贯穿始终，这也反映了这样一个事实，即虽然她们处于边缘地位，却无处不在。

在这项研究中，非白种人参与者所起到的作用也常常被科学出版的惯例掩盖。尽管所有基于喜马拉雅山高海拔地区实地考察的论文都离不开夏尔巴人和其他脚夫的工作，但致谢里基本不会提到他们。他们充当着“看不见的技术人员”，他们付出的体力劳动（有时是脑力劳动）被认为是理所当然的[44]。但也有一些例外，尤其是业界精英或在欧洲受过教育的非白种人参与者。国际研究团队，特别是在喜马拉雅高海拔地区进行研究的那些，偶尔会有非白种人研究人员，其中声望最高的应该是苏克默·拉希里博士（Dr. Sukhamay Lahiri）。他出生于现在的孟加拉国，曾在加尔各答大学和牛津大学接受教育，1965 年获得富布赖特奖学金（Fulbright Scholarship）时去了美国，一直待在那里直至 2009 年去世。拉希里在高原生理学方面做了大量研究，他的突破性探险是 1960—1961 年的银色小屋探险（详见第二章）。在南美，来自欧洲和北美的科学家经常与本地研究人员（和企业）合作，以便在中海拔地区的考察地点得到设施和人类受试者。实际上，高海拔生理适应性的问题在建立和支持（能在政治方面提供帮助的）国家和种族身份方面发挥了一定作用。关于南美洲国家的构建、身份塑造、种族划分和生理学之间的相互作用，其他作者已经有了更好的阐述，而我在这里要写的，是和秘鲁科学家、高原生理学家卡洛斯·蒙热·梅德拉诺（Carlos Monge Medrano）的工作相关的一些细节。

那些和精英参与者，尤其是科学家相关的故事还原起来最容易，这是必然的；但是，20世纪30年代，当美国、欧洲（或者秘鲁）科学家出现在矿山上，采集矿工的血样、测量他们的胸部的时候，那些来自安第斯山脉的矿工是怎么想这些科学家的，我们就很难知道了。一直到20世纪末，人们才开始对夏尔巴人进行大量的生理学研究，而在关于科学工作实践的讨论中，人们一提到他们就总要带上各种恶名——小偷、搞破坏的人，却不提他们是必不可少的帮手。我在讨论夏尔巴人在科学活动中的参与情况时，参考了谢里·奥特纳（Sherry Ortner）的具有开创性的人类学研究。谢里清晰地描述了两种文化的代表——夏尔巴文化和老爷（Sahib，旧时印度人对欧洲白人的尊称）在山上的作用，并摒弃了透过后者来了解前者的旧视角，让我们对欧洲登山者与当地向导之间的关系有了更细致的了解[45]。

没有原住民的南极在某种意义上就是一片空地。虽然北极的“爱斯基摩人”不像生活在喜马拉雅的夏尔巴人那样多地作为向导，但有时他们会作为探险科学队的助手和参与者而被发现（20 世纪 70 年代的研究人员有过这样的记录："做好日志记录很难，因为……手不听使唤，所以有时候必须请更能适应环境的因纽特人担任助手做临时抄写员。"）[46]。作为国际生物学计划和其他调查的一部分，生理学家、人类学家、生存科学家和遗传学家还给环极区的各种原住民做了仔细的检查，希望对于他们的身体和文化的研究能够对白种人在极端环境下的生存有所帮助。本书会尽可能地抓住每一个机会让边缘群体的声音变得更加响亮——尤其强调科学工作是一项数十人参与的复杂的集体合作活动，其中包括仪器设计师、助理、运输技术人员、向导、计算员和打字员。但由于这项活动的实质——以开拓殖民地为目的而进行的探险活动、男性参与的科学活动——和我的语言能力的局限性，最终这依旧是一段以欧洲为中心的男性白种人的历史。

这也是一个非常现代范畴的历史，尽管是行动者的范畴。"极端生理学"一词在 20 世纪很少使用，除了在提到嗜极生物的时候[47]。到 21 世纪，它才越来越多地被生理学家用作对人类极限和极端环境条件下人体状况进行生理学研究的术语——2012 年《极端生理学与医药》（*Extreme Physiology & Medicine*）期刊成立时将其编纂入册，这是我在本书中使用它的意义。本书中使用的其他一些词的含义更不清楚，值得一提的有这几个含义极易搞混的术语：“acclimatization”（野外习服或自然习服）、“adaptation”（适应）和“acclimation”（实验室习服或室内习服）。我的书采用了一般规则，即用acclimatization（野外习服或自然习服）表示一个人的一生中对新环境的短期或中期的适应；用adaptation（适应）表示长期的适应，并且功能上有了遗传性的变化。但本书中提及的科学家、探险家和历史学家常把这几个词混着用，所以读者要根据上下文来理解它们，不能太绝对。Acclimate及其派生词用于法语文本中，在20世纪并不常用（尽管它在21世纪又逐渐流行起来），所以我选择避免使用这个词，以防不必要的术语增加。最后，（原）书里的人名和地名都是用当代英语形式表达的，但在某些相关的地方，我会在引号中保留原文中的拼写形式。举个例子，“Solukhumbu”就是“Sola Khumbu”。

章节概述

书里的故事按时间顺序排列，第二章《珠峰探险：高原反应与呼吸问题》的故事就发生于时间线的起始：先是19世纪中叶的低气压实验，然后是20世纪高原生理学领域的一些有影响力的调查研究。人到了珠穆朗玛峰峰顶后会发生怎样的状况是研究实验室模型与现实世界经验之间的冲突的一个很好的案例。呼吸生理学这一门科学中，通过田野考察得到的真相已经一次又一次地与实验室工作台、气压室或数学模型中的假设相矛盾。关于高原生理学的故事则说明了其他史学史和历史神话是如何影响和隐藏科学实践的。在这种情况下，英国业余主义（有时也被称为“绅士业余主义”）的神话强烈且持久的吸引力，导致人们忽视，甚至有失公正地表述那些需要苦心钻研的繁重的科研工作，而正是这些工作支撑着登顶珠穆朗玛峰头 40 年的尝试[48]。

对在南极进行的科学研究的叙述也受到了传统历史和神话的影响，尤其受到了领导风格、英雄主义方面的争论的影响，还和责备罗伯特·福尔肯·斯科特（Robert Falcon Scott）、罗尔德·阿蒙森（Roald Amundsen）、欧内斯特·沙克尔顿（Ernest Shackleton）等人的传记作品有关[49]。第三章《从珠峰到南北极：科考工作与女性歧视》将视角转向南极洲，并讲述了联络紧密的科学家和探险家是如何围绕着极端环境下的科学工作而形成各种小型、专属性的团体的。这些小团体虽然不完全由“绅士”（基本没有业余人士，因为经验是探险队成员必备的素质）组成，但也很少包含“女士”。由于科研地点交通不便，成员们也不愿扩大自己的圈子，就把女性（还有原住民）排除在外，这种情况直至 20 世纪末才有所改变。这些专业领域的建立，以及维持这些领域的网络，都是通过广泛的活动实现的，其中很多活动都在传统体系之外，科学领域的专业知识和权威由此建立和宣传。尽管参与者发表了论文，主持了会议，并参与了在科学领域建立尊重和声誉的更传统的实践，但个人关系对研究团队的选择至关重要。信息经常以物质文化的形式——例如设备、血液样本或食物配给——而不是文本的形式通过和围绕着全球网络［名副其实的现代文人共和国（Republic of Letters，从文艺复兴到启蒙运动期间，欧洲各国文人通过书信、书籍等互相交流，传递文学、艺术、政治等方面的思想，打造了一个理想的虚拟国度。——译者注）］传递。关系网，甚至重要的情感联系，都可以在没有面对面接触的情况下被建立。正如在第三章中举的例子，人们会在山坡和极地地区的碎石堆和隐蔽的地方给朋友或陌生人留下物料。

物质文化的转变，尤其是原住民知识向西方科学技术的转变，是第四章《当地知识与当地人：在偏见中合作》的核心主题。这一章的背景是北极，讲了许多对生理学考察和生物医学探索都很有价值的当地知识。本章将“当地知识”分为三类：物化型知识，即关于人们对当地环境的生物性或生理性适应，通常被认为是种族或族裔特性；环境知识，指的是特定区域或条件下的本地化信息（例如水源的位置或雪崩的警告信号）；生存技术，指通用的物质对象和生存实践，这种特征与实验室知识紧密相关，可以从一个地区转移到另一个地区，也可以从一次探险传递到下一次探险。第四章讲述了当地知识可以转化为通用的专业知识，但关于知识是否具有可移植性的假设却常基于其来源是西方探险家还是当地人。其中一些知识可以用于生物勘探，即获取、转移并转化为各种西方科学知识。这一章也详细介绍了一些与诸如住所、衣服和食物等有关的寻常事务的技巧，它们都不像高海拔供氧系统那么至关重要，但对于生存却是关键的，而且是科学考察成功的关键。研究人员为了使复杂课题的研究科学化，例如味道和营养或热应力和舒适度，做出了积极的努力，其中包括使用了新的测量仪器和装置。在许多情况下，他们发现自己过于强调身体体验的复杂性和个体性，抗拒标准化和量化。探险科学家的专业知识，对于他们进入上一章所描述的网络，以及在其中占据的地位非常重要，可以很容易地在他们的各种当地知识中体现出来——至少是环境和技术方面的知识，因为事实证明物化型知识更成问题，所以这一点会在下一章中进行说明。

第五章《血液研究：极端环境与血统论》又回到了习服和适应的问题上，我们将漫游在书里提到的各种地理空间，除了北极、南极和中高海拔地区之外，还有澳大利亚的沙漠。具体来说，这一章着眼于有关白种人与非白种人的生理学研究之间的关系、原住民和西方外来人员的关系，以及针对种族和民族差异的短期习服理论和长期进化解释之间的关系。其中再次讲到第二章的问题——实验室模型和自然模型的区别，探讨了所谓的人工习服的可能性。除了这些二元化的白种 / 非白种人、自然 / 人工的范畴外，这一章还探讨了与男性身体相比，女性身体是如何被用于生理学研究工作的。

继讲述了 20 世纪端科研工作中某些毫不掩饰的种族主义和厌女主义的讨论和假设之后，第六章《结论：死亡、实验与道德问题》以关于漫长的 20 世纪中探险生物医学实验面对的更广泛的伦理挑战的探讨为本书画上了句号。除了依赖（通常是工人阶级的）原住民之外，极端生理学实验的进行还需要（通常是精英）西方探险家、科学家甚至运动员自愿的付出，有时新兵被强制要求参与，有时不知情的死者也成了参与者。这一章还对 20 世纪极端生理学的调研结果进行了回顾，展示了其发现和不确定因素如何影响了针对从早产儿到周日登山者的所有人的研究。

本书的大部分内容都表明了对极端生理学的研究是一项科学活动，从它的模式中我们可以深入了解到很多现代生物医学的实践方法：它是通过大型的国际连接的支持和专属性的网络来实现的；它是通过分享物质文化、样本、非正式建议、个人体验以及已发表的材料来完成的；复杂多元的筹资模式既限制了它，又解放了它。它使知识和技术能够在全球范围内传播，但传播的内容时而有缺失，时而被大肆渲染，时而其出处又被讹传；它是由在多个研究地点间跑来跑去，并且平衡实验室和现场需求的科学家完成的；它要做到这一点，必须借助一支庞大的、通常不被看见的、得不到表彰的技术大军——从搬运工、仪器制造者到妻子。同时，它也是一门非凡且非典型的科学，对参与者的身体素质提出了极端的要求，在很多时候甚至夺去了他们的生命。这一点也将在第六章中着重讨论。

第二章

珠峰探险：高原反应与呼吸问题

1874 年 3 月 30 日，法国人保罗·贝尔（Paul Bert）在他的日记中记录了自己成功登顶珠穆朗玛峰的经历[1]。他活着的同伴是关在柳条笼子里的一只老鼠和一只麻雀，在空气稀薄的环境中，它们呼吸困难。但呼吸对于贝尔来说不是问题，因为他有供氧系统。他对麻雀进行了细致的检查，因为它在上升过程中不断呕吐，变得十分虚弱。他把直肠温度计插入它的体内，增加了它的痛苦。他把数值记录下来，发现这只不幸的鸟的体温比它在海平面所被测得的下降了 5 ℃以上。贝尔带去的蜡烛闪烁不定，最终熄灭了。他写道，尽管受到这样的挫折，自己依然想要继续爬升，但糟糕的是，他的气泵坏了。

对于那些知道人类首次登顶珠穆朗玛峰的时间是 1953 年的人来说，贝尔的故事让他们觉得不可思议。贝尔的“登顶”发生在珠穆朗玛峰被列为世界最高峰之后不到 20 年的时间里，其实他所在的地方距喜马拉雅山近 6 437 千米，是装在巴黎索邦大学（Sorbonne, Paris）实验室里的一个气压舱。尽管如此，贝尔坚信他的“登顶”证明了即使是地球上最高的山脉，从理论上来说，也不是人类无法到达的地方［“du mont Everest, la plus élevée des montagnes du globe (8 840 m), n’est plus théoretiquement inaccessible à homme”］[2]。他选择珠穆朗玛峰部分原因是它为大众所熟悉，他还在自己的著作《气压：实验生理学研究》（*La pression barométrique: Recherches de physiologie expérimentale*）中添了一笔：把一个抽象的测量数值（以米为单位的高度）转换成在现实世界中可以看得到的例子（某一座山）[3]。为此，我们到现在都经常用由人类的边界定义的地理对象来描述大小，如某处有威尔士、比利时或得克萨斯州那么大，或者有亚马孙河那么长。同时，这次试验也提出了真正的对等转换：贝尔在实验室里做的工作让人们真实地了解到人（还有麻雀和老鼠）登上世界最高峰时的反应。之后人类花了 79 年的时间才到达真正的峰顶，而一个研究团队在 107 年后才在峰顶附近进行临床测量——尽管不是直肠温度。在贝尔的实验之后，到珠穆朗玛峰顶或附近开始出现关于女性身体的研究，我们不得不等了 133 年。至于麻雀和老鼠，这方面的研究依旧是一片空白。

回顾这 130 年的研究——也就是将在这一章里展开来说的内容——我们可以清楚地看到，贝尔的研究有点反常。从 19 世纪末到 21 世纪初，有关人体在珠穆朗玛峰上的反应的问题，最权威的科学解答总是来源于在山上进行的研究，而不是在气压舱内进行的研究。但实验室的工作并没有遭到忽视，基于山间研究的出版物在数量上也没有超过利用气压舱和实验室工作台仪器做研究而发表的出版物。恰恰相反，我们将在这一章中说明，高海拔的登山探险常与包括实验室（大学、军事机构、工业研发部门的）以及世界各地的其他科考现场在内的研究网络紧密相关。

自 20 世纪初以来，人们已经进行了数千次高海拔探险。我们在本书中只专注讲这些探险活动中的一小部分相关的案例，其中有普通的国家探险，也有专业性的科学考察。选择这些活动的原因是它们对贝尔含蓄地提出的一个问题给予了明确的解答，这个问题即“人类能登上世界最高峰（并且生存下来）吗？”一个多世纪以来，这个问题从贝尔最初对高原生理性障碍产生的原因的研究，逐渐演变成寻找解决高原生理性障碍的实用技术疗法，再到详细研究人体对这些障碍的自然反应，以及实现人体永久适应高海拔环境的可能性。

在这种演变中，一个看似简单的生理学问题带出了可能引起田野和实验室之间发生冲突的论证方式。在这种情况下，最终只有田野能够决定什么才是有科学依据的事实，尽管诸如珠穆朗玛峰这样的田野考察地点对科学家和他们的人类研究对象来说存在着巨大的风险和挑战。这些挑战是实实在在的挑战，而且是对体能的挑战，有时甚至可能是致命的；同时，这些挑战也是对政治和社会关系的挑战，因为针对这座（还有其他类似的）山的国际冲突和竞争从未停止过。其中最值得一提的就是，20 世纪 50 年代世界各国抢登珠穆朗玛峰的风潮，其中风险不小，却重燃了英国对珠峰的兴趣。这是身为一个日渐衰落的后帝国主义国家的首次探索，为了完成这一项完全要靠体能夺魁的壮举，英国甚至一度孤注一掷。到本章结尾时，我们就能看出，贝尔的研究的基调和方法在大方向上明显和之后要讲到的高海拔研究不同。从某些方面来说，他并不是个例：大多数做高海拔研究的人可能从未爬过任何山，更不用说珠峰了。研究血液和空气样本，使用机器、数学模型、模拟器，以及用动物来代替人体做实验，仍然是这个研究领域的核心工作。在解决高原反应这个问题上，贝尔对自己的解决方法有信心，但他对实验室模型和现实世界的契合度的信心就像蜡烛的烛火，在接下来的一个半世纪里闪烁不定，有时还会熄灭。

翻越头疼山：高原反应

距离贝尔爬进气压舱好几个世纪之前，人们就知道登上高山后，身体会出现奇怪的症状。在贝尔的《气压》（*La Pressio*）一书中，开头第一章就用了很长的篇幅来讲述各种和高原反应有关的故事，包括从早到大约公元前 30 年中国对此的记载，到洪堡（Humboldt）在南美时的著作，再到高空气球驾驶员的最新观测。这些报告中都出现了相关的综合征，或一系列相似的症状：头痛、气短、疲劳和睡眠紊乱。与其他疾病一样，这种被称为“高山病”的疾病在不同的个体身上表现出的症状也似乎有所不同，不同的攀登者会在不同的高度出现这些症状（热气球驾驶员出现症状的时间要早得多），有些人除了上面提到的症状外还会出现呕吐、厌食或精神障碍等症状，还有的人只出现后面的几种症状。症状的严重程度不仅在个体之间存在差异，在不同的山上也不一样。贝尔收集这些故事出于两个原因：第一，它们是“通向真实的道路”，也就是说，他用这些故事来说明并证明现实世界中存在这些现象，然后再到实验室里对这些现象进行分析和了解；第二，这一条同样重要，他可以通过这样的登山故事选集列出关于高原反应的大部分现有解释，然后几乎完全否定它们。其中最流行的解释是，这种病是由有毒气体或风导致的，或是由肌肉疲劳、气压变化引起内脏的生理紊乱造成的。

没被贝尔否定的是他的同事——医生兼生理学家德尼·茹尔当（Denis Jourdanet）的理论。从 1841 年到 1869 年，茹尔当在墨西哥度过了将近 18 年的时间，其间仅因回法国完成医学学业而中断过[4]。他发表了一系列关于海拔对健康和疾病的影响的作品，其中对于贝尔来说最重要的可能是 1863 年的论文《高原性贫血和一般性贫血与气压的关系》（“De l’anémie des latitudes et de l’anémie en général dans ses rapports avec la pression de l’atmosphère”）。在这篇论文中，他明确地提出了“高原性贫血”这种疾病。他认为高原反应是由缺氧导致的，并引用了他的实验室和田野观察的结果，以此表明人类在高海拔时的动脉氧浓度低于在低海拔时的[5]。茹尔当还首先提出，像贝尔这样的年轻研究员，可以通过研究高原反应问题，把对呼吸和缺氧的兴趣转向更有益的研究。也许对于贝尔来说重要的是，茹尔当还为他提供了科研资金[6]。

贝尔的研究方法基本上是在法国生理学家克洛德·贝尔纳（Claude Bernard）的影响下形成的，后者提倡在与医学相关的科学研究中使用实验室和动物模型。这种研究方法不仅仅是一种实用的工作方法，还象征着一种在寻找科学事实时的理性和哲学态度。贝尔纳认识到生物构成了一个整体的系统，它们之间有着千丝万缕的关系，复杂到不可思议。对此，他的解决办法是以简释繁的实验法：有选择地扰乱或破坏这个系统的特定部分，以研究它们对整体的影响。通过尝试分离和操纵单个器官、化学平衡、输入和输出，他的方法论给在生物复杂性的一片混乱中创建起可知的秩序带来了希望[7]。从本质上来说，这就是贝尔采取的方法：高山病是由多种症状一起构成的一种疾病（也可能是多种疾病），对此，贝尔将他的研究问题精简为一种特殊的综合征，即高原反应。他还进一步提出假设：这种病症的起因能够在身体的两个系统（呼吸系统和循环系统）的交叉处找到。他根据茹尔当的研究进一步假设高原反应（据此推论为高山病）是一种缺氧反应，是由氧分压（Po_2）在高海拔地区降低而引起的。

贝尔的研究计划十分详尽，而且《气压》是他大约 10 年工作的总结。这期间他身兼数职，不仅要忙于巴黎索邦大学生理学系教授的其他工作，还要忙于自己的政治活动（他于 1874 年在巴黎的国民议会上得到了一个席位，于 1876 年当选为众议院议员）[8]。他的研究项目在气压舱试验中大获成功，其结果可以简单明了地总结为：缺氧会导致与高山病相关的症状出现，补充氧气可以缓解这些症状，对老鼠、鸟类和人类来说都是如此。从医学的角度来看，高山病就是高原反应，是由缺氧引起的一种简单的内环境失衡。而实验室的研究结果则充分表明：只要能适当地进行氧气补充，人类（以及老鼠和鸟类）就可以登上世界最高峰。

这一发现支持了茹尔当的论点，但其他研究人员对此并不认同。瑞士法语区医学会（Société Médicale de la Suisse Romande）会长马克·迪富尔（Marc Dufour）立刻就提出了反对意见。迪富尔是一位眼科专家，他的论文主题是"肌肉力量与疲劳"。他在研究中得出结论，即疲劳可导致高山病，或许这就可以解释为什么不同的登山者在出现高山病症状时所在的海拔差别很大[9]。他还指出，从高山病中根本看不出单变量（氧气）和一系列的症状之间有何系统性的关系，这种疾病呈现出了多种变异状态，远比贝尔的简化理论能预测到的多。迪富尔并不否认缺氧也会导致这些症状，但在读了贝尔的作品后指出：氧气可能会和疲劳共同产生作用，所以在低海拔（氧分压较高）时，疲劳的登山者也会出现某些症状，而体力充沛、强健的登山者则不会。

迪富尔的观点有一定的道理：贝尔的研究的症结在于一次只研究一个因素，只破坏内环境的一个部分。不论这些结论在实验室或实验舱这种封闭的环境中得到了多么有效的验证，都不能保证当登山者在半山腰上遭遇复杂的异常情况时，简单地进行氧气补充后就能继续攀登。高山登山者们熟知，疲劳、严寒、疾风、心理疲劳和压力都是人们在爬升时会遇上的问题。西方探险家来到喜马拉雅山后，一旦开始进行高海拔攀登就能发现实验室和真正的高山之间有着明显的区别。贝尔“登顶”珠穆朗玛峰的经历不包括徒步数周来到大本营，温度低至 -60 ℃（-76 ℉），痢疾反复发作，以及因为雪崩和失足跌落冰隙而失去同伴。因此对贝尔的方法论最明显的批评是，他居然坐在椅子上就把“登顶”完成了，这期间最耗费精力的动作就是把温度计插入那只缺氧的鸟的直肠中。后来，实验人员采用了更大的实验舱，并添加了健身单车、跑步机和健身踏板，以此来增加疲劳度。但即使是这些技术也没有突出这样一种可能性，即精神和身体的疲劳都对高山病有很大影响[10]。

疲劳本身直到 20 世纪仍是一个难以解读的生理过程，对它的研究总是离不开内环境。到了 20 世纪，这个概念被重新解释为“稳态”（homeostasis），这个词由生理学家沃尔特·坎农（Walter Cannon）在 20 世纪 30 年代创造并推广[11]。坎农是哈佛医学院（Harvard Medical School）的生理学教授，对哈佛疲劳实验室的建立起到了重要作用。该实验室彻底改变了人们对疲劳的认识，同时对高海拔和极端生理学的其他主题也有研究[12]。该实验室的研究人员还对北美和南美的中高海拔地区进行了实地考察[13]。尽管他们提倡对生理学采取一种简化的研究方法，即通过组成部分来研究整个系统，但也认识到，高原反应和疲劳一样，是一种全身性的紊乱，一种生物体体内稳态的破坏，会影响全身系统。疲劳实验室的研究直接与高耗资且广泛深入的田野工作相挂钩，和贝尔的研究不一样。

所以，最能代表20世纪高原生理学研究的，是后来那些生理学家采用的方法，而不是贝尔的方法。我们接下来要讲的是一位奠基者级别的人物——意大利生物学家安杰洛·莫索（Angelo Mosso）[14]，他兴趣广泛，曾在克洛德·贝尔纳的实验室工作过一段时间。当莫索开始使用意大利阿尔卑斯山脉的罗莎峰上新建的实验室时，他对高原生理学的研究就正式开始了[15]。受到“应该在该地区建立一个高原观测站”的建议的启发，玛格丽塔（王后）小屋因此应运而生。小屋内部构造简单，分为生活区、厨房和实验室，实验室于1898年扩建，以增大研究所需的空间（见图1、图2）。处于海拔4 450米的玛格丽塔（王后）小屋经过数次翻新，如今依旧是欧洲海拔最高的研究站[16]。

玛格丽塔实验室的扩建部分有时被称为“天文台”——当它还在规划时，莫索就把它叫作“罗莎峰天文台”——后来它也的确被用于天文和气象研究[17]。在19世纪90年代，欧洲的天文学家们就认识到了在相对孤立的山坡偏远地带做夜空研究的价值。“相对”在这里是一个重要的修饰语，因为尽管研究人员离开了文化和文明的喧嚣，从蓬勃发展的工业城市来到这些天文台，但这里并非孤立于俗世之外。事实上，之所以决定将站点选在这里，是因为它有通畅的网络——通过电报、传统的步行路线、既有的搬运队伍甚至铁路与世界其他地区相连[18]。因此，这些位于中海拔地区的研究地点大多有多种用途：在瑞士阿尔卑斯山脉的福尔山，一家旅馆同时也是生理学和天文学的研究基地。所以像玛格丽塔（王后）小屋这样为进行生理学研究而设计的站点也能为物理学家、天文学家、医生和疲惫的旅行者所用[19]。

各种研究交相进行，这样的研究模式对莫索来说最适合不过了，因为他自己的研究就涉及多个领域。除了高原反应和疲劳的问题（莫索和迪富尔一样，认为两者是密切相关的），莫索还研究营养学，写了有关高山紧急医疗程序的文章，还探讨了如何在高原更好地饲养动物，并进行了开创性的皮肤学研究——因为担心被晒伤，他把姜黄、赭石、石墨、煤灰、凡士林和油脂涂在脸上，看哪一种保护皮肤的效果最好。他把这些膏体涂在自己或同事的脸上，有时候他们两边脸颊上涂的膏体不一样，或者鼻子涂一种颜色的，脸上涂另一种颜色的。这样做“让我们保持了愉快的心情，也给我们遇上的登山队带来了不少乐子”[20]。

图1　最早的“玛格丽塔（王后）小屋”（上图）和扩建的罗莎峰天文台的素描（下图）。其摘自莫索的《高山上的人类生活》[*Der Mensch Auf den Hochhalpen*（1899），pp.164, 428]

在高原反应的问题上，莫索用自己在山上的经历对保罗·贝尔守在实验室里得出的结论提出了反驳。他对贝尔一再重复的提法（人在高海拔地区呼吸更急促）表示了质疑，不过最早持这种观点的是奥拉斯–贝内迪克特·德·索叙尔(Horace-Bénédict de Saussure)。莫索指出，这项研究只针对还处在疲劳状态下的登山者，而不是得到充分休息的登山者。这一点很重要，他论证说，呼吸加快的原因是低氧血（血氧低），而不是贝尔所认为的低氧分压[21]。莫索还指出，在窒息（缺氧）的时候，人的脉搏往往会减缓；但在高海拔时，脉搏会增快[22]。莫索还进一步指出，以实验为依据，且有实际操作的证据证明，氧气不是治疗高山病的万灵丹。他说，在一次攀登勃朗峰时，他与向导以及建造了这座观测站的工人交谈过，并从中“学到一件事”，那就是“氧气根本不能治疗高山病”[23]。为了增强辨正效果，他甚至把雅科泰博士（Dr. Jacottet）的故事也搬了出来——这位年轻的法国人在 1891 年攀登勃朗峰时忽然去世。登山时，雅科泰出现了严重的呼吸困难和乏力症状，但拒绝了下山的劝告。他写信给朋友说，尽管高山病令他痛苦不堪，但为了研究“大气压力对自己的影响以及自己的适应性”，他决定留下来[24]。第二天，他的病情突然发作，并表现出明显的身体麻痹状态，尽管给他输了氧，他还是在第三天清晨去世了。

所以，对于贝尔的“理论法”，必须用山上的真实情况进行检验。莫索也很重视实验室研究的价值，事实上，他几乎是无缝地穿梭于海平面实验室、海平面田野考察、山间实验室和登山探险中（他还在研究中采用了大量二次文献），同时进一步证明了海拔对人体的影响。莫索和贝尔不一样的地方在于，莫索想要从整体上研究问题，而不是寻找问题的关键弱点予以击破——他在这一方面的重要著作《高山上的人类生活》的书名就是最好的佐证。书名中的“生活”一词准确地表明了他的目的，即记述山区生活和山区旅行在各个方面对于人体的影响。但《高山上的人类生活》一书特别指出，导致高原反应出现的主要气体不是氧气，而是二氧化碳。对历史感兴趣的美国生理学家拉尔夫·凯洛格（Ralph Kellogg）仔细地研究了莫索的数据，认为他的解释可能犯了计算方面的错误（做气体分析时用了重量百分比，而不是体积百分比）和操作上的错误（就这个实验来说，用的气压舱太小）。有意思的是，即使从现代评论家的视角来看，误导莫索的也是实验室，而不是田野调查现场[25]。

当代的研究者在回顾历史时，当然会把贝尔视为这个研究领域的奠基人，但直到19世纪末，人们对高原反应的起因（或治疗方法）仍未达成共识[26]。T. G. 朗斯塔夫博士（Dr.T. G. Longstaff）在1906年出版了《高山病及其可能的成因》（*Mountain*

图 2　玛格丽塔（王后）小屋里拥挤的实验环境［原始标题："我兄弟在玛格丽塔（王后）小屋（4 560 米）做实验，尝试确定半小时内消除的二氧化碳的量。"］（摘自莫索的《高山上的人类生活》，图 49）

Sickness and Its Probable Causes）。他既是一名有专业资质的医生，也是一名登山爱好者，后来在 20 世纪二三十年代一直都是英国珠峰探险队（Mount Everest Expeditions）的队员。朗斯塔夫在书中指出，只有疲劳和个人的易感性才能解释为什么每个人的高原反应都不一样[27]。意大利探险家阿布鲁齐公爵（Duke of the Abruzzi）的保健医师迪菲利波·迪·菲利佩博士（Dr. Fillippo di Fillippi）在 1909 年的报告中说公爵的高海拔登山队员没有生病时，就提到疲劳的问题[28]。现在被认为正确的解释是贝尔的结论，而不是莫索的——低氧分压是导致高原反

应的直接原因。对于随后的高原研究来说，贝尔纯粹在实验室中进行的单因素研究是一个相对较差的模型。本章限于体量，不可能把所有与海拔、缺氧和人体有关的研究都一个不落地记录下来，但本章讨论的那些研究——至少在事后看来——具有无与伦比的重要性，它们从世界领先的研究中心中衍生或被创建出来，为人们开启了职业生涯和对研究的毕生兴趣。本书中提到的研究基本上都是探险性的实验。这并不是本书抱有的偏见，而是对实验室和探险之间的均势的真实体现：实验室提供了基础工作、数据处理和数学模型，但事实一次又一次地证明，只有高山和登山者才能证实、否认或创造和人体有关的新的事实。

对于工作，莫索具有的另一个特点是专业人脉深厚，他有着大量的协作者和共同研究者，这一点使他成为后来追随他的科学家的榜样。莫索与国际上的许多生理学领军人物都有交往（在实验室一起待一段时间或参观实验室），其中包括法国的克洛德·贝尔纳和艾蒂安·马雷（Etienne Marey），以及德国的卡尔·路德维希（Carl Ludwig）。而他自己的实验室（大约成立于 1879 年）则成为来访生理学家的活动中心，来访的客人里有英国研究员查尔斯·谢林顿（Charles Sherrington）和哈维·库欣（Harvey Cushing）。在他所有的学术合作者中，最值得我们注意的是内森·岑茨（Nathan Zuntz）。他是一名化学家和生理学家，与阿道夫·勒维（Adolf Loewy）和其他人在玛格丽塔（王后）小屋对人体在高海拔地区休息时和工作时的耗氧量、血液成分变化做了研究，研究内容甚至延伸到饮食方面[29]。岑茨的研究兼有田野研究和实验室研究。19世纪90年代，他在柏林犹太医院（Jewish Hospital）的气压舱里以及罗莎峰上都做过高原研究。20世纪早期，他把注意力转向气球，然后在1910年组织了国际高海拔特内里费岛探险（International High-Altitude Expedition to Tenerife）[30]。探险队中有2名英国研究员，C. G. 道格拉斯（C. G. Douglas）和约瑟夫·巴克罗夫特（Joseph Barcroft），他们在海拔2 130米及3 350米的地方进行了血液及呼吸系统的研究[31]。在研究中，巴克罗夫特反驳了莫索关于高原反应的主张，即高原反应是由血液中二氧化碳分压（Pco_2）降低引起的，而不是像贝尔提出的那样——氧分压降低引起高原反应。整支队伍里只有巴克罗夫特饱受高原反应之苦，也只有他的肺泡中的二氧化碳分压没有明显下降，而且其数值在他爬升过程中始终没有太大变化[32]。

国际高海拔特内里费岛探险是欧洲人在20世纪的第一次探险实验，也许它的重要影响之一就是鼓励人们进行更远、更高的登山研究。1911年，巴克罗夫特去玛格丽塔（王后）小屋考察，而道格拉斯则和其他人共同组织了一次更惊险的海上之旅，到达了美国科罗拉多州的派克斯峰。1911年的英美派克斯峰探险队（Anglo-American Pikes Peak Expedition）的成员有道格拉斯、J. S. 霍尔丹（J. S. Haldane），以及两位来自耶鲁大学的生理学家，扬德尔·亨德森（Yandell Henderson）和爱德华·C. 施奈德（Edward C. Schneider）。在科罗拉多州，一位名叫梅布尔·普里福伊·菲茨杰拉德（Mabel Purefoy FitzGerald）的女士加入了他们，这种情况在探险活动中是极其罕见的。她在牛津大学读的是生理学，曾在霍尔丹的实验室里工作，后来在得到了洛克菲勒的旅行奖学金后就去纽约研究细菌学。菲茨杰拉德没被邀请加入派克斯峰实验室工作，而是（和霍尔丹合作）制订了一项独立的研究计划，即去科罗拉多州的采矿营地，研究已经适应当地环境的矿工的血液中的二氧化碳分压[33]。

有意思的是，在 1911 年选择将派克斯峰作为研究地点的理由之一是在山上工作“除了降低的大气压外，还有生理条件……（要）尽可能正常”[34]。也就是说，山间的“大自然实验室”允许单个环境因素——海拔产生变化，但其他因素（疲劳、饮食、个人空间等）要保持不变，据此人们认定高山是一个比气压舱更真实、更可控的研究地点[35]。从后勤方面来说，在研究地点的选择上，派克斯峰比阿尔卑斯山、安第斯山或喜马拉雅山都更胜一筹，因为那里有现成的住宿条件，还有齿轨铁路。它们不仅为物资供应提供了极大的便利，还吸引了一些不适应环境的游客，而科学家们可以把他们当作实验对象进行观察和比较。这次探险得出了一个信心满满的结论：是贝尔而不是莫索找出了导致高原反应出现的主要原因是缺氧。这些研究员也和贝尔一样，以自己的经验推断出人在海拔更高的地方的体验，认为：

对于不适应高海拔的人来说，在没有氧气补给的情况下直接攀登（或乘飞机、飞艇登上）像珠穆朗玛峰这样高的山峰，绝对是没有希望成功的。但似乎也没有任何生理上的理由可以解释为什么已适应高海拔的人竟然也有可能攀登失败，尽管如此高的爬升对他们来说也很危险[36]。

带氧气就是作弊?

尽管到目前为止我们讲述的探险都是高海拔探险，但仅凭这些仍不能推导出贝尔的高海拔实验得出的关于人体的知识。一直到 20 世纪 20 年代，英国人才把目光转向世界的“第三极”——珠穆朗玛峰（因为英国人没能第一个到达北极或南极），开始认真考虑登上珠峰并在上面做人体研究。英国在 14 年里组织了 7 次远征，其中有 5 次尝试登顶（1922 年、1924 年、1933 年、1936 年、1938 年），2 次登山勘查（1921 年、1935 年）。

直到最近，这些探险故事仍把业余的绅士风度和科学进步对立起来，将英国没有研发（或是在一些情况下使用）有效的氧气系统归咎于传统登山者的态度，后者认为这种技术辅助手段是“作弊”。这就是英国组建的登山队的队员在1953年成功登顶珠峰后产生的看法，生理学家刘易斯·格里菲思·克雷斯韦尔·埃文斯·皮尤（Lewis Griffith Cresswell Evans Pugh）和外科医生（同时也是队医）迈克尔·沃德（Michael Ward）指责道：“关于使用氧气的伦理问题的徒劳争论，以及不接受先驱者在氧气应用方面的发现，导致有望革新高海拔登山方式的方法推迟了30年才被引入英国。”[37]

对于在20世纪上半叶一直困扰着英国探险队的氧气争议，我曾提出过一种不同的解释：这场争论的内容实际上更多的是关于把实验室环境中的事实转变为山间环境中的实际解决方案的难度的问题，而不全是关于道德的问题[38]。不到1年，也就是1954年，皮尤变得不那么尖锐了，但仍然指责“（登山者）极其渴望只靠自己而不借助外力登上珠峰”的想法；但他也承认，在20世纪50年代之前研制的氧气设备并不能令人满意[39]。关于在山上使用氧气的做法，确实存在医学和科学上的不确定性。除了非科学家出身的登山运动员，还有其他人也反对依赖氧气。举个例子，我们可以看看朗斯塔夫博士的观点：他曾写过一篇关于“疲劳会导致高山病”的文章，并在其中直言不讳地批评了 20 世纪二三十年代人们携带（沉重并导致疲劳）的氧气系统上山的做法，尤其是他相信在高海拔地区发生技术故障会对未适应环境的登山者造成严重后果。

氧气系统的关键支持者在 1921 年的英国珠穆朗玛峰勘查探险中去世，这对氧气系统推广事业来说是一个严重的损失。亚历山大·凯拉斯（Alexander Kellas）是一位生理学家、医生，20 世纪早期英国有经验的喜马拉雅山登山者之一，也是第一个认识到当地人所拥有的优秀登山能力的欧洲人（1907 年，他带了 2 名瑞士向导去克什米尔和锡金探险，他们都出现了高山病）[40]。凯拉斯博士花了近 15 年的时间研究高原生理学和呼吸生理学，与霍尔丹合作进行低压试验，其试验结果用在了于 1921 年登山勘查的人员所用设备的设计上[41]。他和其他几位队员在长途跋涉中可能感染了痢疾，在他们到达西藏的岗巴宗（宗：西藏旧行政单位，现为县）之前去世了，而其他的队员都幸存了下来。凯拉斯的年龄（53 岁）以及他刚结束不久的在卡梅德峰（Kamet，位于印度加瓦尔）进行的一趟极耗体力的考察之旅，这两个因素可能导致了他的死亡。凯拉斯之前去卡梅德峰是为了对高海拔氧气技术的可行性和功能进行研究，此行由英国医学研究理事会（Medical Research Council, MRC）、英国珠峰探险队氧气研究委员会（British Mount Everest Expeditions'Oxygen Research Committee）和（英国政府下辖的）科学与工业研究部（Department of Scientific and Industrial Research）赞助[42]。他的去世有力地说明了，在没有抗生素的时代，细菌感染、非饮用水和坏疽给登山者带来的威胁就和雪崩和冰隙（身居巴黎索邦大学的贝尔就不用担心这种威胁）一样大。

尽管有这样的挫折，英国珠峰探险队还是在20世纪20年代进行了3次攀登活动，并在攀登过程中都用了氧气装备。乔治·马洛里（George Mallory）和安德鲁·"桑迪"·欧文（Andrew "Sandy" Irvinie）——两位都是典型的绅士业余爱好者——就是穿着欧文亲自改装过的氧气装备在1924年爬上了死亡的巅峰：

要是没有他，所有氧气装置都没法用。管子全是由黄铜制成的，上面有好多小裂口，他用焊锡堵上了，这只是其中一个例子……要是普赖默斯汽化煤油炉坏了，就会被直接送到欧文那儿，他的帐篷简直就是一个修补匠的作坊[43]。

尽管在模拟条件下，人们对实验室的设计进行了仔细的测试，但到了山上，并不是所有工作都能像预期那样正常进行[44]。设备很少能让人满意——事后看来，那些设备明显笨重无比，产能低，气体流速慢，在适合度、舒适性和易用性方面不断出现问题，而且重要部件经常结冰，指示器失灵，面罩还起雾[45]。要说20世纪30年代的探险和20年代的有什么区别的话，那就是30年代的氧气系统更糟糕。但尽管遇上了这些困难，1933年的探险队队长还是解释道："关于氧气的问题还没有一个定论，但只要它可能有助于成功，我们就要利用起来。"[46]所以他们还是带上了氧气系统，并花时间对其进行研究和改进。这些20世纪二三十年代的探险队成员为生理学工作付出了艰辛的劳动，为了给生理学家提供数据进行分析，他们总是尽力到更高的山上采集临床样本[47]。

尽管做了这些工作，但事实是，随着第二次世界大战爆发，探险工作暂停了。通过田野调查得到的证据却似乎表明，氧气系统对攀登没有帮助——要说有什么影响的话，就是这些设备带来了额外的重量，还很占地方，人们也感觉戴着面罩用呼吸管呼吸很别扭。这些设备不但没有给高海拔攀登带来便利，反而增加了难度。生理学家根据计算得出结论——甚至连凯拉斯这样支持使用氧气系统的人也认同——登顶珠穆朗玛峰肯定已经非常接近人类的极限了，但人们仍然希望看见此种现象：高度习服、耐力超强的人不用补充氧气也能登顶成功[48]。20世纪50年代初，一个令人信服的、成功的产品终于面世。这套氧气系统专为英国高海拔登山者而设计，是生理学家皮尤在高海拔地区进行的研究以及探险队的氧气小组委员会工作的成果，两者都建立在战争期间科学家们针对空战对呼吸系统进行的研究所取得的技术突破之上。

20 世纪 50 年代的登山队能取得成功，部分要归功于航空相关研究的经费的增加，这项研究在第二次世界大战中成了焦点[49]。（皮尤就是在战争环境下获得了第一次高原生理学方面的工作经验。1941 年，英国在黎巴嫩山区组建了山地作战滑雪部队，他则在其中担任军医[50]。）但是军事研究和登山之间的关系并不是一直都对研究有所助益，如飞机驾驶舱其实更像气压舱，其内部环境并不能真实地反映高山环境。那些致力于实现英国登顶珠峰目标的人意识到了这种脱节，这引发了摩擦，但是这种摩擦经常被误解为体育和科学之间的较量，实情却是关于模型和实验室的。本节的标题生动地概括了这一误解，这句话出自剑桥天文学家阿瑟·欣克斯（Arthur Hinks）的信，经常被（错误地）用来说明绅士登山者拒绝科技[51]。英国过去所有尝试登顶珠峰的探险都由喜马拉雅委员会（Himalayan Committee）负责组织和筹集资金，阿瑟·欣克斯在委员会中的身份是皇家地理学会（Royal Geographical Society）的代表。这封信是欣克斯写给登山俱乐部（Alpine Club）的主席 J. P. 法勒（J. P. Farrar）的，“作弊”一词来自这段对话：

如果携带氧气装备反而导致他们无法达到在没有氧气装备的情况下所能达到的高度，我将感到万分遗憾。按照德赖尔（Georges Dreyer）写的使用说明……7 000 米以上应该不间断地使用氧气。那……都是胡说八道……如果队伍里有人带着氧气装备上去了 7 600 米，就是作弊[52]。

除了“业余主义”和使用氧气的“道德”问题外，这封信的意义还在于这个名字——乔治斯·德赖尔[53]。德赖尔是一名丹麦医生，也是牛津大学病理学的一把手。在加入英国皇家空军（Royal Air Force，RAF）之前，他曾与巴克罗夫特和菲茨杰拉德合作[54]。他是研发供 RAF 飞行员使用的氧气设备的关键人物，这种设备——德赖尔氧气机——也被美国航空勤务队采用[55]。德赖尔对气压舱的依赖，以及对航空的专家式兴趣，就意味着他的结论不一定总是能够得到其他生理学家或登山者的赞同。德赖尔建议在 7 000 米的相对较低的海拔不间断地使用氧气，但这似乎与人们在山上工作得到的实际经验和人类习服研究工作的结果相矛盾。当然，战斗机飞行员并没有习服的问题，他们爬升快速，以致内环境根本没时间来适应新环境；而登山者则基本上能通过自主生理适应提供的缓冲来对抗低氧分压带来的冲击。

飞行员和登山者还有一个关键的区别，正如登山家们有力地指出的那样，飞行员的氧气系统比登山者当时能带上山的任何辅助工具都要可靠得多。虽然早期的飞行员暴露在巨大的温差变化中，但他们并不是孤立无援的——他们的装备的重量只受限于飞机的载重，而不是他们自己的体力。这就意味着即使带上重型装备，飞行员仍能获益；而换成登山者，重型装备则会给他们带来很大的阻碍。同样，飞行员也基本不可能摔着、碰着，或是错误地操作储气罐和阀门，也没有被露出地面的岩石绊倒、踩到开裂的危岩或被难驯服的牦牛甩入山谷的危险。对于登山者来说，在 7 000 米的高度使用氧气就等于剥夺其身体适应环境的机会，因此，如果到 8 000 米高度时设备失效（概率很大），他就会有生命危险[56]。最好的方法是登山者尽可能向上爬，让身体的内环境稳定系统自我休整、恢复平衡，只在万不得已的时候才吸氧[57]。从本质上来说，关于氧气的辩论是关于其必要性的辩论，是关于没有爬过山的人提出的事实是否可靠的辩论。它并没有被业余主义者的花言巧语或绅士登山者的力量以任何有意义的方式主导。

20 世纪 50 年代的探险并不是只能从战争和航空业中汲取知识。研究人员还去了南美洲研究索诺奇（soroche），即当地人所说的高山病。1921 年，约瑟夫·巴克罗夫特前往秘鲁的塞罗－德帕斯科（Cerro de Pasco）——一个海拔 4 300 米以上的商业采矿中心[58]。这个小镇是地球上海拔最高的人类永久定居点，矿工们在海拔高达 4 880 米的营地一工作就是几个月。他此行的目的之一是处理有关肺功能的一个争议：氧气是单纯地被动扩散，通过肺部再进入血液（反之亦然），还是肺膜主动把氧气朝着一个方向或另一个方向“推动”？霍尔丹坚信后者，巴克罗夫特则不这么认为[59]。塞罗－德帕斯科探险将再次对这一理论进行验证，但“这次考察的对象更多，而且研究是在真实的海拔高度上进行的”[60]。这次探险也被设计用来研究人数极少的高海拔居民群体的长期习服和适应情况。

这次探险的一个意外的结果是，它对当地研究人员起到了直接的刺激作用，即使其不是一种主动的挑衅。特别是卡洛斯·蒙热·梅德拉诺，他后来担任了安第斯生物病理学研究所（Instituto de Biologíay Patología Andina，成立于 1931 年）所长（1934—1956 年）[61]。蒙热·梅德拉诺对高海拔有浓厚的兴趣，尽管他似乎不了解 1921 年的探险，但的确读过巴克罗夫特在 1925 年出版的《血液的呼吸功能第一部：高海拔研究》（*The Respiratory Function of the Blood, Part Ⅰ: Lessons from High Altitudes*），并且强烈反对书中的部分内容，即巴克罗夫特声称的“所有高海拔地区的居民都是体力和脑力受损的人”[62]。蒙热·梅德拉诺反对这个说法，认为这是对秘鲁人民的诽谤，并反驳说，巴克罗夫特本人就因为海拔问题而精神受损，所以他的结论不可信。（针对少数族裔和种族的高海拔研究，详情见第五章。）为了反驳巴克罗夫特，蒙热·梅德拉诺组织了自己的探险队去塞罗－德帕斯科研究高海拔居民的运动能力。在这个过程中，他描述了高海拔居民的一种病理状态——慢性高原反应，后来被称为“蒙热病”（Monge’s disease）[63]。他和他的合作者还在一系列高海拔研究站网络中建造了另一个节点，允许并鼓励国际旅行与合作。

南美洲的另一个探险实验目的地是智利，具体来说，这次探险队伍的成员就是于20世纪30年代新成立的哈佛疲劳实验室的成员。疲劳实验室名义上进行的是疲劳方面的研究，因为疲劳对工业有影响（重要的是，它还影响着工厂中的劳资关系）。疲劳实验室对其进行了广泛的解释，研究人员把可能限制人体劳作的脱水、高温或者低氧浓度等各种环境因素都考虑了进去。

生理学教授安塞尔·基斯（Ancel Keys）在1935年组织了一次赴智利考察之旅。在撰写调查成果报告时，他对为什么进行这次耗资巨大的海外考察之旅做出了清楚的解释：“（气压）舱内的生命处于异常状态，除了急性实验外几乎没有其他用途。”[64]他还补充说，尽管高原反应和氧分压的降低之间似乎有必然联系，但不管怎么说，在20世纪30年代，还有许多重要的研究问题没能得到解答，存在谜一般的现象，如“在高海拔地区停留一段时间后的体力和精力的恢复情况，以及高原反应的延迟情况，两者都非常有趣，又难以理解”[65]。基斯认为有必要明确地说明田野调查的价值胜过气压舱实验的价值，但我们不能以此为证据而判定气压舱实验的价值存在不确定性。毕竟，许多科学论文都是以为选择某种研究方法辩护为出发点的。但探险考察确实是一项耗资巨大（有时还很危险）的科学工作，并且它的实践需要有充分的理由，尤其因为与生理学有关的探险的资金来源于多种资助模式，所以各种组织和机构在给予资助之前必须确信物有所值[66]。

一个有代表性的例子就是基斯的国际高海拔智利探险（International High-Altitude Expedition to Chile）。带队的是哈佛疲劳实验室主任 D. B. 迪尔（D. B. Dill），提供资金的有哈佛疲劳实验室，还有杜克大学的米尔顿基金（Milton Fund）、哥本哈根大学、剑桥大学国王学院、哥伦比亚大学、英国皇家学会（伦敦）、玉米产业研究基金会（Corn Industries Research Foundation）、拉斯克－厄斯泰兹基金（Rask-Ørsted Fund）、乔赛亚·梅西基金会（Josiah Macy Foundation）和美国科学促进会（American Association for the Advancement of Science）。另有智利勘探公司（Chile Exploration Company）、美国黄松矿业公司（Ponderosa Mining Company）、安托法加斯塔－玻利维亚铁路公司（Ferro-Carril de Antofagasta a Bolivia，当地的一家铁路公司）和许多个人提供了非资金支持[67]。虽然科学项目有多种资金来源并不罕见，但极端生理学探险的资助者中可能有非科学组织和非典型的科学赞助者，其中包括报社、登山协会、军事组织、制药公司和其他制造公司，以及政府。这种资助有附带的条款和条件，可能会限制或影响该次探险。举例来说，有一次，赞助者的条件是捕捉喜马拉雅雪人[68]。

研究者前往南美进行高山探险的行动，科研方面的理由是研究原住民，或者至少是那些长期生活和工作在中高海拔地区的人。但在整个20世纪上半叶，夏尔巴人显然不是科学调查的对象。凯拉斯曾论过夏尔巴人的登山能力，并早在20世纪初就认为他们是高海拔地区高效的脚夫，随后还在探险报告中评价说，这些生活在高海拔地区的夏尔巴人（有时是他们的脚夫）的工作能力比新近抵达的欧洲登山者要更强。但这时还是没人从生理或文化方面对夏尔巴人能够适应高海拔重体力工作的原因进行研究。直到1952年，皮尤在卓奥友峰（Cho Oyu）做珠穆朗玛峰登山勘查时检查了夏尔巴人的身体，西方科学才开始借助当地人来研究喜马拉雅山。皮尤的报告显示，脚夫和生活在高海拔地区的夏尔巴人的血红蛋白水平低于预期，这一发现与人们从对生活在安第斯山脉高海拔地区的居民的研究中得出的结果不一致（反而和莫索与茹尔当的一些有争议的发现一致）。我们将在第五章进一步讨论[69]。

从珠穆朗玛峰到银色小屋

1952 年的卓奥友峰考察是英国喜马拉雅委员会资助的专门针对喜马拉雅山的第二次科学考察——第一次是凯拉斯参加的那次，而 20 世纪二三十年代的探险则倾向于在去阿尔卑斯山或进行路线勘查时做装备测试。该委员会在二战后重建，然后开始考虑英国人进一步攀登珠峰的工作，但没有了之前那种紧迫感。1951 年，队医迈克尔·沃德提出了一条从南边（过昆布冰瀑，再从西库姆冰斗往上）登顶珠峰的新路线，同年晚些时候，一支勘查小队被派去检验这条路线的可行性。但令喜马拉雅委员会震惊不已的是，尼泊尔政府在 1952 年批准了一支瑞士登山队——而不是英国登山队——进入珠穆朗玛峰，而且瑞士人竟然尝试登顶两次（一次在季风前，一次在季风后），而不是一次。攀登珠峰不再是英国人的专利，很明显，其他国家也在争先恐后地利用这个机会来攀登地球上最高的山峰。因此，英国原定在 1952 年抢占先机攀登珠峰的计划被改为又一次勘查探险，目的地也改为附近的卓奥友峰。其明确的目标为测试氧气设备，进行关于攀登的生理学研究，并改进相关技术（从冰爪的设计到干粮的加工）。这个紧锣密鼓的研究计划是对人们的担忧的回应，他们担心英国的下一次登山行动可能是最后一次。

20 世纪 50 年代，这一领域中还有一位生理学家——有丰富的喜马拉雅山攀登经验的美国医生查尔斯（查利）·斯尼德·休斯敦［Charles (Charlie) Snead Houston］[70]。他的父亲奥斯卡·休斯敦（Oscar Houston）在 1950 年获准进入尼泊尔，于是他们一家人在加德满都相会。内利·休斯敦（Nelly Huston）是查利的母亲、奥斯卡的妻子。他们还意外地认识了英国登山家哈罗德（比尔）·蒂尔曼［Harold (Bill) Tilman］——他是 20 世纪 30 年代英国登珠峰队伍中的一个老手。（查利·休斯敦也参加了蒂尔曼在 1936 年带领的探险队，并成功登顶楠达德维山，这次探险在当时创造了新的海拔纪录。[71]）蒂尔曼和查利·休斯敦在夏尔巴人的帮助下勘查了从南部攀登珠峰的路线，然后认定西库姆冰斗是无法到达的，但这一结论后来在 1953 年被英国珠峰探险队推翻。去喜马拉雅山之前，休斯敦就负责一项有关习服问题的重要研究，但事实证明其研究结果对那些现场产生高原反应的人没有帮助。1944 年，休斯敦利用美国海军项目的资金，设计并实施了一项被他命名为“珠峰行动”（Operation Everest）的实验项目。他让 4 名海军人员在一个气压舱里待了 35 天，以研究在氧分压降低时补充及不补充氧气的结果[72]。根据自己的登山经历，休斯敦打算通过创建一份“登山概况”来尽可能地模仿真实的登山环境。在“登山概况”中，舱内的压力变化是模拟登山者的经历设定的，包括在持续徒步和冲顶时逐渐升高的海拔。但“珠峰行动”的发现并没有给英国登山团队带来希望——在相当于 8 848 米（珠峰大致高度）的压力下，只有 2 名受试者能在不补充氧气的情况下保持清醒，但前提是静止不动。真正身体力行地登顶，似乎是不可能的。

二战后，当喜马拉雅委员会重组时，“珠峰行动”对英国的规划产生了影响。英国皇家空军航空医学研究所（RAF Institute of Aviation Medicine）的空军中校 H. L. 罗克斯伯勒（H. L. Roxburgh）在 1947 年的《地理杂志》（*Geographical Journal*）上的一篇文章中写道：“不带氧气攀登珠穆朗玛峰……和在酒精中毒的状态下攀登同样困难、危险但高度低得多的斜坡一样。”（“酒精中毒”一词直接来自航空研究，在航空研究中，飞行员精神错乱被认为是导致飞机坠毁的一个重要因素。）[73] 在罗克斯伯勒看来，尽管不带氧气登上世界最高峰并不是不可能的，但登山者必须“身体和精神特别好，而且非常幸运”[74]。罗克斯伯勒的文章极大地引起了喜马拉雅委员会的兴趣，以至于委员会成员邀请他加入氧气分会。在这里，他的队友包括皮尤、布赖恩 · 马修斯爵士教授（Prof. Sir Bryan

Matthews）和温菲尔德博士（Dr. Winfield）（来自剑桥大学的两位研究员）、参加了1938年的探险队的工程师和登山老手皮特·劳埃德（Peter Lloyd），以及生理学家汤姆·鲍迪伦［Tom Bourdillon，有时和他父亲R. B. 鲍迪伦博士（R. B. Bourdillon）一起工作］[75]。该委员会负责为1953年的探险队设计和测试氧气系统。

尽管罗克斯伯勒加入氧气分会，但其成员很清楚探险登山和航空之间的差别。他们承认“只有（空军）航空医学研究所才有资源进行”开发功能性氧气系统所需的实验和测试，但这些系统必须专门为登山者和高山设计，而不是为飞行员和飞机[76]。对于那些研究高海拔登山问题的人来说，气压舱实验可能是证据存在争议的根源。首先，舱室和高山给人的物理体验存在着明显的差异：“珠峰行动”的实验条件相对恶劣，4个人待在一个舱室里，舱室的面积只有约3.05米 ×3.66米，高2.13米，里面挤满了床和研究设备（2名研究对象全程吸烟，更是使状况雪上加霜）[77]。他们没有活动的空间，不用感受温度变化，不用抗风，等等。也许更为根本的问题是休斯敦将室内气压与高山海拔相对应。毕竟，气压和海拔是两种不同自然属性的不同度量。在20世纪的头几年里，内森·岑茨曾谈论过将气压读数与海拔相关联的问题。1906年，他和他的研究小组发表的研究成果里就包含了后来被称为“岑茨方程式”的换算公式[78]。

后来菲茨杰拉德用她在派克斯峰上收集的数据对方程式进行了检验。她在 1913 年发表的论文中声称，方程式的确能运用在实际工作中，至少对于分析肺泡气样本来说是可用的[79]。

尽管休斯敦有登山的经验，但在将气压转换成海拔时，他选择使用航空模型，而不是生理学模型。休斯敦使用了国际民用航空组织（ICAO）的标准大气压，这是 1924 年为校准航空高度表而设计的一种涉及高度和气压之间关系的估算法。他的选择令人不解，因为早在 1935 年，生理学家们——首先是霍尔丹和 J. G. 普利斯特利（J. G. Priestly）就指出，当高度超过 15 000 英尺（约 4 572 米）时，岑茨方程式和国际上认同的高度表校准标准就开始不一致了[80]。这些数字存在不一致的主要原因有两个，且都与平均和平均值有关。ICAO 的标准大气压是根据平均大气条件和大气厚度的平均值计算得出的。事实上，地球的大气层在全球分布不均匀，在赤道处较厚，越往两极越薄。他们位于赤道附近，因此气压较高（因为山上的大气厚度高于平均值），氧分压也比地球上其他同等高度的山脉的氧分压高。因此，如果珠穆朗玛峰位于西欧，那么在没有氧气的情况下人类可能无法攀登。温度也会对气压产生影响，在温暖的季节，如果登山者在珠穆朗玛峰周围进行高海拔攀登，就能体验到相当大的差异：在珠穆朗玛峰的顶峰，假定夜间标准温度为 –40 ℃，而 1953 年测量到的平

均温度却是 –27 ℃[81]。

休斯敦的计算基于一座温度更低的山，该山更靠近西欧，而不是赤道。他的 4 名研究对象体验到的是人为预估的珠穆朗玛峰的气压，该气压数值所对应的山顶的高度比实际上的高出了 180 米[82]。在 1944 年，任何将这种抽象的测量值与实际高度相对应的尝试都是有问题的，因为人们直到 1981 年才第一次直接对珠穆朗玛峰峰顶的气压进行了测量。直到 1970 年，D. B. 迪尔和他的同事 D. S. 埃文斯（D. S. Evans）还在恳求《应用生理学杂志》（*Journal of Applied Physiology*）的读者们坚持在关于高海拔探险的论文中“报告气压”，以便他们更好地进行计算[83]。尽管有这些恳求，但到 20 世纪末，人们也只在珠穆朗玛峰的顶峰进行了 2 次测量[84]。所获得的少量数据突出了气压舱模型的另一个问题：真实的高山上的气压变化非常大[85]。人们测量珠峰得到的读数，受天气影响从 243 到 255 托（1 托 =133.322 帕）不等。说得形象一些，这就相当于海拔高度差 300 米——天气晴朗的时候，珠峰“只”高出（平均）海平面 8 700 米，但天气恶劣时可能达到 9 000 米。

真实高山上的气压读数的不稳定性给 20 世纪 60 年代英国的无氧攀登珠穆朗玛峰的计划带来了希望。在 1959 年前后撰写的一份“珠穆朗玛峰登山和科学考察联合计划”中，皮尤认为这是一种积极的变化。他指出，自 20 世纪 30 年代以来，已经有许多登山者在没有补充氧气的情况下成功到达海拔 28 000 英尺（约 8 534 米）的地方，并且

28 000 英尺和 29 000 英尺（约 8 839 米）之间的大气压差仅为 1333 帕，吸入空气中的氧分压差仅为 280 帕（2.1 毫米汞柱）。在这种海拔高度，大气压力的气象波动至少达到这样的程度[86]。

登山者的实际经验和自然界的不确定性与从气压舱实验中得出的研究结果（人类可以进行无气体补充的攀登）具有矛盾性。（皮尤的分析并不总是乐观的，就在 1958 年，他发表了一篇论文，并在其中指出："不带氧气设备登这座山，且没有巨大的风险，这是不可能的。"[87]）

皮尤的理由是，他需要比之前的队伍更快地登上峰顶，这是一次真正的冲顶。他认为，登山者只有完全适应高海拔的环境，或者至少达到生于低海拔地区的人能达到的最高适应水平后，才能冲顶成功。皮尤和埃德蒙·希拉里（Edmund Hillary，爵士）在 1960—1961 年共同带领的科考队也遵循这个理念。由于攀登珠峰遭到了政治上的阻碍，他们另选了一个目标，即世界第五高峰——马卡鲁峰。人们为探险队设计了一个覆盖面较广的科学计划，其正式名称是"1960—1961 年喜马拉雅科学和登山探险队"，但后来由于作为生理学研究基地的标志性银

色实验室，该探险队又被称为“银色小屋探险队”[88]。

银色小屋探险队是南极和高海拔的研究相互影响的一个例子。因为探险的概念是基于南极的“越冬”实践，也就是长期待在南极，以实现各种探索和科考目标。这次探险借鉴了过去的探险活动的经验，或在那些探险的基础上进一步发展，这些在拨款申请书中得到确认。希拉里在一封写给英国惠康基金会（Wellcome Trust）的信中提到了国际高海拔智利探险队的工作，并指出“距离上一次全面的高海拔生理考察已经过去了 25 年”[89]。尽管这一说法在一定程度上掩盖了皮尤在 20 世纪 50 年代的工作（两人的关系在银色小屋探险队工作期间恶化为公开的敌对关系，发生过冲突）[90]，但皮尤成功地在南美和喜马拉雅山的研究之间建起了联系。他热情地撰文列出研究夏尔巴人并在生理学上把他们与安第斯山脉土著居民进行比较的可能性——的确，对夏尔巴人进行的生理学方面的初步测试（详见第五章），推翻了生理学家的一些关于高海拔适应性的假设[91]。

银色小屋探险队一开始有两个主要目标：第一，利用登山者和科学家的身体实施一项全面的科学调查计划，这得益于长期停留在高海拔地区，以及半永久实验室和可供居住的小屋的建造；第二，长期停留在高海拔地区以及（预期）随之而来的习服被期望能够帮助登山者不带氧气设备登上海拔为 8 463 米的马卡鲁峰峰顶，这会是当时人类在不补充氧气的情况下到达的最高峰。这个计划还有一项附加的活动——寻找雪人，登山者进行这项活动，是为了在适应期内有事可做，也是为了筹集重要的额外资金。这个计划不是闹着玩的，而是希拉里在芝加哥的林肯公园动物园园长马林·珀金斯（Marlin Perkins）的帮助下精心策划的。园长还提供了一些奇特的技术支持，例如远程飞镖枪和催泪左轮手枪。但并非所有的登山者都相信这些技术——新西兰登山者彼得·马尔格鲁（Peter Mulgrew）可能是为了回应关于使用氧气的实用性而非道德性的争论，后来讽刺地写道：

当与雪人面对面时，你所要做的就是估算这个生物的体重，并进行简单的心算，从而得知该用多大剂量的麻醉剂才能避免把这个野兽杀死，然后再装枪，开火……无论如何，我发现自己基本上无法完成这些必要的思考和计算。我只有一次勉强完成了，但花了整整 6 分钟[92]。

这次探险的三个目的导致了复杂的后勤安排，形成了一支由雪人猎人、登山者和登山科学家组成的庞大队伍。登山科学家小组有 6 位生理学家，他们在小屋中越冬，至少在那里度过了这个冬季的部分时间。这 6 位生理学家包括皮尤与另外 2 位英国生理学家詹姆斯·米利奇（James Milledge）和约翰·韦斯特、新西兰的登山家兼医学学生迈克尔·B. 吉尔（Michael.B. Gill）、美国空军医生汤姆·内维森（Tom Nevison），以及在牛津大学受过训练的印度生理学家苏卡哈梅·拉希里（Sukhamay Lahiri）。探险队还包括1位地理学家巴里·毕晓普（Barry Bishop）、1位印度陆军队医 S. B. 莫特瓦尼（S. B. Motwani）和1位熟练的木匠 W. 罗马尼斯（W. Romanes）[93]。希拉里领导雪人狩猎队、米利奇、毕晓普、罗马尼斯和登山家诺曼·哈迪（Norman Hardie）及310名搬运工，将科学设备运到了明博冰川（Mingbo Glacier），并在此建起了几座小屋：绿色小屋用来居住，银色小屋用作实验室[94]。越冬队伍在20世纪60年代末抵达，这支队伍中的吉尔、罗马尼斯、韦斯特和米利奇加入了希拉里的马卡鲁峰登山队，但他们的登顶却惨遭失败。在此期间，希拉里中了风，马尔格鲁则遭遇了一系列事故，最后双脚被截肢[95]。

尽管存在可能的利益冲突，以及由于希拉里的组织和鲁莽指挥，皮尤（还有其他人）和他之间存在着非常现实的不和，但这个科学项目仍是雄心勃勃且成功的[96]。他们对习服对于全身的影响（或缺乏影响），即对从身体脂肪到呼吸量，从肾上腺分泌物到血容量的整个身体的适应性都进行了长期测试，还通过使用自行车测功计、爬楼测试、卡片分类心理测试和心电图来研究高海拔对人体（男性）的长期和短期影响[97]。后来的生理学家认为银色小屋探险队在极端生理学、高原生理学和呼吸生理学方面具有开创性的影响，而且从银色小屋中得出的实验结果，50多年来“从未被驳倒”，甚至到本书出版之日，其中一些测量值的准确性仍是“有史以来最高的”[98]。

银色小屋的遗产

不管从哪方面来看，“银色小屋探险队”都是极富生产力的，其中最喜人的成果就是队员们发表了至少四十篇论文[99]。在这些海量数据中，有三个结果对于本书讲述的故事尤其重要。首先，就肺部的扩散特性（气体从肺泡腔进入血液的速度，以及其原路返回的速度）来说，登山者的肺部结构并没有发生变化。这一发现与关于高海拔地区原住民或生活在高海拔地区的人的研究结果形成了鲜明对比，两者的肺部扩散率与生活在低海拔地区的人的都不一样。这意味着对海拔的某种适应性与天生、遗传和种族有关，对于祖先就生活在低海拔地区的登山者来说，这种适应性可能是他们无法拥有的。第二个惊人的发现进一步证实了这一结论：与徒步几周后再进入大本营且只经历了短期适应的人相比，经历了长期适应的登山者并没有在身体上显示出优势。正如第三个出人意料的发现所表明的那样，要说长期适应后有什么变化的话，那就是长时间停留在中高海拔地区实际上可能会降低运动能力。在银色小屋进行的实验中，人们首次测出探险队员最大运动通气量出现下降。（最大运动通气量是受试者在运动过程中可以吸入和呼出的最大气体量，这个数值限定了他可以从事的体力劳动量。）

最后这一结果的意义不仅在于其一般的生理学意义，还在于它在后来的高海拔野外研究中得到了重复，但没有在后来的气压舱实验中得到重复。这是现实世界与实验室之间的又一区别，是说明山峰模型无法反映登山的实际经历的真实情况的另一种方式。在寻找人类在高海拔生存的极限的问题方面，这充其量也只是一个模棱两可的结果。马卡鲁峰探险的灾难阻止了人类创造不带氧气设备登顶的世界纪录，而且说明了长期停留在高海拔地区并不能达到习服这一事实，使人们对于任何登山者都能充分适应并快速登顶的这个想法产生了怀疑（事实上，一些受试者尽管饮食充足，但体重却不断减轻，所以长期停留在高海拔地区，在某些方面可能实际上是有害的）。但希望还是有的，银色小屋毕竟也只是一个模型。毕竟，通过这类实地考察，人们一次又一次得出的教训之一是，模型并不能每一次都准确地代表现实。银色小屋的位置属于高海拔（5 800 米），但远不如珠穆朗玛峰高。在 7 440 米以上的高度发生的事情只能靠推测，无法得到证实，因为 7 440 米就是在这次探险中测量涉及的最高海拔[100]。希拉里本人相信登山者不带氧气设备仍有可能登顶珠穆朗玛峰，并于 1976 年声称自己“一直”相信[101]。

只有登顶珠穆朗玛峰才能将这一理论（或信念）变为事实——这一创举发生在 1978 年 5 月，当时彼得·哈伯勒（Peter Habeler）和莱因霍尔德·梅斯纳尔（Reinhold Messner）成为第一批无须补充氧气就登上山顶的人。当然，他们的成功表明了，人可以爬上珠穆朗玛峰；但这并没有表明他们的能力是否证明了国际民用航空组织（和类似组织）的模型将海拔与大气压相对应是无效的，或用于理解人类在高海拔地区生存的生理学理论是失败的。当 3 年后首次在珠峰的山顶上进行气压测量时，“生理学家……（感到）放心，因为发现气压确实高过美国标准大气压值……这样就减少了为生存所必需的氧气供给做解释的麻烦了”[102]。换句话说，错误是物理学家和数学家犯的，而不是生物学家和生理学家犯的。

产自银色小屋的成果不仅仅在于其论文和数据，还在于它创造了职业，联络了人脉，许多参与研究的人后来成为业内的重要人物，在高原生理学、呼吸生理学和运动生理学方面驰名国际。第三章的主题是在不寻常的研究地点，如珠穆朗玛峰，联系紧密的研究人员网络是如何被建立起来的（尽管这里值得强调的是，这些网络中的人员几乎都是男性）。20 世纪 50 年代中期，虽然喜马拉雅山上出现了女性登山者，但她们通常都不是西方科学探险队中的成员，既不是登山受试者，也不是登山科学家。这种情况直到 20 世纪末才有所改变。几个值得注意的特例也将在第三章中得到进一步讨论。其他国家，特别是中国和苏联这样的共产主义国家，早在西方国家之前就系统地让女性科学家参与高山研究，尽管她们进行的显然是气象和地理方面的研究，而不是研究自己（或其他女性）的身体[103]。

银色小屋也激发了其他探险活动，虽然这里的重点是在喜马拉雅山上进行的特殊的生理学探险活动，但值得一提的是，全世界的科学家都在利用愿意攀登世界最高峰的男性（后来也有了女性），而且一些生理学工作是作为更广泛的科学考察（例如 1963 年的美国珠穆朗玛峰探险）的一部分进行的[104]。许多探险队发回了有关供氧系统使用或高原反应的报告，在某些情况下进行了（通常是非常基础的）临床和生理学观察，并在之后发表这些观察结果。比如，富有的报业大亨基多・蒙齐诺（Guido Monzino）在 1973 年带领的意大利珠穆朗玛峰登山队就对登山者进行了相当全面的研究。据说蒙齐诺在大本营有一个“铺了地毯的五室帐篷，其中还配了皮革软垫家具”。昆布冰川（Khumbu Glacier，海拔 5 350 米）的顶端，也有不那么奢华但舒适的 4 平方米的帐篷供研究人员工作[105]。在这里，科学家测量了体重、动脉血压、红细胞数量、血细胞比容、血红蛋白浓度、动脉血氧饱和度、血液中的氧分压和二氧化碳分压、血液酸碱度、血乳酸、换气率和心率，并把结果和在米兰进行的对照组测量的结果进行了比较[106]。

许多探险队都进行了这类研究，虽然规模可能不大，但很多探险队证实了或略微扩展了银色小屋中的研究。例如，生理学家保罗·切里泰利（Paolo Cerretelli）根据 1973 年意大利探险队的数据所做的研究表明，即使在习服情况良好且有纯氧供给的情况下，登山者通常也无法表现出和在低海拔地区时相同的体能水平。喜马拉雅山也是那些有抱负的大学攀岩社和探险俱乐部的热门目的地。吉姆·米利奇（詹姆斯·米利奇，吉姆是詹姆斯的昵称——译者注）的母校伯明翰大学医学院（Birmingham University Medical School）就在 20 世纪 70 年代后期组建了伯明翰医学研究远征学会（Birmingham Medical Research Expeditionary Society），学会于 1977 年首次赴尼泊尔西部调查急性高山病（AMS）。这是英国第一次对急性高山病进行研究，参与者发表了一系列关于17名受试者（都是男性）的症状、体验和临床数据的论文[107]。

尽管许多探险队通过临床测量、邀请医生和生理学家成为队员，或在探险之前和之后招募临床实验人员等方式显示出对科研的关注，但直到1981年，喜马拉雅的高海拔地区才终于有了第二个临时的、不是帐篷的实验室。美国医学研究珠峰探险队（AMREE）似乎是银色小屋探险队的延续，不仅因为它的组织者是银色小屋探险队成员约翰·韦斯特，还有克里斯·钱德勒博士（Dr. Chris Chandler）和F.杜安博士（Dr.F. Duane）。［AMREE的参与者和顾问的完整名单几乎囊括了呼吸生理学界和登山界所有掷地有声的名字，其中包括内洛·佩斯（Nello Pace）、希拉里、米利奇、拉希里、休斯敦、迪尔和托马斯·霍恩宾（Thomas Hornbein）。］[108]与AMREE有关的文件和资助都将银色小屋探险队尊为开路者，但我们要知道，这种山地作业具有很强的怀旧情结，这在其他研究领域中并不多见（后面的章节中将展开来讲）。AMREE除了继承了银色小屋“在喜马拉雅山的高海拔地区进行生理学研究”的出发点外，最明显的是延续了后者“移动实验室”的概念，还可能下意识地借用了它的三分结构，将规模相对较大的队伍分为6位负责探索登顶路径的专职登山者、6位登山科学家和8位负责管理2个实验室并且停留在海拔6 300米以下的科学家。3个美国人成功登顶，其中2个是登山科学家克里斯·皮佐博士（Dr. Chris Pizzo）和彼得·哈克特博士（Dr. Peter Hackett）。皮佐不仅首次记录了珠穆朗玛峰上的直接气压读数，而且在海拔最高处进行了临床研究，还坐在山顶上对自己的肺泡气进行了采样[109]。

距离贝尔的研究工作第一次受到批判已经过了一个世纪，但实验室与野外现场之间的紧张关系并没有得到缓和。约翰·韦斯特在写信回答加利福尼亚州大学圣迭戈分校（University of California, San Diego）物理系同事的问题时，（相当耐心地）解释了为什么气压舱不能代替耗资巨大的实地登山之旅：

你提出的问题……其他人也问过多次。答案是，为了忍受极低的氧气水平，人们需要在高海拔地区适应大约2个月的时间……我（就长期待在气压舱的可行性）咨询过马萨诸塞州内蒂克镇的美国陆军，他们有美国最好的低压设施，然而却怀疑这样做的可行性……与在山上使用天然实验室相比，在气压舱内进行实验可能要昂贵得多[110]。

此外，实验的道德性也不得不被考虑进去。韦斯特接着指出，唯一一次在舱室里进行全面的研究，是为了"珠峰行动"，而且"因为这是在战争期间进行的……海军新兵没有其他选择，只能同意"[111]。

在和平时期进行长期气压舱研究是有可能实现的，但极为罕见。与此同时，AMREE羽翼渐丰，珠峰行动中的主要实验人员——查尔斯·休斯敦，正在设计一种新的气压舱实验。珠峰行动Ⅱ（OE Ⅱ）的研究人员对8名男性受试者进行了40多天的低压测试，这时距离刚开始这个研究项目的时间已过去40多年。事实证明，为这项调查筹集资金并不容易。休斯敦第一次向美国国家卫生研究院（National Institutes of Health）提出的拨款申请遭到了拒绝，但美国陆军医学研究与发展司令部（US Army Medical Research and Development Command）最终同意为这个项目提供资金。于是，相关人员在气压舱中对8名男子进行了侵入式检查，包括使用心导管插入术。就连极端生理学野外作业最忠实的支持者也承认，在高海拔地区的大山里，这类实验完全不可能进行。（休斯敦曾为他的首次珠峰行动做出解释称“众所周知，缺氧会使大脑变迟钝”，所以登山者的观察结果“值得商榷”。到了20世纪80年代，他就再也没提过这一说法。[112]）

压力和海拔之间的对应关系仍然存在争议，尤其是当OE Ⅱ的实验设计引入了更多的误差来源时。例如，当实验团队成员进入舱室做导管插入时，他们要使用外部供给的氧气，其中一些氧气会逸入舱室，从而改变氧分压，大幅度降低海拔。韦斯特写信给休斯敦，批评他们不该使用估算的海拔，而应该使用通过测量得到的气压。这封信也包含在了他出版的论文中[113]。这些批评似乎起了作用，因为早期的OE Ⅱ的出版物都写了海拔，之后的则转而依靠气压。发表于20世纪80年代末期的论文还明确指出了在气压舱中的和他们描述的真正的高山上的经历之间的区别[114]。

珠峰行动Ⅲ（OE Ⅲ）于1997年进行，这次行动更接近贝尔最早的“攀登”珠峰行动，因为这次行动由法国研究人员完成，使用的是位于马赛的法国海事技术公司（COMEX）的设备[115]。到20世纪末，气压舱再次被视为比较好的高山模型，但颇具讽刺意味的是，人们已不再认为它能替代高山成为良好的实验空间。所有认为气压舱环境纯净，操作具体化，能够消除高山上的“复杂”因素的说法，都已经被彻底驳倒。气压舱中的受试者也会经历疲劳、不适、嗓子痛、睡眠模式受干扰等问题，受试者的生理数值（如心率、呼吸和激素水平）与登山家的非常相似，这意味着这些“高山压力因素”并不是野外研究中的重要混杂因素[116]。因此，当20世纪80年代，甚至在此之前，实地探险比气压舱实验便宜时，野外成了人们理所当然的选择，用实验室反而成了特例。

田野和实验室未发表的真相

如果把几次珠峰行动和美国医学研究珠峰探险队之间的区别描述为两种科研方法（实验室和田野）之间的冲突，就太简单了。尽管许多使用了气压舱，还在里面蹬过健身自行车的实验人员从来没在大山上运动过，但所有在野外工作过的生理学家都在低海拔地区的实验室里待过。皮尤是一个很好的例子。因为所有引起他兴趣的研究问题（并不局限于呼吸生理学，我们将在后面的章节中讲到），都可以在实验台上解决；他用私人或公用实验室设施在场外进行化学分析；他收集关于运动员和探险家的运动表现或症状的主观描述和传闻；他总结他个人的经历；他在半结构化场所（例如高海拔实验室或体育中心）进行实地研究；他进行科学探索，在山上或南极洲的任何能实施测量的地方进行测量。从这个意义上讲，皮尤的工作更像莫索工作的缩影，不像目标专一、方法单一的保罗·贝尔的。工作方法的融合在皮尤的实验室中得到完美的证明。1967 年，他成功地说服了他的雇主英国医学研究理事会，让他管理自己的实验室，实验室的名字就叫“野外生理学工作实验室”（Laboratory for *Field* Physiology）。从低海拔地区的实验台到中海拔地区的临时实验室，再到海拔 7 500 米以上的寒冷且狂风大作的山腰，研究空间的移动并不总是一帆风顺的。因为你必须在移动时重新安置且同步研究人员、研究对象和物质文化载体，这在智力和实践上都很具有挑战性（我们将在第三章中讨论运送和传递设备以及生物标本的困难）。在这个领域里，不是每一项工作都能被完美地完成。这座山，以及我们之后能看到的南极和其他野外工作点，它们可能都是“天然实验室”，但也很高、很冷、很危险、很遥远，且难以预测。

但是，极端生理学要表明的就是，实地考察的局限性往往出乎历史学家（或科学家）的意料。也就是说，实验室和野外的差异通常被认为是控制上的差异：实验室从根本上来讲包含已知的数量和条件、受控和可调整的环境，以及可以排除混淆因素的已经简化且按比例缩小的模型。而野外的情况就比较杂乱，从中得到的结果确定性较弱，或者不能总是被用来概括自然界的事实（因此，单次野外考察的结果被认为只和这次研究涉及的特定的、独立的事物和考察场地相关，不适用于其他类似的场所实体、生态系统、具体体验等）。有时候会发生这样的情况：缺氧的登山者不一定能客观地描述他们在山上的经历，即使在计划周密的银色小屋项目中，也有一个遭到了严重破坏的实验，因为“一个夏尔巴人在密封得非常好的银色小屋里用燃油炉”，使屋里的人一氧化碳中毒[117]。之前我们也讲过，在半山腰上得到的结论并不一定适用于其他场所，例如飞机的驾驶舱。但是这些局限性不是在极端环境下进行的实验工作的主要特征，或许更重要的是，它们也存在于实验室工作中。实验室模型，例如气压舱和跑步机，必须不断进行调整和改进，以使得到的结果和现场收集到的数据相符。它们同样容易受到混淆因素的影响，容易失去控制，例如珠峰行动Ⅱ中实验人员的面罩漏气。甚至到了20世纪末，生理学家仍然应该提出这样的问题："实验室和野外（观测）是否相关？"[118]

通过高海拔探险得到的许多人体方面的结论都被运用到了其他领域，我们也将在本书后面的章节中讲到：极端环境下的实验结果被认为可以运用到从太空飞行到早产儿的保育箱等各种场景中。与此相反的是，从气压舱里得到的研究结论如果被运用到高山上，那么有时候会让问题变得更复杂。例如，参与珠峰行动Ⅱ的研究人员将他们的项目描述为"模拟攀登珠穆朗玛峰"[119]。从字面意义来看，他们在实验中没有模拟特定的气压，也没有模拟特定的海拔，而是模拟攀登一座特定的山峰。这种说法显然是没有根据的，这不仅是压力 / 高度对应的问题，而且从实用主义角度来说，（除了徒步测试之外）他们在舱室里不可能进行任何攀爬活动，要说有意义地被描述为得到了"比较类似于"攀登卓奥友峰或马卡鲁峰的体验，那也是不可能的，更别说珠穆朗玛峰了。如果说参与者"攀登到 8 848 米的高度"都是在夸大模型的精准度，那么说"攀登了珠穆朗玛峰"就更离谱了。

我们暂且假设研究人员用了对照的说法，就像保罗·贝尔在珠峰行动Ⅱ之前一个多世纪所使用的方法一样，用大家都熟知的对照物来指代高度，这强调了研究的极端性，而不是指“真正达到了”的字面意义。尽管如此，现实的度量、模型和近似值之间的语言上的偏差显然还是有问题的[120]。当然，知情的研究人员不会被珠峰行动Ⅱ的论文引入歧途——因为自1935年以来，这个问题已得到广泛讨论，所以他们知道气压室只能复制压力，而不能复制海拔。据推测，他们的反对意见大概更侧重于这种说法会误导行业以外的人或对这方面不是很熟悉的人，同时也反映出当他们为了使用或重新分析珠峰行动Ⅱ的数据时，不得不将海拔与压力相对应时痛苦的心情。

这种“内部信息”在探险科学中扮演了至关重要的角色。官方的探险报告中遗漏了一些重要的信息，因此，尽管出自银色小屋的出版物在写到海拔和气压时比珠峰行动Ⅱ的更谨慎，整体上来说更有系统性而且更详细，经常把发生的错误和偶然的发现都记录下来，但仍然遗漏了研究人员方法论中的一个重要的部分：一开始如何到达明博冰川。他们没有详细说明如何组织探险、筹集资金、准备物资、选择好的向导和夏尔巴人、搞定危险化学品或氧气瓶的进口许可，以及穿什么才能既保暖又能兼顾必要的灵活性来建造小屋、量血压和拆健身自行车。这些内容都被省略了，但其实在探险考察报告中，除了环境条件、实验室空间和生存机制的细节外，还有很多内容，这些内容比一般人在生理学杂志上看到的论文的内容要丰富得多[121]。

在高海拔地区进行成功的野外实验所需的大量知识，不是来源于已发表的科学论文、报告，甚至不是来源于编纂成册的卷宗和会议文件，而是来自研究人员的个人经验、其他亲身经历过的人的证词，以及非科学性的关于登山的文学作品，包括流行书籍。这些知识能日积月累地保存下来，持续发挥作用。例如，20 世纪二三十年代英国珠峰探险队的经验，通过报告、未发表的论文和关于个人真实经历的证词传播，对 20 世纪 50 年代皮尤和氧气分会的工作有很大的帮助。同样，皮尤于 1952 年在日内瓦为瑞士的探险队进行了为期 4 天的汇报，分享了他在卓奥友峰的发现，后者则回报以“他们的衣服、设备和饮食的详细清单，以及探险经历的书面记录”[122]。1963 年，当生理学家汤姆·霍恩宾（托马斯·霍恩宾，汤姆是托马斯的昵称——译者注）受命为美国珠峰探险队规划氧气技术时，写信给瑞士探险队和约翰·E. 科茨博士（Dr. John E. Cotes），并从他们那里得到了样品。科茨博士是一位研究员，曾为 1953 年的英国珠峰探险队设计面罩和通气管[123]。

这样的信息共享并不仅仅存在于私人或研究团队之间。许多向英国珠峰探险队捐赠物料的公司都希望获得产品在高海拔地区的性能表现的反馈。其中一些公司显然是为了打广告，但有一些则将反馈用于产品开发[124]。瑞士裔美国登山家诺曼·迪伦富特（Norman Dyhrenfurth）表示，他于 1952 年加入了瑞士探险队，以尝试登顶珠穆朗玛峰，过后不久，美国联合碳化物公司（Union Carbide）便与他联系，想要“了解更多有关欧洲的喜马拉雅探险队使用的各种氧气设备的信息”[125]。迪伦富特在 1961 年改变了这种合作方法，他写信给美国联合碳化物公司，建议其负责人和霍恩宾联系，以便提供协助或获得学习的机会，因为此时霍恩宾正在改进法国和瑞士的设备，以求把它们标准化，为即将到来的美国珠峰之旅做准备。霍恩宾则在 1961 年与山脉工程公司（Sierra Engineering）联系，以获得商业利益和体现民族自豪感为诉求，希望这家公司帮助他解决现有氧气装置上的一些问题（主要是使用者在干重体力活或呼吸加快时会导致积冰，从而堵塞阀门）[126]。山脉工程公司没有做出回应，所以 AMEE 只能依靠欧洲设备，采用了霍恩宾偏爱的基于英国 1953 年设备的瑞士设计系统，但增加了法国的“金属缠绕合金瓶”系统（实际上，直到 20 世纪 80 年代，高海拔攀登的设备都以欧洲设备为主）[127]。这种信息共享促成了氧气设备的非正式标准化，这在一定程度上让霍恩宾感到失望，因为他从三支不同探险队要来的面罩基本上都是一样的：

法国的面罩寄来了。它和我从玛夏布洛姆峰（Masherbrum）探险队那得来的那一个差别不大，但功能稍强一些，没有结冰的问题。我原本希望这副面罩的尺寸会不一样，但结果它就是瑞士人用的那种英国皇家空军所用的面罩，还保留着英国人用的时候对其做过的一些改动[128]。

本章中讨论的所有考察活动都有一个漫长的计划阶段，在这个阶段中，之前的探险队队长、成员和供应商都会收到以询问除了已发布的内容之外的信息为内容的信件。这些信息包括对技术性能的反馈，对其他设备和用品（例如食物、衣物和帐篷）的选择的反馈，以及对与新的或者调试过的设备的准备、计划和探险前的测试有关的一般性建议。有时，从其他团队那里得到信息纯属偶然。例如在1961年，霍恩宾向迪伦富特提到，他撞见了“约翰·韦斯特，一位年轻的生理学家……那是在从马卡鲁峰回伦敦的路上”，也就是在从银色小屋回来的时候。韦斯特告诉霍恩宾一件关于飞机跑道的事。跑道建于“海拔约3 962.4米处，是他们向珠穆朗玛峰大本营行进的几天内建成的”。霍恩宾认为“从医学的角度看，这条消息非常有用”（大概可以用于紧急疏散或补给）[129]。

关于人体对高海拔的反应的知识，以及研究这些反应的专业知识（主要是通过经验获得），逐渐在个别研究人员中得到巩固，但也在物体上得到体现。之前也说过，一支队伍用过的氧气面罩——一些的确被带上了高山，一些是备用的，一些是可重复使用的——可以传递给新的队伍，后者会对面罩进行改进、微调或彻底改造，然后再将其传递给未来的登山者和科学家。研究设施也是一样：尤其是被捐赠给印度政府的银色小屋，它成了印度生理暨相关科学国防研究所（DIPAS）的一个重要工作点，而这个研究所成立的部分原因就是协调和更好地利用小屋内的设备[130]。银色小屋是很多对高原生理学感兴趣的印度研究人员的"切入点"，它的吸引力不仅在于其中的设施，还在于它与20世纪60年代"影响深远的""历史性的"研究以及被看作该领域的领军人物之间的联系[131]。DIPAS的科学试验团队的一位队长曾写道："徒步到银色小屋几乎就像一场朝圣，是在向昔日银色小屋探险队的坚毅勇敢的队员们致敬。"[132]为了纪念"银色小屋探险40周年"，吉姆·米利奇为"银色小屋幸存者"做了一个策划，"大家徒步到现场，回顾探险的成果，从而唤起过去的回忆"——但他们没有去明博冰川，而是去了位于乔沃拉肯（Chowri Kang）的银色小屋（那时已经很破旧了）的新址，海拔约为4 350米（远低于旧址的5 800米）[133]。

一个野外考察点，被从原来的地点移走后仍保持原来的地位，继续作为知识的生产地，这相当不简单。毕竟，银色小屋在 20 世纪 60 年代之所以与众不同，是因为它位于喜马拉雅的高海拔地区。当它被迁到乔沃拉肯时，它的海拔比玛格丽塔（王后）小屋的（4 550 米）还要低。玛格丽塔（王后）小屋在 20 世纪中期一直被用来研究物理学和气象学——比如宇宙射线，但在 20 世纪 70 年代后期，即银色小屋迁至乔沃拉肯几年后，玛格丽塔（王后）小屋得到了翻新，再次成为生理学研究基地。21 世纪的探险活动就用到了它：伦敦大学（University College London）的高海拔、太空和极端环境医学中心（Centre for Altitude, Space and Extreme Environment Medicine）的考德威尔珠峰极限登山队（Caudwell Extreme Everest Expedition）和其他探险队就把翻新过的小屋当作前往更高海拔地区的队伍集结点[134]。喜马拉雅探险竞争激烈又耗资巨大，研究员们必须自己去争取队伍中的一个位置。候选人要先在低海拔地区接受对自己工作胜任性的测试，接着，没被淘汰的人才能到玛格丽塔（王后）小屋接受下一次测试[135]。于是，对于那些想把自己的工作推向一个新高度的科学家而言，这座中海拔地区的小屋就成了一道关卡。后一章的主题就是这道关卡的工作方式——为什么有的人能通过，有的人被拦下，以及人与物品的网络是如何建立起来的，极端环境如何助力造就专家和专业知识。

第三章

从珠峰到南北极：科考工作与女性歧视

在极端环境下工作的科学家，往往对自己在工作中面临的生理和心理挑战十分清楚。1981 年，克里斯·皮佐博士完成了在珠穆朗玛峰峰顶采集肺泡气样本的创举，他描述了当时设备操作的困难，以及在对着气体采样器呼气时感到的晕眩[1]。实际上，他差点连峰顶都没能登上：美国医学研究珠峰探险队登顶的一行人被猛烈的暴风困在五号营地，而在风雪中，皮佐还把冰镐弄丢了。这个损失对他登上峰顶的希望而言是极大的挫败——要想从南坳冲顶，冰镐是必不可少的装备，但他找了一根帐篷杆来替代，然后继续攀登。就在走出营地不到 30 米的地方，他发现一把冰镐显眼地“躺”在地上。他捡起冰镐，登上顶峰，首次在海拔 8 848 米的地方进行了生理测量。

约翰·韦斯特后来把找到冰镐形容为“只有百万分之一的可能性”的事件，探险队能在峰顶“获得极其宝贵的科学数据，在很大程度上多亏了”这把冰镐[2]。后来皮佐查证后发现，这件“天降神物”要归功于一位女士：2年前，即1979年10月初，联邦德国登山家汉内洛蕾·施马茨（Hannelore Schmatz）在氧气耗光后，长眠于南坳上方。她的尸体以直立姿势被冻住，在山坡上一站就是数年（1984年，两名男子在清理行动中想移动她的尸体，却不幸丧生。最后，在大自然的外力下，她终于倒下，安睡于深深的冰隙之中）[3]。掉在雪地上的就是施马茨的冰镐，它正巧在皮佐走过的时候露了出来。在极端环境中，即使是更具戏剧化的与过去（甚至逝者）的碰撞也时常发生。就在美国医学研究珠峰探险队进行的那一次珠峰探险途中，彼得·哈克特博士独自登顶后摔了一跤，无法控制地从西库姆冰斗滚了下去（下落了2 800米，这在其他情况下可以说是必死无疑的），直到他的靴子被一块露出地面的岩石卡住才停下。他头朝下倒挂在山上，当时天色渐暗，救援队要第二天才能赶到，而他奇迹般地找到了一根以前的登山者固定在那儿的绳子，然后拉着绳子爬出了鬼门关。

尽管珠穆朗玛峰的峰壑就和极地沙漠一样，被浪漫地描述为抵抗人类占领的自然地点。但探险和考察的现实是，在许多情况下，探险家们在穿越无人涉足的地区时，其实走的都是相同的路线——往往是唯一一条安全或能走的路。在1911年，有了顺利到达南极的探险队，在1922年，人类成功登顶珠穆朗玛峰，此后荒野中才渐渐出现人类生存和科学工作的痕迹。在某些情况下，这些痕迹是指人们有意建立的物资储藏点或补给站，里面放的是他们留给自己的队员或想象中的未来探险者的物品，这样做也是在为建立一个可信赖的国际社区添砖加瓦。其他的那些，比如施马茨的冰镐或哈克特找到的固定绳，则是前人意外丢失或遗弃的物品，在自然资源匮乏的地方，它们成了至关重要的工具，有时甚至能奇迹般地挽救生命。这样的痕迹在探险队之间和素不相识的个体（他们的年纪可能相差几十岁）之间建立起了联系。寻回和修复已失落的技术和物质文化也可以起到桥梁的作用，与英雄或神话般的过去建立联系。

成功的探险科学很大程度上仰赖这些非正式的、直接的个人交流。我们在上一章里讲过，正在为探险做计划的团队与之前的探险家们保持广泛的沟通是司空见惯的事情——不仅请教他们书面的专业知识，还向他们索要诸如面罩或定量样品等实物。实验和经验知识（这两种分类在极端环境中会有很大的重叠部分）能通过各种渠道进行传递。对于历史学家来说，最理想的状况就是这些知识内容都通过信件进行分享，最后这些信件会躺在某个档案夹里；但更常见的状况是这些知识内容会通过很难追踪的方式（会议上喝咖啡时，或者在藏传佛教寺庙里喝酥油茶时的一段闲聊）传递给他人。人际交往是双向的：当霍恩宾在圣路易斯的华盛顿大学里写信给欧洲的科学家，迫切地想要对美国珠峰探险队的面罩进行改进的时候，不仅从他们那里收集到了信息，也为他们与美国研究人员和探险家接头开辟了道路。同样，由于探险的组织方式，一个踌躇满志的新手登山者或刚毕业的医学院学生可能会在5—10年内成为探险队的领队或主要资助人[4]，因此，早先为年轻研究人员提供有用的建议，可以在以后得到回报。仅仅几年后，德国、日本和印度的喜马拉雅高海拔探险队纷纷就呼吸系统的问题向霍恩宾求教。北极历史学家完整地追溯了英国北极探险队的“家谱”，发现一支队伍中的青年可能会成长为下一支队伍的领导，并将经验传递下去[5]。

年轻的研究人员都清楚地知道，探险将带来各种机遇。1958年，一位刚争取到（以队医的身份）加入英、意喜马拉雅探险队机会的医学院应届毕业生写信给英国生理学家皮尤，向他求教在该地区设计研究项目的建议。出于研究而非临床的考虑，他问：“您认为有什么医学观察可以让我进一步深化高海拔低温地区研究，并可能对我以后找到合适的职位有帮助？”[6]这种试图跻身极端生理学领域的尝试强调了一个这样的事实：它通常是科学实践的专有形式，参与其中受经济、社会、文化和政治方面的限制。本章将探讨这个科学领域是如何被“冻结”起来的，即某些人是如何被允许进入极限生理学研究场所的，如何创建和维护探险队，如何强化权威的主张，如何建立一个由人、想法和物质文化组成的全球网络来支持探险科学家的工作。

独家体验

极端环境下的探险对时间、金钱和体能都有极苛刻的要求，所以在 20 世纪中叶以前，它都只是少数人的活动。非正式交流的本质——从一次探险到另一次探险的个人沟通需要，即使只是通过书信——帮助人们建立一个由科学探险者组成的小集团，里面的成员罕见地将实验知识和经验知识结合起来[7]。后者非常重要：要是选了一个不可靠的队友，可能会引发代价高昂的错误，还有可能导致实验或整个探险失败，甚至是最糟糕的、致命的后果。各种探险记录中都一再重申，一定要“知人善任”。社会历史学家对这些选择进行了深入解析，发现它们包含了一定的主观成分，带有明显的阶级和种族偏见（显然也有性别歧视）。传记作者和历史学家都在批评罗伯特·福尔肯·斯科特，因为他竟然允许经验不足、身体条件不允许（高度近视）的阿普斯利·彻里－加勒德（Apsley Cherry-Garrard）靠花钱加入去往南极的“新地探险队”（Terra Nova expedition），后者也因此遭受了巨大的磨难。［阿普斯利·彻里－加勒德写了一本回忆录来描写这次南极探险，书名就叫《世界上最糟糕的旅行》（*The Worst Journey in the World*），北方文艺出版社，2010.11——译者注］斯科特还拒绝乔治·英格尔·芬奇（George Ingle Finch）（乔治·英格尔·芬奇是澳大利亚人——译者注）参加 1921 年的英国珠穆朗玛峰勘察探险队，这个行为被看作他对一个没有英国公学和牛津剑桥大学背景、自力更生的“殖民地居民”的排挤（斯科特也被指责阻碍了英国氧气系统的发展，因为芬奇是气体技术的积极推动者）[8]。

第二次世界大战后，探险队变得越来越国际化，这个狭窄的圈子开始逐渐扩大。到 20 世纪 50 年代，殖民地居民（主要是新西兰人）终于打通了进入英国探险队的渠道。（继斯科特的队伍之后）下一个到达南极的英国人是维维安·福克斯（Vivian Fuchs），时间是 1958 年。他属于英联邦跨南极探险队（TAE），后者旗下还有一支由新西兰人埃德蒙·希拉里带领的队伍。TAE 同时还促使美、英、德专家联合进行了一次大型南极生理学考察。但是，这种国际主义并不意味着“知人善任”就不那么重要了。事实上，被探险队录用的关键条件之一就是一个几近循环论证的要求，即这个人已经有过一次完整的探险经历。

这种自给法是女性的身影在科学考察中难得一见的原因之一：必须同时具有探险经验和科学资历，这相当于两道不可逾越的鸿沟。当然也有例外，不过这些例外还是证明了科学探险依旧是男性的世界。也许第一位走进这个世界的女性是在上一章中简单提到过的女科学家梅布尔·普里福伊·菲茨杰拉德。她在牛津大学读书（学习了化学和生物学课程，当然了，她不被允许毕业）（当时女性可以在牛津大学学习，但即使通过考试也无法正式毕业。直到1920年，牛津大学才发出第一张给女性学生的学位证书。——译者注），后来对呼吸生理学产生了兴趣，从20世纪初开始与J. S. 霍尔丹合作[9]。1907年，在洛克菲勒旅行奖学金的支持下，她搬到了位于纽约的洛克菲勒医学研究所，开始研究细菌学。当她听说霍尔丹将去派克斯峰探险时便直接与他联系，表示自己想要加入探险队，还可以帮他们在科罗拉多斯普林斯（Colorado Springs）建立基地[10]。探险队的男性成员们（牛津大学的霍尔丹和C. G. 道格拉斯，耶鲁大学的扬德尔·亨德森，科罗拉多大学的爱德华·C. 施奈德）都不愿队伍增加新成员，而且是女性成员。因此，当他们在派克斯峰考察时，菲茨杰拉德就一个人去了科罗拉多的矿山做研究，测量了矿工的肺泡二氧化碳分压。她基于这些数据独自撰写的论文，以及另一篇类似的关于阿巴拉契亚山脉考察的论文，现在仍被广泛引用。这些测量是在中海拔地区进行的首批此类测量中的一部分，不仅为此类数据创建了一条基线，还“填补了从海平面到极端海拔的肺泡气体数值频谱的重要空白”[11]。

直到20世纪50年代末，几乎没有其他女性在高海拔地区从事生理学研究工作，但即便在那时，科学出版界也按惯例把女性的角色彻底抹去了。1959年，作为由埃姆林·琼斯（Emlyn Jones）带领的英国索鲁孔布探险队（British Sola Khumbu）中的一部分，队医弗雷德里克·杰克逊（Frederic Jackson）进行了一个研究项目——将高海拔地区的永久性居民的心电图和短期来访者的心电图进行比较。他的工作得到了女性登山者和攀岩先驱内阿·莫林的协助。莫林帮弗雷德（弗雷德里克）搭建了一间检测室，帮他做检测，并担任抄写员，记下了他所检测的成人和儿童的名字及年龄[12]。然而，杰克逊发表的所有和这项工作有关的文章里却都没有提到她，连致谢里都没有，她只是检测工作中的“一个女人”，一个“检测对象”[13]。

一位女性，虽然是个无名氏，但也是伦敦经济学院登山俱乐部1956年的喜马拉雅探险队的成员，还是探险队睡眠研究项目中的生理学研究对象[14]。这取决于人们是否认为这种数据收集足以算得上是“从事科研工作”——实际上这的确是传统科学实践系统学中的“自然史”的一种研究形式[15]——无论是这位无名的女性，还是被稍有提及的内阿·莫林，都很有资格宣称自己是在喜马拉雅地区第一个进行生物医学研究的女性[16]。但她们都是好不容易才被发掘出来的特例。直到1985年，约翰·韦斯特还在写文章为他刻意将女性排除在美国医学研究珠峰探险队之外的决定辩护，理由不仅是（他坚称的）接受过高海拔生理学教育的女性很少，男性必然是更强壮的登山者，还因为“女性可能会造成不必要的紧张关系，这种紧张关系给探险这种复杂的活动带来无法承受的影响”[17]。他的这种说法，再加上该探险队实验的档案和出版物中的确没有女性出现，以至于我以为真的没有女性参加那次探险，直到碰巧看到《印第安纳州医学协会杂志》（*Journal of the Indiana State Medical Association*）中的一篇文章。这篇文章的作者是波利·奈斯利（Polly Nicely）医生和朱迪斯·K. 奇尔德斯（Judith K. Childers）护士。文章一开始只是对那次探险进行了泛泛的介绍，到了第二页才透露出两位作者参与了“支持徒步”筹款活动，而且居然随美国医学研究珠峰探险队一起到达了珠峰大本营[18]。不仅如此，奈斯利和奇尔德斯都“参与了关于高海拔对我们个人的健康和其他方面的影响的研究。我们的脉搏、呼吸情况，以及其他症状都被记录在表格中”[19]。

女性在北极的情况较好，这在一定程度上是因为极地地区的地理范围广，她们可以通过自己的国家进入北极地区。从一篇关于在阿拉斯加的巴罗角（Barrow Point）建立著名的美国北极研究实验室（Arctic Research Laboratory，建于 1947 年）的文章中，我们可以看到女性出席研讨会的照片，工作人员的合照中也有女性（照片中还有一位来自斯沃斯莫尔学院的非裔美国研究员，她是该校成立时的主要学术骨干之一）[20]。即使是在更难到达的地方，女性也早在20世纪50年代就能完成超过普通意义上的日常工作范围的工作，还能带队做科学考察。最早的这类生理学探险可能是1953年的剑桥斯匹次卑尔根岛生理学探险（Cambridge Spitsbergen Physiological Expedition）。此次探险由生理学家玛丽·康斯坦斯·塞西尔·洛班（Mary Constance Cecile Lobban，1922—1982）领导，团队成员包括自然历史学和生理学专业的教师与学生，7人中有2人是女性（她们都被记录为“生理学家”）。这支探险队在岛上待了2个多月（6月27日至8月30日），“在布鲁斯比恩岛（Brucebyen）上建起了一间实验室”，还进行了关于长时间日照对肾功能的影响的研究[21]。洛班在1955年领导了第二次探险，她的一个自称为“人类小白鼠”的受试者把这个过程明确地描述为一次探险，而不仅仅是一次实验：

他们的远见和决心给我留下了深刻印象，也驱使十几个人住在布鲁斯比恩岛上孤零零的几间旧小屋里，在如此严苛的环境下生活……洛班清楚地知道，她在以斯科特和沙克尔顿的传统方式带着队伍探险，而不仅仅只是在组织实验[22]。

洛班随后就职于英国国立医学研究所（NIMR）的人

类生理学分部，并于1978年在纽芬兰纪念大学（Memorial University of Newfoundland）担任环境生理学教授。她主要研究昼夜节律，尤其是北极圈内的昼夜节律。

她的昼夜节律研究还证明了，尽管女性很少被允许加入极端生理学的小圈子，但仍然能够利用男性所依赖的人脉来巩固自己的事业[23]。由于许多探险活动都有着多重目的，北极的女性也有机会参与不同的研究项目。例如，1959年，海伦·E. 罗斯（Helen E. Ross）就利用牛津芬马克郡探险（Oxford Finnmark Expedition，到北极范围内的挪威地区的一次鸟类学探险），通过英国医学研究理事会的H. E. 刘易斯（H. E. Lewis）提供的卡片研究了男性和女性的睡眠模式。（这项研究的结论对于性别平等来说是一个打击："在北极时，女性的睡眠时间比男性的长得多，尚不清楚这是生理需要还是由于懒惰。"[24]）同时，女性还在那做些必不可少的工作，比如筹集资金、设计和打包仪器和数据分析（就是第一章里讲过的琼·勒达尔做的那些工作），但依旧是一群"隐形的技术人员"。

然而，直到20世纪70年代，南极的大门仍对女性科学家紧闭着。这种排斥，部分是从事南极研究的男性科学家和探险家的主动选择，部分是由被动或间接手段造成的，比如美国海军拒绝将女性送到南极洲（这样一来，欧洲和美国的女性几乎不可能去往南极洲）。在国际地球物理年之前，只有几位女性踏上了那片大陆，其中包括 1947—1948 年出现在那里的一位美国人伊迪丝·龙尼（Edith Ronne）和一位加拿大人珍妮·达林顿（Jennie Darlington），她们是最早一批在那里越冬的女性。她们都是和自己的丈夫一起上路的，这是女性参加极端探险的常见搭配。只要自己的国家在这里有大本营，国民就能到这里来。所以，澳大利亚、南非和苏联的女性如果没法在陆地上进行探索，至少能到这里来做一些海洋学研究。多亏有了这些基地，几位英国女性也来过这里，最值得一提的就是 1959 年的澳大利亚国家南极科考队［但这支队伍只到达了麦夸里岛（Macquarie Island），其只能算亚南极地区］[25]。这支队伍中有 4 位女性成员：玛丽·吉勒姆（Mary Gillham）、著名的澳大利亚海洋生物学家霍普·布莱克［Hope Black，婚前姓麦克费森（Macpherson）］、伊泽贝尔·贝内特（Isobel Bennett）和出生于英国的生物学家苏珊·英厄姆（Susan Ingham）。第二年，麦克费森和贝内特又回来了，这一次她们与植物学家埃莉斯·沃拉斯顿（Elise Wollaston）和历史学家安·塞弗斯（Ann Savours，上文提到的北极科学家玛丽·洛班的讣告作者）同行。女性和男性一样，在机缘巧合中也建立起了自己的国际人脉。然而到了 20 世纪 50 年代，美国女性被禁止进入南极洲，直到 1969 年美国国会才解除禁令。但在那期间，一些女性（还有男性）也曾挑战过这些禁令。新西兰地质学家唐·罗德利（Dawn Rodley），也是一位经验丰富的徒步旅行者和登山者。她获得了1958年的与国际地球物理年相关的“深冻行动”（Operation Deep Freeze）考察项目中的一个名额，但不管她如何据理力争，美国海军还是拒绝把她带到南极，最后她只能放弃（尽管为了获得这个名额，她甚至征得了其他探险队成员的妻子的同意）[26]。

相比之下，英国女性进入南极洲的渠道匮乏的原因是软性约束，而不是硬性禁令。福克兰群岛（马尔维纳斯群岛）属地调查局[FIDS,后来的英国南极调查局(BAS)]的局长维维安·福克斯明确反对女性在研究基地工作，认为她们会造成破坏性的干扰[27]。二战刚结束时急需医生，于是福克兰群岛政府考虑让一名女医生远赴南乔治亚岛，在FIDS/BAS管理的一个基地就职，但“大家认为这样做是不妥当的”[28]。英国女性直到1983年才得以进入英国基地，而直到1996年才在那里越冬[29]。1965年，奥韦·威尔森（Ove Wilson，1949—1952年挪威—英国—瑞典南极探险队的队医）在一篇关于人类在南极的适应性的文章中写道：

撇开住宿、卫生间设施，以及隐私等方面存在的诸多不便不谈，从经验就能得知，女性的存在对考察站生活的破坏性干扰要大于其存在带来的有益的心理影响[30]。

值得注意的是，他声称作为判断依据的“经验”很大程度上是他对龙尼和达林顿在1947—1948年越冬的传闻的解读，而不是他真的有和女性一起工作的实际经验。摩根·西格（Morgan Seag）表示，这些关于“破坏性”或小题大做的“设施不足”的说法在20世纪80年代一直被用来当作拒绝妇女参加南极研究的主要论据。正如她所说，在其他国家通过立法（如英国于1975年颁布的《性别歧视法》），使排斥妇女的行为在法律上和社会上都不被认可的时候，这些对女性不公的说法依然大行其道[31]。

由于这些软性约束和硬性禁令，即使女性有够格的科学资历和业界名声为自己在探险队中争得一席之地，但在极端环境中工作时，她们获得相应的工作经验的能力也会受到极大限制。经验和工作之间的关系好似蛋生鸡与鸡生蛋的关系，但在评价一个人作为潜在队员的价值时，经验常常是关键因素。一方面，经验宝贵又难得，拥有经验的人会发现自己不断被征召。另一方面，经验也证明了本书前一章里讲过的一个问题：极端环境的模型和真实环境之间有很大差别。现在并没有可靠的海平面测试来证明探险队的科学家对高海拔是否敏感，而要想预测一个人在低氧分压下工作的潜力，最好的评价指标就是他们过去在类似环境中的表现。同样，尽管人们定期讨论探险心理学，但在一个候选人与探险队成员一起探险之前，谁都说不准这个人好不好相处，更不知道其对于探险队是不是一个有用之才。因此，在讨论、批评和推荐面罩、干粮、包装公司的来往信件中，有大量的信件对个人做同样的讨论，比如称某某人是一个“好小伙”“靠得住”“有本事”。举例来说，乔治·洛（George Lowe），一位出生于新西兰的登山家和教师，第一次参加的高海拔探险是1951年的喜马拉雅山探险，同行的是埃德蒙·希拉里。因此，他受邀参加1952年的卓奥友峰探险，与希拉里、希普顿（Shipton）和皮尤一起测试氧气设备，之后又被邀请参加1953年的英国珠穆朗玛峰探险。1954年，他和希拉里尝试登顶马卡鲁峰。尽管后来失败了，但洛遇上了维维安·福克斯，后者请他和希拉里加入英联邦跨南极探险队，即使洛没有南极探险的经验[32]。

出于各种原因，这样的探险属于封闭而谨慎的领域。事实上，在本章或前一章中提到的科考专家几乎都有失去同事、朋友和团队成员的经历，或者见到过可怕的、改写人生的惨剧。他们进行的是高强度、高成本的工作，这在某些情况下代表了千载难逢的工作（和娱乐）机会，所以在人选上必须慎之又慎。并不是只在选择西方队员的时候才注重可靠性：在需要向导的地方，尤其在喜马拉雅山的高海拔地区，探险队的领队明显偏向于和受过反复考验的夏尔巴人再次合作，其次才考虑可信的西方登山者推荐的向导。对于选择合适队友的诸多顾虑导致了一个极其受限的研究团体的形成和存续，包括其中的“隐形的技术人员”。甚至在20世纪70年代末——正如戴维·凯泽(David Kaiser)［戴维·凯泽是一位物理学家和历史学家，在2011年出版了《嬉皮士如何拯救了物理学》（*How the Hippies Saved Physics*）。——译者注］所说的那样，“嬉皮士正在拯救物理学”[33]——韦斯特作为美国医学研究珠峰探险队的组织者，表示了对一位队员候选人［卡尔·马雷博士（Dr. Karl Maret）］的顾虑：尽管马雷有高海拔工作经验、医学资历和生物工程学硕士学位，这些使他从纸面上看很适合探险队里新增加的从事尖端技术研究的新职位，但他打扮得“像个嬉皮士”，而且曾被人发现为了维持生计还在一家素食餐厅当服务员，以致他得到的“好小伙”评价恐怕就得打个折扣了[34]。出于对“破坏性”的担忧——他们不是“好小伙”——组织者们会把素食者拒之门外。这样做的原因和把女性排除在探险队之外的原因一样，尽管这些候选人早已证明自己是健壮的探险家，也是称职的科学家。

这种因害怕担风险而导致的焦虑表现为一种愿望，即保护科考专家的专业精神。前文引用过一位雄心勃勃的、未来的极端生理学家写给皮尤的信，这只是与探险医生（包括医学生）寻求潜在的研究机会类似的咨询之一。皮尤和其他人在回信中给出了他们的建议，但这些信件的内容带有一些偏见，即认为这些“业余”或临时的研究项目对于“严肃的”高原生理学研究来说价值不大，甚至会给其名誉带来损害。到 1956 年，英国国立医学研究所已承诺给英国南极调查局的所有专职医生进行培训，以保证他们获得在极南地区进行生理学、流行病学和临床研究的极难得的机会不被浪费，同时一些长期的项目也就能被设计和实施（双方合作的头 9 年里，有 25 位医生参加了培训）[35]。极端生理学的圈子对“专业主义”的渴望，即对经验的渴望，贯穿了整个 20 世纪。到了 1993 年，这样的事情还在发生：约翰·韦斯特拒绝将进行肺泡气体采样的设备寄给一位同行医生，理由是使用设备的人是登山家爱德华·维斯图尔斯（Edward Viesturs）。韦斯特认为，要想进行真正有价值的测试，首先必须保证进行测试的人有做过此类测试的经验（还要保证测试过程的安全，并且要把结果带回国内分析）[36]。

当然，在极端环境中工作的科学家常游走在生与死的边缘——他们可能从西库姆冰斗上摔下去，或者在从南极回来的路上饿死，这些都加剧了他们在建立强大的团队、策划成功的科学项目时的焦虑。一念之差或不起眼的小事（比如丢失或找到冰镐）往往能决定一个人的生死。一个多世纪以来，（未来的）探险家、科学家和历史学家都在反复分析“特拉诺瓦探险”失败的原因，想要从中汲取经验，想要知道到底是什么样的决定让那些队员走向死亡。但基本上，这些分析向我们传递的关于作家所处时代的信息和20世纪初的一样多。最先去世的是埃德加·埃文斯（Edgar Evans），对他的身份进行深度分析后，人们认为他的“失败”和他的出身有关——他是团队中唯一的工人阶级成员。相反，出身很好的斯科特则在领导能力方面受到了批评，这恰是人们在第一次世界大战后对阶级进行批评的典型，这种批评挑战了“富有的精英和贵族最适合担任军事和政治领导职位”的假设[37]。然而，在20世纪末，斯科特却被重新塑造成一个英雄，部分原因是他的科研探险和具有令人难以接受的单一目标的、以“竞技体育”为导向的罗尔德·阿蒙森的探险形成了鲜明的对比[38]。在反事实的历史中，有这样一些诱人的研究课题——如果当时天气更好会怎么样？如果补给的干粮不一样会怎么样？打垮那支队伍的是不是早期维生素C缺乏症？

斯科特去世后一个世纪，英国探险家兼医生迈克·斯特劳德（Mike Stroud）以“一个世纪以来人们对南极探险中的生理需求的了解”为主题进行评论，并断定：即使经过100年的研究，结论仍是“当时也许的确没有其他更好的选择”[39]。他认为，2011 年的探险队和 1911 年的探险队之间的主要差别是食物。在斯科特的时代，人们缺乏关于饮食和耐力锻炼的基本知识，甚至连人在进行重体力工作时所必需的脂肪、蛋白质和碳水化合物的摄入量或比例都不确定——对此，我们将在后续章节详细讨论。虽然缺乏维生素 C 等微量营养元素，尤其是长期脱水对探险队员的影响很大，但他们最大的一个问题是几乎致命的饥饿。当斯特劳德自己分析了 1984—1986 年名为“斯科特的足迹”（Footsteps of Scott）的重走南极之路中所消耗的能量时，才发现人拉雪橇每天需要摄入约 29 300 焦耳的能量，或者更多。与之相对的是，他计算得出 1911 年的探险队每天的实际干粮配给只能提供约 20 500 焦耳的能量[40]。

在南极洲这样的环境中，日常的技术却能带来巨大的影响；食物包装的任何瑕疵、手套缝线的牢固性、运输过程中煤气炉的坚固性，这些都有可能让队员付出一根手指或生命的代价。所以，对这些技术进行研究的机会很珍稀，也很受重视。例如，斯特劳德在 1992—1993 年，与英国探险家雷纳夫·法因斯（Ranulph Fiennes）首次尝试在无外界补给的情况下穿越南极大陆，并在南极洲重复了他的生理学研究。也就是说，他们自己携带了所有的补给和设备，没有依靠仓库或空投。（从技术上讲，他们的探险没有成功，因为他们没能穿过罗斯冰架到达公海，但这次探险还是被看作第一次无补给的穿越。）据斯特劳德估算，他们在这次探险中每天摄入的热量约 41 859 焦耳。但这次探险不是南极洲上的第一次陆上穿越，1955—1958 年有过一次成功的有补给的穿越，在那次探险中也进行过生理学研究。

寒冷环境下的生理学：集成呼吸流速器和国际生理学南极考察队

1912 年 1 月，斯科特的探险队离开南极点，之后过了漫长的 46 年才有人再一次步行到达南极点，即英联邦跨南极探险队。该队是一支试图穿越南极大陆的国际化的探险队，队伍兵分两路，一队由维维安・福克斯带领，一队由埃德蒙・希拉里带领，各自由大陆的两端出发，目的是在南极点会合。希拉里一队出乎意料地比福克斯那队提前 16 天到达南极点（按照最初的计划，希拉里队应该在离开最后一个补给站后折返，再与另一队碰面），两队在 1958 年 1 月 19 日会合。随后，希拉里队乘飞机转移到斯科特基地，福克斯一队依靠希拉里队沿途留下的补给继续前行，最后横穿南极（后来希拉里队坐飞机降落在穿越南极的第二段路上，回到探险队中）。

这些探险家在极地并不孤单：美国生理学家威廉·西里（William Siri）从麦克默多站（McMurdo Station）坐飞机过来给希拉里和其他志愿者采血。他还是另一个国际探险队，即国际生理学南极考察队的成员。这个研究小组包括由 3 位美国生理学家［西里、内洛·佩斯和查尔斯·迈耶斯（Charles Meyers）］和 1 位刚入美籍的德国移民［格哈德·希尔德布兰德（Gerhard Hildebrand）］组成的“美国人”代表团，以及由 2 名英国研究人员［皮尤和詹姆斯·“吉姆”·亚当（James “Jim” Adam）］组成的“英国人”代表团。如果这些名单让你觉得南极洲上很拥挤，那这种感觉不无道理，因为在 1957—1958 年国际地球物理年期间，那里的确有很多军事和科研人员；或者就像西里说的那样，“那一年是地球物理年，所以这片大陆上有很多地球物理学家跑来跑去”[41]。

虽然以前南极洲有过生理学研究——例如“特拉诺瓦探险”中的营养学研究，我们将在第四章中讨论——但许多都是偶然做的附带工作，而不是科考的中心。这些工作包括常规医学检测中的血液血红蛋白检测（有助于确定“极地贫血”是否真的存在），以及对探险归来的人员进行虹膜颜色的研究（20 世纪初曾有一个流行的假设，即人眼的颜色和皮肤的颜色会因南极环境而改变）[42]。因此，国际生理学南极考察队是第一支专门针对南极洲生物医学考察的队伍。国际生理学南极考察队也将高海拔研究和极地研究直接联系了起来，其领队是在高海拔研究中有名的生理学家。而它最初的构想诞生于一次针对马卡鲁峰的探险，反过来又启发了我们在前面一章里讲过的银色小屋探险（西里后来在1963年成为美国珠峰探险队中的生理学家）。正如研究人员在这些极端环境中构建了人脉网和小团体一样，他们也创建了科研活动的地理网络，如将珠峰大本营和罗斯海边缘的军事设施连接起来，或与法恩伯勒（Farnborough）的环境测试室和加利福尼亚州的血液分析实验室连接起来。

内洛·佩斯（1916—1995）是国际生理学南极考察队背后强大的推手。他是一位美国生理学家，认为生理学家应该在非正常和正常的条件下研究人体[43]，并积极推广这一理论。佩斯的工作主要围绕高原生理学，他为加利福尼亚的白山研究中心（White Mountain Research Center，成立于1950年）的建立打下了基础，并带领实验室运行起来。他还参加了喜马拉雅山探险，研究了人体在极寒条件下的反应，并就太空飞行对人体的影响向美国国家航空航天局（NASA）提供了各种各样的建议。佩斯和西里在1954年参加了马卡鲁峰探险，这是自尼泊尔对登山者开放后，美国人第一次到尼泊尔境内探险[44]。这次活动基本上不是一次科学考察，而是攀登马卡鲁峰的首次尝试。西里是探险队的领队，这不是因为他的科研兴趣，而是因为他在塞拉俱乐部（Sierra Club）很有声望。佩斯则担任了副队长，在大本营进行生理学研究。探险结束后（这是一次失败的探险，因为他们未能登顶），两人讨论了他们对血液、适应、生存和应激反应的兴趣，对远征南极的可能性形成了一些初步的想法。同时，英国的皮尤也在考虑于极南地区进行研究的可能性——给他启发的不仅仅有他在卓奥友峰和珠峰做的工作，还有一连串关于热生理学的研究，后者在当时体现在对长距离游泳者的体温调节的研究中。皮尤转而向他的雇主——英国医学研究理事会寻求资金支持。他还直接和福克斯联系，询问是否能从英联邦跨南极探险队的队员那里采集血样和其他样本[45]。

从历史档案中并不能清楚地看出这两个独立构想出来的生理学项目是如何合并的，但在1957年春天，佩斯建议把这两个项目合二为一，并认为应该正式邀请皮尤加入，现在这次南极之旅就是名副其实的国际生理学考察了[46]。国际生理学南极考察队的队员们名义上以位于哈特角半岛（Hut Point Peninsula）的美国麦克默多站为基地，但实际上走遍了南极大陆。他们乘坐雪橇或飞机到达其他永久和半永久基地，从南极工作者（主要是地质学家）那里收集血液和尿液样本，当然同时也在南极旅行。在西里与英联邦跨南极探险队会面几天后，皮尤、亚当和查尔斯·迈耶斯（位于奥克兰的海军生物实验室的雇员）乘飞机去位于南极点的阿蒙森－斯科特站（Amundsen-Scott Station）进行一日考察，并在此收集紫外线辐射数据和微生物样本。用西里的话来说就是："我们通过这些短途考察看到的东西，可能比大多数去过南极洲的人看到的都要多。"[47]

进行这些短途考察的原因是探险队成员对研究环境压力引起的生理反应（主要是冷应激）特别感兴趣。一到麦克默多站，他们就发现这里的小屋温度太高，高得"我们根本不可能发现有人在这因为受冻而出现应激反应"[48]。西里和佩斯当机立断，"放弃分配（给他们）的顶部加热的小屋，搬进一个屋顶上盖帆布的小屋，这间小屋的好处就是冷热气流均有，还有雪会从关不严的胶合板门缝里吹进来。这下（他们）钻进各自的睡袋的时候才感到踏实"[49]。皮尤在 1957 年 7 月写给佩斯的信中说到过，实验者的需要决定了他们要在哈特角周围和远处进行多次走动：

作为研究对象的探险队成员必须每天至少在户外活动 4 个小时，否则会错过一些重要的变化，因为在进行生理学研究时，帐篷内的温度必须保持在冰点以上[50]。

尽管这次探险具有国际合作的性质（人类小白鼠也一样是

国际化的，因为这片大陆上有来自十几个不同国家的地球物理学家、气象学家和其他研究人员），但美国小组和英国小组却各自为政。西里、佩斯和希尔德布兰德感兴趣的是激素（肾上腺皮质激素）在压力下的反应，而皮尤和亚当的研究范围要广一些，他们做了代谢研究，主要针对身体的四肢（手和脚）对寒冷的适应。两队都收集了或协助收集了体温记录、寒冷的主观体验报告和天气记录。探险队的国际化无疑给这次考察增加了行政上的负担：为了得到皮尤和亚当的资助，与美国团队同行以及脱产的许可，佩斯和皮尤之间、美国海军研究总署（ONR）和英国医学研究理事会之间进行了历时数月的通信[51]。同时，国际化的确很重要。佩斯以科学实力强强联合和促进国际合作为论点说服了美国海军研究总署和英国医学研究理事会[52]；皮尤则很直接，他提出，一个国际混合团队对于争取一些重要的人类小白鼠至关重要："如果能有足够数量的英国人参与，我能预见到，英国和新西兰探险队会更愿意配合我们的工作。"[53]皮尤还特地用这个论点来说明亚当加入团队的必要性：

跨南极探险队的生理学家艾伦·罗杰斯（Allan Rogers）接受过吉姆·亚当的关于代谢方法的培训，这使合作变得更容易。我从实验室内闲聊的只言片语中得知，他不喜欢和一个几乎由美国人组成的团队共事[54]。

团队合作对南极洲的研究人员来说非常重要，其重要性再怎么强调也不过分。光是采血样就让一些实验参与者感到不适应了，甚至包括希拉里这样经验老到的探险家，而其他实验更是需要大家非凡的奉献精神。在高海拔和极寒环境中做研究的一个显著区别就是，在后一种环境中进行的工作程序可能具有更高的复杂性，更像是在中海拔地区进行的生理学研究工作。我们在上一章中讲过，由于珠穆朗玛峰的环境限制了研究人员的工作，直到20世纪80年代，气压舱研究才被认为可以一用。但在南极洲，人们可以进行更高级、更复杂的研究。关于这种研究的例子就是由艾伦·罗杰斯进行的“集成呼吸流速器测试”（IMPing）。集成呼吸流速器是一种用来测量人体能量消耗的实验设备，是由海因茨·S. 沃尔夫博士（Dr. Heinz S. Wolff）于20世纪50年代在英国国立医学研究所（皮尤也在那里工作过）时，在奥托·埃德霍尔姆（Otto Edholm）的指导下研发的，其目的是监测新兵的代谢需求，以便对英国军队的餐饮和训练制度进行改革[55]。这台机器的核心组件——面罩和气流计——和电子监控设备相连，受试者可以把整台仪器放在背包里。集成呼吸流速器是在道格拉斯气袋（Douglas bag）的基础上大幅度改进而来的。道格拉斯气袋是一种收集呼出气体并对其进行分析的生理学仪器，由C. G. 道格拉斯在20世纪初和霍尔丹共事时研发，到现在仍被生理学家不断地使用和改进。

IMP 项目的初衷是制造出一种可以在 24 小时或更长的时间内监测受试者代谢情况的设备，而不是像传统的道格拉斯气袋那样只能使用两三个小时。作为国际生理学南极考察队延伸项目的一部分，艾伦·罗杰斯招募了许多科学家和探险家来穿戴这种设备。用探险家乔治·洛的话说，人们通过这种设备可以测量出“人的‘马力’等级”[56]。对测试数据贡献最大的也许是英联邦跨南极探险队的地震学家杰弗里·普拉特（Geoffrey Pratt，他是“跑来跑去”的地球物理学家之一，见图 3）。普拉特连续 7 天一直戴着整套设备，同时还要完成自己的科学工作。他觉得它笨重又碍事，还平添了压力。罗杰斯则“不分白天黑夜地跟着杰弗里，专心致志地调整 IMP；普拉特每换一次衣服，罗杰斯就换一次耗材，然后密封玻璃瓶里的气体样本，检查 IMP 的性能，给普拉特的每一样食物过秤”[57]。普拉特把这段经历写成报告，即《IMP 受试者之体验》（*On Being Imped*），其中详细记述了作为一名实验对象所要克服的困难。从“没法把锯屑和锉屑吹走”，到戴着面罩不能和同事交流，这台仪器显然扰乱了他的正常工作。同时这也提出了人们在南极洲和其他类似环境中所面临的特有的挑战，如果没有直接经验，那么人们可能想不到会有这些挑战：

你无法通过闻或尝手指的味道来判断手指是否干净。但通过味道来判断手指干净与否很有必要，因为：（1）水资源的短缺会让你认为手指没有脏，且不需要洗；（2）工作过程中必须操作机油加热器，而这经常会让手指……沾上煤油[58]。

图3　杰夫·普拉特（杰弗里·普拉特，杰夫是杰弗里的昵称——译者注），照片摄于英联邦跨南极探险队的700号补给点[©南极新西兰图片集（Antarctica New Zealand Pictorial Collection，1957—1958）]

IMP测试带来的问题有身体上的，也有心理上的。普拉特这样写道："你永远不能，一秒钟都不能，从一种窒息感和有意识地完成呼吸的努力中解脱。"普拉特列出了一系列归咎于

IMP 的小错误和略显笨拙的时刻（不得不进行重复计算、失手打碎指南针、碰翻墨水瓶）[59]。（普拉特在探险时曾遭遇了一次呼吸方面的危机。他在 1 年后因为做研究遭遇了急性一氧化碳中毒，他的同伴只能用队里的焊接器材提供的氧气给他输氧，直到美国海军空投了医用氧气。[60]）通过集成呼吸流速器测试项目，人们看到了跨学科合作的必要性：探险队无法负担专攻单个领域的专家的费用，而且在很多情况下，科学专家要兼任双重角色，既要担任队医还要做生理学家，或者既要担任地质学家还要做官方摄影师。正如罗杰斯在后来的一份报告中写的："穿越时的物流问题相当严峻，运物资的时候根本不能载人。"[61]相对不那么正式的合作也很常见——气象数据对于热应激的研究很重要，所以研究人员的笔记中经常提到最高、最低气温，以及非气象学家严格进行的其他气象测量。并不是所有的工作都只是提笔记录那么简单。1958 年 1 月 4 日，皮尤在日记中提到，当他记录（太阳的）辐射读数时，一个盖子被吹走了，他只好"在危险的冰面上追了将近 800 米"[62]。罗杰斯则提到，英联邦跨南极探险队里"每个人都帮忙做过气象记录"，尽管从官方角度来说，所有与气象相关的工作都是汉内斯・拉・格朗热（Hannes La Grange）一个人的职责[63]。为了报答给自己当"小白鼠"的普拉特，艾伦・罗杰斯最后变成了"地质学工友"，帮着做地震学研究，搬岩石、拿工具。

难处理的习服数据资料

英联邦跨南极探险队和国际生理学南极考察队的科学家的工作成果中包含大量数据资料，有书面的（关于温度、热量、测量值、知觉的记录），也有物质的（罐装的尿液、小瓶装的血液、冰芯样本）。所有的科学数据资料都要被运走或进行转换，国际生理学南极考察队得到的材料（基本上囊括了本文提到的所有探险中收集到的各种数据资料）将会以这三种方法直接进行处理：就地分析、运送到全球各地进行分析，或者转换为存储状态，以便未来再进行分析。气象资料属于最后一类，它实际上只在和其他形式的证据结合使用的时候才能发挥作用。对于生理学家来说，它的作用是在其他分析（体温、着装选择、激素水平分析）中充当控制因素；而对于其他“跑来跑去”的科学家来说，获取气象数据自然是他们来南极的主要目的。

南极的各个基地都有设施可供人类进行即时分析。例如，20世纪60年代末，美国的高原科考站（Plateau Station）装备良好，可供人们经常进行基本的血液分析（血红蛋白浓度、白细胞计数等类似的检测）和尿检（通常包含对血液、蛋白质、葡萄糖水平和酸碱度的测量）[64]。国际生理学南极考察队在工作期间也会就地处理血液和尿液[65]。做这些检查常常是为了协助生理学研究，但它们还有一个重要的作用，就是被多个基地的医务人员用作诊断工具。同时，血样、尿样，还有更多“奇异”物质样本（例如牙菌斑刮片）等从南极洲被运输到全世界的实验室[66]。这些样本一般都被送到各国的国内实验室里，光是在国际生理学南极考察队考察期间寄回伯克利的血样和尿样就有数百个[67]。其他的材料寄送的范围更广。除了进行人体研究外，皮尤还捕捉海豹，将其杀死后研究它们的血液，但由于这类研究不包含在他最初的实验设计之内，于是他拟了一个计划，只在冰上进行一次动物生理学研究。他就地分析了海豹血液和脂肪的一氧化碳水平，还安排将处理过的海豹血样寄到位于新西兰的基督城医院（Christchurch Hospital）病理科[68]。结果并不完全令人满意：样本解冻时形成真空，从而导致容器破裂，于是空气钻了进去。基督城医院的研究人员情急之下用注射器抽出了血浆，却发现它没有完全解冻，因此他们最后分析的是含冻结水的凝结血浆，其中二氧化碳浓度的读数异常地高。

极端生理学的出版物里公开讨论了从环境不稳定的研究地点运输样本的困难。早在 1924 年，霍华德・萨默维尔（Howard Somervell）就在珠穆朗玛峰上海拔高达 23 000 英尺（约 7 010 米）的位置采集了肺泡气体样本[69]。这些样本被送到大本营进行分析，但是后来研究人员表示测试结果不具有代表性，因为包装样本时使用了橡胶袋——实际上是一个足球内胆——使样本中的二氧化碳扩散了出去。在 1933 年英国珠峰探险队中有过采集样本经验的雷蒙德·格林（Raymond Greene）决定改进这种工作方法。他认为在喜马拉雅山上进行分析是不切实际的，于是将气体样本密封在玻璃管中，然后运回了英国[70]。皮尤在1952年（卓奥友峰探险）和1953年（珠峰探险）时都用格林的方法来采集气体样本，他的做法也说明了实地调整和从经验中学习的重要性。1952年，皮尤用普赖默斯煤油炉的炉火来密封玻璃安瓿，但发现这种方法“困难且不一定有效”。在1953年的珠峰探险中，他特地带上了一个专门设计的“装有本生灯的丁烷气瓶”来到了海拔24 000英尺（约7 315米）的地方[71]。皮尤两次探险获得的样本被分散处理，一些在珠峰上进行分析，另一些则被送回伦敦进行处理。

到1981年美国医学研究珠峰探险队进行探险时，采样技术已经发展得更加完善，还实现了自动化，尽管珠峰恶劣的环境被证明是具有挑战性的。克里斯·皮佐携带了自动空气采样机，但到山顶上机器就被冻住了，无法正常旋转，还得他手动放入安瓿：“太难了。第四、第五、第六份采样非常困难，我现在还记得当时不断呼气……弄得我头晕。”[72]这些样本被放在一个“特殊的盒子”里，由约翰·韦斯特亲自带回加利福尼亚州大学圣迭戈分校进行分析[73]。由个人运送样本仍是有必要的，因为不可预见的意外可能会破坏样本，皮尤辛苦采集的海豹的血液样本就是一个例子。英国、印度的探险队于1954年在干城章嘉峰采集的血样也是一样：尽管在山腰采集的样本被证明是可靠且易于分析的，但从大吉岭采集并空运到加尔各答进行分析的对照样本却“发生了溶血或分解”，其原因几乎可以肯定是那片地区意外地出现了一阵热浪（庇荫处最高温度超过了 43 ℃）[74]。

另一些研究需要其他人体样本材料。美国海军在 1958—1959 年开展了一个人体研究项目，即从驻扎在斯塔滕岛号（USS Staten Island）、南极洲哈利特角和威尔克斯站的美国士兵中采取血样和拭子（基本上通过口、鼻取样），项目顺势被取名为“鼻塞行动”（Operation Snuffles）[75]。这项研究得到了多达 900 份血液样本、1 300 份病毒培养物和 2 660 份细菌培养物，这些样本被送到“巴尔的摩的低温冰柜”里，然后再分发给各研究中心：病毒和血清送到美国国家卫生研究院，细菌送到约翰斯·霍普金斯大学（Johns Hopkins University）[76]。20 世纪 70 年代的一项关于蛀牙的研究花费不大，但很少见。这项研究是国际生物学计划的一部分，其安排 19 名英国南极补给站的工作人员在 1 年中的 6 个月食用含有蔗糖的食物，另外 6 个月食用含有人工甜味剂和葡萄糖浆的食物。在研究中，每一个受试者的牙菌斑都被仔细地刮了下来，然后在 −20 ℃的温度下冷冻起来，最后人们将其运回英国进行分析[77]。（在考虑人体实验的代价时，我们要注意，这个例子中的样本是每两周采集一次，而且要求受试者在采集前 3 天“避免口腔清洁”。）尿液也被用于分析饮食反应：1969 年，英国研究员 R. M. 劳埃德（R. M. Lloyd）在南极哈雷研究站（Halley Research Station）1 年的工作期间采集了自己以及 10 位同事的尿样。这些样本也被冷冻起来（同样是在 -20 ℃的温度下），然后被人们运回英国利物浦进行酮体分析。结果表明，在南极拉雪橇的人不管采用高脂肪饮食模式还是低脂肪饮食模式，都不能充分适应极寒环境中的重体力工作的代谢需求[78]。同样，1962 年，从几位倒霉的英国南极考察工作人员臀部抽取的身体脂肪样本被从哈雷研究站送到了约翰内斯堡进行分析，结果发现没有任何证据能证明冷应激会让人类工作者的身体脂肪增加。这和在实验室里对动物进行测试后得到的结果相反[79]。

对于在极南地区收集的样本，如果没有就地分析，也没有被寄走，那么它们会被转换成新的形式，以等待将来再进行分析。英联邦跨南极探险队提供了一个关于这种转换的例子（可能是数据返回与其发布之间耗时最久的一个）——收集到的关于着装和适应性的信息花了 13 年时间才从现场数据转换成白纸黑字。这些数据的采集是在艾伦·罗杰斯主持的生理学研究项目里完成的，他在英联邦跨南极探险队中的队医一职给研究带来了便利，但项目并没有采用集成呼吸流速器。他想要解决极寒环境中的一个生理学难题：人体能适应低温吗？已经有确凿的证据证明人体能适应炎热、干燥、潮湿和高海拔环境，但关于人能不能实现对寒冷环境习服的问题还存在一定争议。我们在前面也说过，在后来的研究中，人体脂肪和尿液的样本都没能提供习服成功的证据。为了找到答案，罗杰斯设计了一个看似简单的实验：他要求英联邦跨南极探险队队员记录他们在南极洲度过的近 15 个月里的着装（包括在有暖气的科考站里和在穿越的路上的着装）。他希望这些记录可以显示同等天气条件下，在寒冷地带生活了很长时间的人会不会比刚来南极的人穿得少，换句话说就是，这些先来的人有没有适应新环境。这些探险家在卡片上填写了自己每天的穿着，活动和睡眠模式，以及其他健康数据，还记录了决定当天衣着的天气。

这个实验之所以“看似简单”，是因为实验方法看起来不费事，但实验产出的数据却很多。在大约 60 周的时间里，12 位男性每天（经常是每天好几次）记录身体主要部位穿戴的衣物，而这些内容要与数百个气象条件的记录、数千条活动记录和健康数据相匹配。此外，估测衣物热值这项工作本身就不简单——穿两件衬衫、戴两双手套达到的保暖隔热性是不是比穿两条裤子、戴两顶帽子达到的更好？找出这个问题的明确答案很重要，因为有证据表明，即使人的整个身体没有适应极寒环境，但人的四肢却可以适应。所以，手、足和头部衣物的变化必须和“全身着装”的分开分析[80]。为了评估热值，研究人员把12位受试者穿过后选出的最保暖和最不保暖的24种“着装组合”寄到美国的赖特－帕特森空军基地（Wright-Patterson Air Force Base），然后在那里用“火铜人”进行分析（将加热过的假人暴露在不同的温度下，这样就能测出使“身体”保持在一定温度所需的能量。更多和这项技术有关的内容见第四章）。为了校准，他们还把4种组合送到位于英国法恩伯勒的皇家空军航空医学研究所[81]。赖特－帕特森和法恩伯勒的研究员都给这些衣物测了热值，但两个实验室在几个组合上得出的数值不一致。隔热性是衣物的一种非常复杂的属性，一点改变就会造成巨大差距，例如衬衫没塞到裤子里，或者衣服因为下雪或流汗而变得潮湿。

尽管存在这些问题，他们还是把数据放在一起做对比分析，结果工作量过大，以致最早自愿参加这项工作的3位统计员不堪重负，在不到1年的时间里就都退出了。直到1968年，美国空军才拨款聘请了一位全职统计员，关于报告卡、热值和气象观测的数据终于被汇总在一起。这位受雇的统计员是位女士——R. J. 萨瑟兰（R. J. Sutherland）太太，她是数学专业的应届毕业生，不仅分析了英联邦跨南极探险队的一堆数据的统计相关性，还设计了必要的计算机程序来完成计算。她在另外两位女士的协助下把大量的卡片、打印资料和记录气温的笔记簿整理成一份以人体习服为主题的报告。这两位女士是 E. 方丹斯（E. Fountains）太太和 V. 桑顿（V. Thornton）小姐，她们均(先后)被聘请为行政助理。后者承担了一项相当重要的任务：给着装卡片进行编码，换句话说，就是把探险者的笔记变成一个可以输入电脑的分类信息系统。报告最终得到了欧洲航空航天研究办公室（European Office of Aerospace Research）和美国空军的资助。最终报告——《南极气候、着装和习服》(*Antarctic Climate, Clothing and Acclimatization*）由萨瑟兰和罗杰斯共同撰写，并于 1971 年 3 月发表[82]。他们的结论是，没有证据表明人类能够适应寒冷环境：“在这次针对特定探险的特定调查中，我们可以清楚地看到，没有证据表明冷应激使在寒冷环境中待了更长时间的人少穿衣服。”[83] 尽管这是当时最详细的习服报告，但它的发现只是附和了之前的几十项研究得出的结论[84]。

极寒研究中缺乏人类对低温的短期、中期习服的证据，也许就是因为这一点，极寒研究和高海拔研究模式之间有着巨大的差异。在关于高海拔的研究中，原住民对低氧分压环境长期的遗传适应性，至少在某种程度上能和访客的短期生理反应相关联，因此高海拔研究可以成为一个单一的有协同性的生物医学研究主题的一部分。在关于低温环境的研究中，对原住民的生理学研究和探险者的需求之间的关系并不明确。如果对低温环境的适应性是文化性的、社会性的或技术性的而非生物性的，就很难在极北地区原住民的生理学研究和对极南地区的欧洲人、美国人、澳大利亚人、新西兰人的身体的研究之间搭起一座桥梁[85]——至少从对原住民的种族生理学研究方面来说是这样。寒冷天气习服研究存在一个干扰问题，即在大多数情况下，北极和南极探险者都只是定期暴露在低温环境中。毕竟，各种北极站点和毛皮服装的存在都是为了让人体能保持合理的温度，而且我们很快就发现——我们在前面讲国际生理学南极考察队的时候简单地提到过——这样一个问题应该被注意，即北极和南极探险者到底有没有“冷应激”的体验。对这个问题的思考扩展到了对原住民的研究中，正如在1949—1950年对“爱斯基摩人”进行的冷习服的研究中，研究人员想尽办法确定受试者以传统的方式生活（基本上比现代的生活方式更适应寒冷），从而清楚地证明他们的假设：对寒冷环境的相对耐受性是后天习得的，而不是种族或民族的特征[86]。如果西方探险家想向原住民学习如何抗冻，那么人种学、社会学或技术研究会比生理学更有意义吗？

其中的一些想法将在后面两章进一步讨论。国际生物学计划模仿国际地球物理年于1964年应运而生，并增加了“人类适应性”这一主题，大多数极端生理学研究都被划归其下。尽管南极洲被纳入了国际生物学计划的地理范围内，数百项适应性研究都得到了经费，但略带讽刺意味的是，国际生物学计划在带动南极生理学研究方面的速度要比国际地球物理年慢得多。一些国际组织的确响应了在南极开展研究工作的呼吁。1962 年，南极研究科学委员会（SCAR）在巴黎召开了一次生物学工作组（Working Group on Biology）会议，并在会议上发表了很多关于人体生理学的论文。但之后又过了 10 年，南极研究科学委员会才出资并联手国际生理科学联合会（International Union of Physiological Sciences）和国际生物科学联合会（International Union of Biological Sciences）组织了一次人类极地生物学专题研讨会。研讨会于 1972 年 9 月在位于英国剑桥的斯科特极地研究所（Scott Polar Research Institute）举办，阵仗很大，在北极或南极展开过研究工作的国家都派了代表出席，这些国家有澳大利亚、加拿大、法国、日本和苏联，以及英国和美国（然而原住民依旧只是研究对象而不是与会者之一）[87]。所有与会国对极地生物医学研究的基本描述大同小异：一开始，极地生物医学研究工作是受限的，仅仅是大型探险活动的一部分，而非人们的主要关注点，做研究的主要是探险队里的医生。后来，有人认为（在大多数国家里，这种转变大约发生在 20 世纪 50 年代，一般都和国际地球物理年有关），研究开始涉及更多不同的专业人员（先是生理学家，后来又有了遗传学家的加入），而且在覆盖面更广和时间更长的研究项目中进行。

皮尤的银色小屋探险成为后来的高海拔研究的试金石，而国际生理学南极考察队却没有在极端生理学领域达到相同的高度——1962 年的南极研究科学委员会的会议论文集里一次也没提到它（1972 年的也没有）。造成这种结果的原因，人们并不是很清楚，个人因素总是影响到人们对探险的记忆[88]，但就这个项目发表的论文不多是事实。关于短期习服的研究一再出现普遍的反证，这可能导致了极地生理学的研究重点开始转移，而且 1962 年和 1972 年发表的论文都显示出了明显的关注点的变化。对寒冷环境的适应和习服变成了小众话题，取而代之的是热度一直未减的对营养、传染病和极地站点医疗事故的流行病学的关注，还有对昼夜节律、睡眠和探索心理学的研究。“寒冷”这个主题风光不再，在生理学家那里也失去了万众瞩目的地位——就像当年登山研究中的高海拔问题一样——一点儿也不极端的昼夜节律和医学隔离问题在 20 世纪 60 年代初闪亮登场，并成为重要的研究课题。对寒冷的研究变成了对“舒适度”“压力”的研究，甚至产热地作为心理和行为因素走红。与此同时，前往极南和极北地区的人们仍然痴迷于食物和营养问题[89]。

在整个 20 世纪，人类生理学在南极生物学研究中一直处于次要地位，南极研究科学委员会直到1974年才成立了一个常设的人类生理学和医学工作组[90]。又等到1977年，第二支完全国际化且以进行生物医学研究为明确目的的科学考察队才去往南极洲，此时距离国际生理学南极考察已经过去了20年。这支队伍就是1980—1981年的国际生物医学南极探险队（IBEA），带队的是法国生理学家、南极探险家让·里沃利耶博士（Dr. Jean Rivolier），他也是南极研究科学委员会人类生物学小组的负责人。国际生物医学南极探险队有12名队员，共代表了5个国家（4名英国人、3名澳大利亚人、3名法国人、1名新西兰人、1名阿根廷人）。也许有些自相矛盾，尽管之前几十年的相关研究结果都令人失望，但研究人员还是花了相当多的时间来研究人类对寒冷的适应力。尽管项目研究范围很广——“研究人类在南极时应对和适应生活环境的过程及程度”——但温度适应仍然是研究的重点。队员出发前先在澳大利亚碰面，在那里，一半的队员被要求连续十天每天洗1个小时的冷水浴，其目的是看探险家们是否能“预先适应”寒冷[91]。最终的结果清楚地表明，那些在出发前洗冷水浴的队员，并不能比那些没洗冷水浴的队员更好地应对南极的寒冷。这样的实验实际上导致了团队成员之间的紧张关系——“洗冷水浴到底有没有效果？显然，他们受够了”[92]。最后，IBEA的主要发现似乎更多地与个人孤立和团队合作的心理有关，而不是与寒冷气候对人体自我平衡调节的影响有关。

IBEA 的研究计划基于这样的假设，即有可能收集到“受试者出发去野外工作点之前的生理状态的准确描述”，以便与他们在南极期间以及返回后的状态进行比较[93]。除了冷水浴实验外，受试者还在高温的室内进行高强度运动，以及做其他一些“涉及皮下注射毒素和去甲肾上腺素”的实验[94]。探险前的筛选还包括了团体治疗会，并用摄像机将整个过程拍摄下来。在治疗过程中，受试者被鼓励谈论他们的情感需求和对探险的感想。团体治疗并不成功，探险队里的一位心理学家是这样抱怨的：

除了极少数的几个，受试者在人际关系方面没有足够的技能和经验来进行反思，也不能有效地进行表达和互相支持。在这样的情况下得到的结果只能是人们所预料到的那样：人们的陌生感、防御心理和束缚感，转而变成了对心理学这门专业学科的批评[95]。

和“好小伙”的生死友情

极地地区免不了条件艰苦，但生物医学研究人员可没有因此就放低对受试者的要求。实验清单上有冷水浴、痛感很强的注射、收集体液样本，受试者还被要求抽出时间填写问卷（通常是在笔被冻住了、手指也被冻僵的时候艰难书写）和与陌生人讨论他们内心深处的情绪状态。换作别人可能会很难理解，为什么有人自愿参加这样的工作。尽管对人类受试者的要求似乎有些极端，但极端环境对人们有极大的诱惑，尤其是像珠穆朗玛峰或南极这样的“明星”，还是能引来大量潜在志愿者。他们还必须被筛选，以确保符合要求。虽然挑选“极地先锋”的重要性和难度一直是探险讨论的一部分，但对于客观地做出这样的决定，无论是在科学上还是在其他方面，大家从来没有达成过共识。军方也开始对男性进行筛选，主要是从 20 世纪 50 年代中期开始的，而且重用海军精神病医生（他们在挑选男性参与潜艇任务方面有丰富的经验，潜艇封闭的环境和“幽居病”会对工作造成干扰）[96]。但这些筛选结果有的很成功，有的不那么成功，所以探险家和科考专家还是倾向于使用比较主观的筛选方法。关于队员的选择，威廉·西里是这样写的：

候选人的技能和经验都很重要。一个人缺乏经验，但能力强，如果你认为他有快速学习的能力，还有很好的判断力，那么他就不一定会被淘汰。但所有因素都要考虑进去，如敢作敢当、技能、经验、压力下的表现、协同合作的能力。对于这些，我们是以一种只能意会不能言传的方法来进行总体上的评估的。而且你不会永远正确。有的人的表现会大大出乎你的意料[97]。

（西里在1963年加入了美国珠峰探险队，队员还包括临床心理学家詹姆斯·T. 莱斯特（James T. Lester），后者曾基于对在山上以及下山后的登山者的研究进行了大量的心理建模。但这些实验没能揭示什么样的人能成为成功的登山者，也没能透露出他们应对工作中的单调和灾难的有效方式。）[98]

一些探险家和生理学家在选择队员时持十分乐观的态度。澳大利亚研究人员沃尔特·维克多·麦克法兰（Walter Victor Macfarlane）说："与皮尤和其他人的交谈清楚地（说明了）能够胜任这项工作的人具有随遇而安的性格。"[99]麦克法兰本人还说，在新西兰，当被突如其来的异常天气困在中海拔地区的小屋里时，属于"登山者类型"的人可以凭本能顺利应对。这个结论说明人（特指男性）能够自行适应自己身处的环境，也能够克服环境带来的挑战。经过筛选的人能否自行适应新的社会环境则完全是另一回事。探险队的领队们使用了一系列评估工具，试图确保即使在物资匮乏和压力巨大的时候，团队成员也能齐心协力完成工作。相比之下，国际生理学南极考察队的探险算是比较平和的探险，而英联邦跨南极探险队则发生了一些戏剧性的意外事件，比如飞机试图在“乳白天空”奇观下着陆（希拉里离开南极的时候）[100]，严重的一氧化碳中毒事件（杰弗里・普拉特），以及可能致命的梦游（又是杰弗里・普拉特，他极易发生意外）[101]。在 20 年多后的国际生物医学南极探险队中，关于队员的不满情绪和冲突的报告就多了很多，比如这支 12 人的队伍中，有一位队员因为想家而不得不提前返回悉尼。但两次探险之间存在差异的原因很可能是：国际生物医学南极探险队的设立就是为了观察探险活动中的心理问题，因此队员们会有意识地注意并进行自我反思；而国际生理学南极考察队的研究重点是生理学。有证据表明，在其他极端生理学研究项目中发生的严重冲突事件是保密的，最后不会被公之于众（例如在银色小屋探险期间皮尤和希拉里的不和）[102]。另外，国际生物医学南极探险队的队员全程共处、共事；而国际生理学南极考察队的研究人员或单独工作，或被分成几个小组，他们在南极洲四处奔波，去和人数较多的国际地球物理年的工作人员一起做研究。

南极的人口增加了，但并不是每一个人都为此感到高兴。早在 1957 年，维维安・福克斯就抱怨大陆上来了太多新居民，还表示自己怀念极地探险“美好的往日”。在一位同事报告说麦克默多站的美国无线电话务员找不到埃尔斯沃思站后，福克斯在日记中写道：“美国的工作人员甚至连他们自己的南极活动都不感兴趣。”他把这种兴趣的缺失归咎于海军的征兵工作。征兵时，他们不优先考虑对南极感兴趣的候选人，而且“不考虑个人的好恶、兴趣和能力——真可惜——这与过去的探险队的精神，或者说与我们如今的探险队的精神区别真大”[103]。这种随意的征兵制，与科学和其他探险对“好小伙”的高度谨慎、精挑细选的筛选工作形成了鲜明的对比。即使爱国的福克斯也不得不承认，类似的做法也悄然出现在福克兰群岛属地调查的人员挑选工作中，造成了“同样令人不满的漠不关心”[104]。

但“漠不关心”的军事人员不一定会增加生理学研究工作的难度。我们在之前的研究（例如珠峰行动）中看到过，让军事人员接受会带来痛苦、压力或不便的实验比招募普通人更容易。国际地球物理年之前的十年战争时期，美国人在极限生理学研究方面格外积极，尽管这些研究聚焦于极高温而不是寒冷。军事人员穿越沙漠或佛罗里达的高湿度地区，或在没有饮用水的情况下乘船长时间漂流，从而得到关于耐热性和脱水的信息，这些信息后来用在了解决与北非和其他地方的沙漠冲突中[105]。但是，福克斯指摘的更多的是针对工作的热情而不是服从性。那位无线电话务员偏偏没能听懂“埃尔斯沃思站”这个名字也是一个关键点。埃尔斯沃思站（还有埃尔斯沃思湖和埃尔斯沃思山脉）是以美国极地探险家林肯·埃尔斯沃思（Lincoln Ellsworth，1880—1951 年）的名字命名的。他早年曾与罗尔德·阿蒙森一起尝试飞往北极，后来受此启发，在 1935 年与赫伯特·霍利克 – 凯尼恩（Herbert Hollick–Kenyon）一起完成了世界首次跨南极飞行。不知道这个站点表明这个话务员不仅对南极洲的地理一无所知，而且更糟糕的是，其对南极洲的历史，特别是对过去的探险英雄们也一无所知。

极端环境中的探险者一般都对相关知识和学术谱系感兴趣，这表现出他们对行业先行者和老旅行家的热忱。当代科学内在的进步表现，促使科学实践者们倾向于把自己看作研究人员“大家庭”的一分子。文献评论、引用和培训的实践也是如此，这显然将科学家们归属于某种学术谱系中。科学家也许可以站在前人的肩膀上，但探险家只能靠自己艰难前行。人体的局限性意味着，在大自然中，不管你是上天、入地还是穿越，可行的路线往往只有那么几条。我们在上一章提到银色小屋时说过，这种情况会使极端探险领域出现“朝圣”行为，而且我们在后面也会看到，怀旧会影响人们对技术的讨论和使用。不太明显的是与以前的探险者共享物理空间（而非时间空间）能对探险和科考实践产生实质性的影响。有时，正如我们在本章开头看到的那样，这种共享还能拯救生命。

极端生理学家建立的信息网的一部分是关于被抛弃的支持性和生存技术的信息。1952年，皮尤和回国的瑞士珠峰探险队成员见面，利用照片和描述来找出该探险队在山上放氧气瓶的位置。洛曾说他们在七号营地附近找到了“一堆上好的瑞士货”，这是有用的发现[106]。瑞士探险队留下了奶酪、维塔麦片（Vita-Wheat）和其他“奢侈品”，与1953年英国登山者的高海拔干粮包形成了鲜明对比[107]。数篇自传中都详细记录过这次攀登，其中包括洛的自传，他深情地写到他们发现了蜂蜜、“索奇森”和一罐澳大利亚梨，“我们戴着手套边吃边涂蜂蜜，你可以想象现场有多么混乱”[108]。瑞士队的馈赠也像一个标识，提醒着他们这座山的环境复杂多变，难以捉摸。当英国的队员们穿过昆布冰川的一个出了名的危险地段——地狱火道（Hell Fire Alley）时，“时不时的能看到……在一道巨大的、不可能跨越的峡谷的左侧有一面瑞士国旗，这显示出冰川在冬天发生了多大的变化”[109]。冰川移动和长期的气候变化都会通过人类的废弃物表现出来：2010年第一次清理珠峰峰顶区域时的一大关注点就是随着雪线的移动和冰川的融化，一些早期探险者的垃圾逐渐显露了出来。（值得注意的是，大约在20世纪70年代，随着来到南极和高海拔地区的人越来越多，人类对自己的废弃物的论调从一开始的浪漫又怀旧变成失望和厌恶。[110]）

不是只有西方探险家才会废物利用：洛在关于 20 世纪 50 年代的珠峰探险和跨越南极的探险的记录中，这样描述 1953 年夏尔巴人排着队等待筛选的场景：

这是一群愉快的家伙，他们衣衫褴褛，一点儿也不像外界印象中具有坚韧而无畏的品质的英雄。他们中的大多数人都穿着以前探险队留下的衣服：猩红色的日本丝绸衣、橘黄色的棉布服、蓝绿色的英国尼龙服、各种颜色的羊毛毛衣[111]。

显然，对于财力有限的人来说，使用以前探险队用过的登山装备是一种实用的做法，而且他们经常将衣服、装备和靴子作为自己服务的部分报酬。这些衣物还具有一种象征性的意义：这是一种鲜明的视觉暗示，表明拥有者血统纯正、有经验。这两点，正如我们在前面说过的，在选择老爷和夏尔巴人的过程中具有关键作用（不过，我们将在下一章中看到，人们并不认为循环利用是夏尔巴人独创的）[112]。

显然，人们是怀着情感去发现和重现早期探险的技术和生存物资的。重现、修复成再利用历史设备和遗址，是一种宣扬科学遗产的方式，也是成为研究人员“大家庭”一员的愿望的一部分。这种愿望不仅仅存在于探险界和科学界，为了保存和纪念“极端环境考古遗址”而建立的国家保护协会就是证明（但不是所有遗址都在保护范围内，比如，北极的遗址更受旅游团队而不是历史遗迹保护专家的青睐）[113]。当然了，保护遗迹的愿望和体验遗迹的愿望之间存在着紧张的关系。1957年，记者诺埃尔·巴伯（Noel Barber）和资深探险家亨利·威尔金斯爵士（Sir Henry Wilkins）共享了一顿奇怪的晚餐，餐桌上的食物都是45年前的。这顿晚餐有羊肉、饼干和斯蒂尔顿干酪，后来又加了更多的饼干和橘子酱。这些都是威尔金斯从斯科特在1910年留下的一个储藏室里挖出来的，除此之外，里面还有“几十罐英国蔬菜，一些美味的青梅果酱……几盒桂格（Quaker）麦片，食益补（Cerebos）牌的盐和科尔曼（Coleman）牌的芥末”[114]。虽然，这些“历史”储藏物如此丰富，但保持它们原样的需求可能并不那么紧迫。这些物资的数量说明了，即使在这样的人迹罕至的地方，人类也永远不会远离其他人的痕迹。正如科利斯（Collis）在探险的道路上留下的自己的“足迹”所展示的那样，一个人在重现探险历史时，不仅表明了自己的血统，还表明了自己的民族，甚至种族（如果以澳大利亚为例，那就是对被踏上的土地可能属于他人的想法的直接回应）[115]。关于对历史的兴趣，我们还应该考虑一个更务实的理由：鉴于体育英雄和科学英雄以及伟大的探险故事历来受大众追捧，募捐者认为与“名人”的联系有助于现代探险的发展，“斯科特的足迹”就是助力之一，而“福克斯－斯特劳德（Fuchs–Stroud）陆上新陈代谢实验”就不是。

从南极、北极到“第三极”的社交网

本节将概述极端生理学领域是如何建立的，以及它的边界——它的准入限制、要求以及小圈子是如何允许和拒绝某些外来者的进入的。尽管它的网络在某些方面是受限制的，但它也是广泛的、出人意料和多样化的。这些网络遍布全球，国际通用，模糊了民用和军事工作的界限，最后还能把天差地别的地点也连接起来。当维维安·福克斯邀请乔治·洛参加英联邦跨南极探险队时，他选中洛的理由是，就登山这方面来说洛是一个可靠的“好小伙”——而不是因为洛已经证明了自己的价值，或者说在极南地区有过任何经验。因此，高海拔地区和高寒地区的联系是人附加上去的，是人类思维的发明，而不是反映不同地理区域之间的客观的“自然”关系。高海拔探险和极地探险的环境压力和困难险阻有很大的区别，除此之外，两种探险的基础设施也有显著的差异。在20世纪的大部分时间里，南极洲在很大程度上比大多数用于高海拔研究的普通站点更加偏远，这对物资供应和后勤带来了不同程度的限制。高海拔研究通常涉及与原住民的接触、获得他们的支持，或请他们参加实验。当然，这在南极洲是极罕见的。在20世纪的大部分时间里，人们须借助军事部门的力量才能到达南极洲，但如果要去高海拔地区或北极，那么普通游客也办得到（这就是女性科学家的数量在极端环境中分布不均的原因之一）。

在一种环境中表现出色的探险家不一定能在另一种环境中也很出色，不是每一位当代极地探险家都能适应高海拔地区的环境[116]。对极端环境的反应中还存在特殊的生理学和生物医学差异，这些差异与目的地的交通和后勤条件方面的差异相结合，就形成了组织探险的不同方法。一个明显的例子是饮食。在高海拔地区，味觉和食欲会发生很大的变化，登山家经常觉得极地探险者的高脂肪食谱和饮食产品难消化。因此，20 世纪早期的高海拔探险的主要问题之一是饥饿，就像北极和南极的探险一样，尽管原因完全不同——一个是食欲减退，另一个是口粮不足。所以登山所需的干粮的种类往往比极地探险所需的更多，而且碳水化合物和糖的含量也更高。在登山的过程中，登山者还可以补充新鲜的食物；但在身处远离企鹅和海豹的南极海岸线的时候，探险者就没多少选择了。

真正将这两种环境联系起来的是人类——人类的动机和特定的利益。因为探险需要带着可靠的“好小伙”，所以要是去过南极的人都死了、受伤了，或者失踪了，人们就会去找那些在其他极端环境中生存下来并很好地活下去的人，将其视为南极之旅的比较稳的“赌注”。这是符合逻辑的。另一种联系是科学实践。在这些环境中进行的工作（至少在一开始），其主要的推动力是人们对人体极限的迫切兴趣：人体能承受的缺氧的程度、人体能承受的最高温和最低温、人体最疲惫的状态，以及至关重要的是，如何突破这些极限？前一章中提到的国际生理学南极考察队和呼吸研究都明确涉及人体承受的压力及其缓解情况。这项工作带有一定的道德上的负担，我们将在第六章进一步讨论。但即使没有深入讨论，我们也很清楚，在一个压力是由自然而不是人为造成的地方工作是多么有吸引力，在那里的人类小白鼠非常感激有机会体验这种环境。

即使在南极他们要忍受“10 毫升的注射器和……长长的针头”所带来的恐惧，“就算是埃德蒙·希拉里爵士……”面对这种恐惧“也会失去勇气”[117]。但这种“实验室”也没能针对研究问题给出直截了当的答案，这一定让参与者灰心丧气。国际生理学南极考察队的队员们几乎没发表过论文，平时很多产的皮尤也只写了两篇与这次探险有关的文章，但它们都和人类生理学无关（一篇的内容与一氧化碳中毒有关；另一篇的内容是关于他对海豹血液的观察）[118]。考察队的研究结果不多，而且大多都未发表，而关于习服的研究，罗杰斯花了 13 年的时间才完成分析，因此考察队对未来的寒冷生理学研究似乎没起到重要影响。不过这次探险在其他领域取得了重大进展，比如在南极站完成的新陈代谢研究的评估，还有本章未提及的领域，如冻伤的治疗。斯芬克司天文台就曾被用于对装备和登山者的测试，见图 4。当然，缺乏实验确定性的一个后果是提升了经验确定性的价值。人们可以说：一个探险队做了 x，结果成功了，而另一个队做了 y，结果失败了；当一个人穿上这件衣服觉得暖和，穿上另一件衣服会觉得冷，在没有“科学”确定性的情况下也是如此。

图 4　瑞士少女峰，背景是斯芬克司天文台（Sphinx Observatory，建于 1937 年）。这片区域曾被多支喜马拉雅山探险队——包括 20 世纪 30 年代的德国人和 50 年代的英国人——用来测试装备和登山者，还做生理学试验，为攀登更高的山峰做准备［此图来源于本·艾伦（Ben Allen，2010）］

所有这些建立信任和权威的网络，也催生出了当地知识的不寻常的形式。虽然进行极端生理学研究的地点可以通过在这些地点之间移动的人和材料联系起来，但研究者的具体要求和一些独特的要求也是地方性经验的一部分，一些人就是依靠这些经验成为探险队成员的。这样的经验可能是个人经历后获得的，也可能是其通过向过去的几代人（包括死者）学习获得的。事实上，发现失落的人类遗骸也是探险的动力。例如，1999年的马洛里与欧文研究探险队（Mallory and Irvine Research Expedition）专程去寻找1986年中国登山者王洪宝发现的一具“外国登山者”的尸体（王洪宝在发现尸体的几天后死于雪崩，因此无法提供更确切的定位）。由英国广播公司（BBC）和诺瓦电视台（Nova）资助的探险队成功地找到了后来被确认是乔治·马洛里的尸体，同时间接让他的衣物在他去世75年后得到了分析——研究认为他的衣服足够高科技，达到了登顶珠峰的要求。

其他搜寻死者遗体的行动花的时间更长：直到2014年，约翰·富兰克林爵士（Sir John Franklin）失踪的皇家海军幽冥号（HMS Erebus）才被找到；而直到2016年，他的第二艘船，皇家海军恐怖号（HMS Terror）才被正式定位，此时距离第一支搜寻队出发寻找失踪的北极探险家及其队员已经过去了168年。这两艘船的发现也重新引发了一场关于欧洲和欧洲－加拿大的科学家对原住民知识的态度的长期争论。“恐怖”号沉没在爱斯基摩社区的努纳武特地区，那里的代表认为，沉船的发现证实了当地的口述历史——有两艘英国船只在当地遇险，其沉船时间可以追溯到19世纪中叶。

事实上，在19世纪和20世纪，许多探险者确实利用了因纽特人的知识来指导自己寻找富兰克林及他的探险队和船只，但这些知识不一定总是有用或准确的。从另一方面来说，他们对这些知识的重视度也不如之前。特别是在1854年，苏格兰探险家约翰·雷（John Rae）在一开始搜寻时就去询问了当地人，结果知道了富兰克林一行人同类相食的悲剧故事。这一则骇人听闻的丑闻传回英国被报道后，立刻遭到断然否认，人们认为这是来自不道德的、落后的民族的严重诽谤。直到20世纪末，欧洲和北美的探险家才通过法医证实了这个故事的真实性[119]。“当地知识”，和经验一样，是极端生理学工作中宝贵的组成部分，尽管它的价值有时会被偏见左右，即谁算作当地人，谁的知识可以被认为是科学的、可信的或理性的。下一章将讨论“当地知识”的使用，首先我们从比人肉更美味的东西谈起：干肉饼（pemmican）。

第四章

当地知识与当地人：在偏见中合作

1911 年 7 月，3 个英国人——一位医生兼自然历史学家、一位职业海军和一位富有的财产继承人——开始在饮食和新陈代谢方面展开自我实验。他们每个人都进行锻炼，且按照一种极端简化的食物配给形成三种不同的食谱，每人只吃其中的一种——一个人吃高脂肪的，一个人吃高碳水化合物的，一个人吃高蛋白质的。他们进行了大量的体育锻炼，并根据自己的表现和喜好调整自己的食物。最终的结果是：这 3 个人的基本食物在比例上日趋接近。吃高脂肪食物的受试者（医生）和高蛋白质食物的受试者（海军）都无法吃完所有的食物，而吃高碳水化合物食物的受试者（继承人）感到饥饿，有更严重的冻伤，并且对富含脂肪的食物有强烈的渴望。受试者将食物进行了比例调整，最终 3 个人的饮食中的碳水化合物、蛋白质、脂肪的比例（按重量）约为 4 ：3 ：1。

尽管这似乎是一个非常简单的实验，但到底该吃什么是20世纪以来探险活动中的一个关键问题。尽管在19世纪，人们就在实验室里确定并分析了人类饮食的基本组成部分，但到1911年，详细的新陈代谢过程仍是一个谜，人们并不清楚脂肪、碳水化合物和蛋白质的确切作用，也没人知道什么是微量元素。食物是探险中的一个重要而复杂的技术问题，它不仅是极限体力运动的燃料，也是人类重要的心理支柱：简单无味、不好吃、不受欢迎的食物可能会导致士气大减，而不熟悉的或受污染的食物会导致队员生病，甚至死亡，比如痢疾。毕竟，氧气设备的先驱亚历山大·凯拉斯就是因为痢疾在1921年去世了。因此，这个1911年的实验尽管简单，却很严格：受试者每天24小时在一起，不可能作弊（吃其他额外的食物或谎报运动量），而且天气条件（运动是在室外进行的）也被仔细地记录下来。

然而，这项研究却从未在有关营养学的杂志上发表过，甚至也没有作为注释在《英国医学杂志》（*British Medical Journal*）或《生理学杂志》（*Journal of Physiology*）上被提到过。想要了解这次实验，你必须要读的不是一篇科学论文，而是一部关于这项研究的传记。这本传记在1922年出版，也就是实验结束10多年之后。这项实验没有相关论文的部分原因可能是，其中两位受试者在进行这项食物研究的9个月后死亡，第三位受试者因为实验受到了精神创伤，尤其是在看到朋友们的尸体之后。这三位受试者是阿普斯利·谢里－加勒德、亨利·鲍尔斯（Henry Bowers）和爱德华·威尔逊（Edward Wilson），他们都是罗伯特·福尔肯·斯科特的不幸的特拉诺瓦探险的成员。他们在实验中使用的食物是“南极”饼干（约 61 千克）、干肉饼（约 50 千克）和黄油（约 9.5 千克），还有盐和茶叶[1]。

斯科特要求这个冬季探险队在这次非同寻常的探险中尝试使用雪橇运送口粮，并去克罗泽角的企鹅繁殖地收集帝企鹅的蛋。这趟旅行后来被谢里·加勒德称为“世界上最糟糕的旅行”。他们的研究结果为 4 个月后的一次南极探险尝试的配给包设计提供了参考，鲍尔斯、威尔逊和斯科特在此次行动中去世，当时他们的帐篷距离下一个食品和设备补给站只有约 17.7 千米——几天前，彻里－加勒德刚给这个补给站补充了物资。人们很容易指出，这次探险中关于饮食（和其他方面）的研究结果从未正式发表的原因是它灾难性和悲剧性的结果，但这样的缺失不仅仅存在于营养学研究领域［亨利·雷蒙德·古利（Henry Raymond Guly）曾统计过，在“英雄时代”，于南极洲进行的细菌学研究中，有三分之一的结果从未被发表］[2]。第三章中讲到的这类信息大多通过口耳相传、非正式网络、传记和会议记录等方式才得以流传下来。本章也会关注知识的传播方式，但重点是知识如何从一个地方转移到另一个地方——从在南极的应用到珠穆朗玛峰的口粮包；从当地的、有时是原住民的知识到无地域的、全球化的科学。

生存技术，包括食物，在从一个地方转移到另一个地方的过程中得到一次次的改造。第三章描述了 20 世纪南极探险和喜马拉雅探险之间的联系——从事探险的经常是同一伙人，他们进行了类似的研究项目，然后又经常将在一个地区完成的工作转移到其他环境中。例如，银色小屋探险就是利用国际生理学南极考察作为跳板，以此获得成功；20 世纪 20 年代的珠峰探险队做计划时就是以斯科特南极探险的装备清单为蓝本的。（南极洲也有高海拔研究：美国高原站是 20 世纪 60 年代较小且偏远的基地之一，那里进行的第一次医学研究就是关于高海拔肺水肿的。[3]）同样，在一个地区获得的专业知识也是可以从一个领域转移到另一个领域的：20 世纪 20 年代，气象学家乔治·辛普森（George Simpson）曾明确表示，早期珠穆朗玛峰探险的策划人能受益于他在南极恶劣条件下使用科学仪器的经验[4]。

我们之前就了解过，阿尔卑斯山曾被用作喜马拉雅山高海拔地区研究的中转站，因此我们可以把北极的交通更方便的地区用作极南探险的实验和实践场所。事实上，北极和亚北极都具有这样的用途，所以到目前为止，这个故事中关于北极的描述相对缺失，可能是令人费解的。部分原因是北极地区与南极洲有着截然不同的社会政治空间：北极更加多样化，在撰写本书时，八个国家在北极圈内拥有领土（如果我们把冰岛在格里姆塞岛的一小块领土也算进去的话），而这一数字还在随着全球政治事件和冲突事件而增加或减少。就地形而言，北极与南极正好相反——我们要先到达陆地，然后再在水里和冰上行进。至关重要的是，北极人口更多。鉴于习服理论对在南极工作的西方生理学家的重要性，北极环极地区有原住民定居的事实对极端生理学和生存技术的研究均产生了影响。

当然，北极和南极（以及极地地区和高海拔地区）之间也有相似之处——它们带来的主要生理挑战仍然是寒冷，以及能在偏远地区长途旅行的身体素质和医疗条件。但正因为极北和极南之间的差异，北极成为实践及测试探险技术和设备的最佳地点。北极交通更方便——人们可以使用自己国家的领土，也可以使用友好国家的领土，所以准备去其他地方的探险队会先带着装备去挪威地区、格陵兰岛或阿拉斯加进行拉练和测试。同时，他们可以研究和利用原住民的知识和专长，以便在地球另一端进行实地科考。我建议，在考虑生物勘探现象时，我们应该同时考虑遗传学和药理学。

这些生存技术不一定都是极端生理学研究的产物，或与极端生理学研究直接相关。但它们都是本书中讨论的科学家（或者他们的材料科学家或营养学家同事）经常分析的技术，我们将在有关食物和衣物的例子中看到具体内容；它们还是极端生理学家日常使用的技术，他们的物料情况决定其能在野外进行怎样的工作，这一点将由庇护所的例子说明。这些技术也是生理学实验中的干扰因素：不合适的口粮使探险活动早夭，而具有讽刺意味的是，生理学家们开始担心防寒服的有效性实际上阻碍了白种人的身体对北极或南极气候的适应。

有一个案例研究可以很好地概述本章的观点，即 1911 年冬季的实验性口粮包中的一个组成部分：干肉饼。这是北极原住民的一种食物，后来经过改造，被运送到了南极洲和高海拔地区，并成为具有经济甚至军事意义的工业化产品。早在 19 世纪 50 年代初，英国一家十分有创见的医学杂志《柳叶刀》（*Lancet*）就发起了一系列关于食品质量问题的报道，在咖啡和面包等常见家庭食品中，它选择报道的是干肉饼[5]。干肉饼引起了《柳叶刀》的兴趣，其原因在于干肉饼包含在皇家海军标准军粮里，任何掺假都会对军队和军队医疗造成影响。干肉饼最基本的成分就是干的动物蛋白，即将被切成片状的肉片或捣成碎末的肉末，与熔化的动物脂肪混合，然后放置至冷却变硬。有时，人们会添加一些碳水化合物（如豌豆粉或干果），通常用干肉饼做杂菜汤或极寒地区常见的浓汤（hoosh）的汤底。欧洲人第一次接触到干肉饼是在 17 世纪，当时它是现在的美国和加拿大北部地区原住民经常食用的一种旅行食品。虽然许多国家都发展出了类似的保存和运输肉类的方法，但被欧洲殖民者“生物勘探”出来的却是北美的干肉饼。和其他食物相比，它又轻又经济，含有很高的热量和蛋白质，被欧洲的设陷阱捕兽的人和猎人广泛食用，尤其是在加拿大。结果，它就成了大型毛皮贸易公司的重要储备品：到 19 世纪初，西北公司（North West Company）每年要给所雇的船夫、捕兽者和猎人提供 18~27 吨的干肉饼；其竞争对手哈得逊湾公司（Hudson's Bay Company）到 1840 年时就消耗了约 45 吨干肉饼[6]。

干肉饼迅速成为具有重要经济影响力的食品，它的生产和分销成为北美、欧洲殖民地居民之间，以及欧洲人和当地人之间产生武装冲突的导火线[7]。［实际上，1814—1816 年，当地的梅蒂斯人（Métis）和英国殖民者之间的冲突有时就被称为“干肉饼战争”。］当它被用作陆地探险以及海上航行的食物，尤其是皇家海军的军粮后，就具有了直接的军事意义，所以《柳叶刀》要对它进行分析。在 19 世纪中叶的欧洲，新的实验室的实验项目都利用干肉饼进行新陈代谢和营养方面的研究，试图制造出一种新型、高效、浓缩的现代食品[8]。许多后来的食品企业家和化学家或尝试制作改良版的干肉饼或其他“肉类饼干”，或试图将动物肉类的“精华”提取出来浓缩成液体补品。李比希肉制品公司（Liebig’s Extract of Meat）就是其中的经典案例，后来成为牛肉高汤块制造商奥克索公司（Oxo）[9]。

19世纪中晚期的探险家手册提供了在野外环境中自制干肉饼的方法［在弗朗西斯·高尔顿（Francis Galton）于1855年出版的第一版《旅行的艺术》（*The Art of Travel*）中，有关于干肉饼制作过程的详细描述，显然是他从哈得逊湾公司的一名员工那里问来的］[10]。而当欧洲探险家们开始向北极、南极和“第三极”珠穆朗玛峰进军时，他们所携带的干肉饼是由大型食品公司如吉百利（Cadbury’s）或保卫尔（Bovril）等公司商业化生产并包装好的。这些公司通常免费提供干肉饼，以换来打广告的机会。随着人们发现干肉饼不适合在高海拔地区和炎热天气食用——下面我们会讲一讲其中的生物医学方面的原因——它就完全成了北极和南极探险家们的口粮。在20世纪，它迅速被其他形式的浓缩食品和干粮取代。

在20世纪初，美国探险家罗伯特·皮尔里（Robert Peary）

报告称，他给狗和人食用同样的干肉饼。在报告中，他也表达了对美国的几个供应商的不满，因为其中一个供应商给他的干肉饼中含有碎玻璃，食用时他很快就发现了，并怀疑是碎玻璃导致了几条狗的死亡。（给狗喂干肉饼一直都很危险：干肉饼本身没有味道，所以探险家们往里面加了很多盐，这就导致了从来没有摄入过大量盐分的“爱斯基摩犬”的死亡。[11]）几十年后，这种人狗共餐的做法被完全改变了：到了20世纪中叶，如果探险家们带了干肉饼，那也是专门给拉雪橇的狗吃的肉饼——也有关于探险队员吃“狗肉干肉饼”的报告（尽管在极罕见的情况下）。不过，到了这个时候，干肉饼已经获得了全新的身份，不再是超级高效、科学、大规模生产的现代探险食品，而是艰辛、痛苦和耐力的标志。“老派”探险家们会因为喜欢吃干肉饼而受到赞扬，而“新派”探险家们则会因为想要更多样化、更适口的食物而受到嘲讽，被认为不够坚强（也暗含缺乏阳刚气之意）。在20世纪40年代末福克兰群岛属地调查局的一项调查中，连维维安·福克斯都报告说：“没有人觉得干肉饼好吃，所有人都有不同程度的饥饿感。”[12] 几年以后，佐治亚州调查（South Georgia Survey，1953—1954）显示，在一次定量配给干粮实验中，有几位受试者宁愿饿肚子也不愿吃干肉饼。在更早的1951—1952年的调查中，人们就已经注意到探险队的领导者［探险家邓肯·卡斯（Duncan Carse），同时也是广播剧《迪克·巴顿》

（*Dick Barton*）中的配音演员］明显比大多数受试者年长，对这些不愿和他吃一样食物的人颇有微词（但大多数时候他还是选择隐忍不言）。他显然对这两年的经历感到恼火，并评论道："在没有提前计算及考虑所需热量值和维生素值的情况下，不应该在野外对基本饮食模式进行大的改动，而且对腌洋葱的狂热并不能成为它取代干肉饼的理由。"[13]

从原住民知识到改造后的科学，再到消失在古老岁月中的男性化、阳刚气的传统标志，这样的故事在生存技术领域中十分常见。我认为，它描述了一种生物勘探的形式。迄今为止，历史学家和社会学家往往将"生物勘探"一词狭义地定义为寻找与药理学或遗传学直接相关的物质。它最初是指 20 世纪末在非西方环境和人群中寻找具有医学或经济意义的化学物质或基因的活动，后来被历史学家扩大了范围，囊括了现代早期欧洲人试图从植物资源中得到对经济或医学有用的物质的尝试[14]。但干肉饼的故事又将这个词的定义扩展到包含其他形式的原住民知识，即包括技术和文化实践，从而拓宽了我们对科学知识、物体和理论的微观及宏观循环的理解。有时，（正如我们将在本章中看到的）生存技术的"本地"起源是其感知价值的一个重要组成部分——"真实性"有时就是"有效性"的代表。

如前一章里所说的，"当地"经验和专业知识在极端环境科考领域是受高度重视与保护的。有时，非西方的探险参与者也能获取到专业知识，特别是在将技术从极北地区转移到无人居住的极南地区的过程中。当然，这种具有技术性的专业知识在传授时也存在一些问题：在对因纽特人或夏尔巴人知识的讨论中，“高尚的野蛮人”（未开化的具有善良、天真、不受文明罪恶玷污的特质的原始人——译者注）的影子依旧存在，原住民知识依然会被视为本能或自然的，而不是科学和理性的[15]。就像从一种亚马孙花中提取抗癌物质一样，原住民知识可以通过分析实验室和工业化工厂转化为西方的发现，最终造就一种商业化、品牌化的产品，而其起源却被模糊化了，比如“吉百利牌干肉饼”。与药物遗传生物勘探一样，利用生存技术可能是极具剥削性的，并可能给人类和生态系统带来严重危害。西方登山者偶尔会看一看夏尔巴人的死亡名单——他们的死因是登山者需要当地居民的尸体作为他们探险的重要支撑——并思考这种行为是否符合道德规范。随着生存技术让更多的人更方便地到达如南极或珠穆朗玛峰这样的地方，他们也对自然环境造成了影响。甚至干肉饼也引发了同样的故事：对干肉饼的需求虽然不是唯一的原因，但也是导致加拿大野牛群灭绝的一个主要原因，这就是药物生物勘探中最有争议的一种模式——为了商业药品企业的利益而威胁生态系统[16]。

探险者们所寻找的当地知识大致可以分为三类：物化型知识、环境知识和生存技术。物化型知识在这里指的是对环境的生物适应性，包括种族特征或民族适应的，我们会在下一章中详细讨论。环境知识包括具体的地方性知识——地理方面的信息（水源、安全路线和通道的位置）或气象学方面的信息（天气好坏的预兆等）。最后，生存技术涉及实物（雪鞋、雪橇、衣服、皮划艇、干肉饼）或实践行为（衣物的护理、狗的训练、一天中什么时候开始远足等）。虽然有益的种族适应在有关进化论的讨论中仍然是一个有争议的话题，但西方人更容易接受的一点是，原住民可能具有特定的环境知识。例如，喜马拉雅山的早期探险者经常提到他们会走朝圣者或牧羊人走出来的小径，因为他们认为当地人（也许历经数代）已经在山区找到最安全或最短的路线。

这一章讲述的是对本地以及原住民的知识和生存技术的探索与创新，它们使北极根深蒂固地融入我们不断发展的极端生理学研究和科学探险的故事中，并特别展示了人们对当地的理解是如何生成的。其中一些定义是非常新的，例如，在没有原住民的南极洲，“当地”知识和经验包括西方探险家在北极地区积累的知识和经验，以及因纽特人历经几代人提炼出的知识和经验。本章还详细论述了这个问题，即生物探勘的概念可以帮助我们了解实践经验是如何在全球各地传播的，特别是如何被重塑以强化不同的身份认同，就像干肉饼从原住民的食品变成了传统的探险食品，后来又变成了现代产品和强健的白种人的阳刚气的标志。

身体的阶层，知识的阶层

我在第一章里讲过，到 19 世纪后期，人类习服理论普遍认为，白种人可以采用能够使人在非温带环境中生存的方法和技术，但那种环境本身是不利于健康的，最终会导致疾病，使白种人的健康状况恶化，也会造成非白种人的原住民的种族劣势。这方面的讨论大多集中在温度和湿度上。中高海拔地区的环境似乎被看作有益的，比如当白种人为了躲避地方性的热带传染病而逃往印度的山中避暑地时，几乎没有人讨论寒冷气候对白种人的长期影响[17]。习服（以及后来的热带医学）主要是一项关于殖民的事业。因此，如果欧洲人在北极圈没有重要的殖民利益，那么西方生物医学则集中在研究生存于非洲、南美洲和大洋洲的相关问题上（不过由于美国在阿拉斯加和北极有领土，所以它的“殖民医学”——习服和生存方面的研究——就相应包括了更多关于寒冷天气的研究）[18]。随着越来越多的欧洲和北美的探险者开始探索喜马拉雅山、南极和北极圈，在19世纪的最后几十年里，西方才对高海拔和寒冷地区的原住民的生存技术和当地知识越来越感兴趣。

绘制喜马拉雅高海拔地区地图的过程展示了利用和评估当地知识的方式。用于绘制英属印度地图的大三角测量（The Great Trigonometric Survey）是一项雄心勃勃的工程，在多数情况下，它是由受过英国人训练的印度人实施的。这次测量首次对珠穆朗玛峰的高度进行了估算，由英国测量员J. O. 尼科尔森（J. O. Nicholson）在1849年末和1850年初用经纬仪进行测量，以及出生于加尔各答、被誉为“首席计算机”的数学家拉德哈纳特·希克达尔（Radhanath Sikhdar）负责计算。正是他的计算工作将珠穆朗玛峰（当时被称为“第十五峰”）确定为世界最高峰，从而确立了西方探险家们在一个多世纪里孜孜不倦地追求却一直没成功的目标[19]。尽管西方探险家愿意承认当地人拥有地理和环境知识，但事实证明，他们很难接受当地人能够发明新技术或推动技术进步。这项调查是一个高度技术化的项目，尽管历史学家确认印度人在重新设计、调整、改进所用仪器和使用方法方面发挥了重要作用，但和他们同时代的白种人在评估当地人民对西方科学做出贡献的能力时，就没有那么慷慨了[20]。尽管许多西方人对训练有素、有文化的印度学者的职业道德、学习能力、勇气和应变技能赞赏有加，但很明显，这种赞赏是建立在这样一种认识之上的：测量、制图和数学本质上是由西方科学引入一个新的领域的[21]。

但那时也有拥护当地技术和原住民的西方人。朗斯塔夫博士是较早用英文撰写有关高山病问题的学者之一，也是 1922 年英国珠峰探险队的医生［他还是斯科特的发现之旅探险的主要资助者之一卢埃林·伍德·朗斯塔夫（Llewellyn Wood Longstaff）的儿子］。他在一份关于加尔瓦尔最早的西方登山探险队的报告中，不仅对当地人的能力进行了赞扬，还进行了排名。他的探险队里有几名廓尔喀第五步枪队的队员：

> 他们从未让我们失望过，也从不抱怨，永远士气高涨。没有他们，我们什么也干不了。他们比我见过的最好的加尔瓦尔人强，甚至比菩提亚人都要强，更不用我说明，他们与库马盎人或平原地区的乡下人没有任何相似之处[22]。

此外，朗斯塔夫曾至少两次指出，他的登山计划或他采取的路线是当地牧羊人走的路线[23]。［并不是只有男性原住民才能掌握环境知识：英国北极探险家埃德蒙·帕里爵士（Sir Edmund Parry）在报告中写道，19 世纪 20 年代，当他的船被困在冰上时，一位女性“爱斯基摩人”，同时也是一位“具有高超技能的绘图员”，准确地描绘了后来被命名为“梅尔维尔

半岛”（Melville Peninsula）的区域。］[24]

朗斯塔夫的队伍中还有3位阿尔卑斯山的向导［来自库马约尔（Courmayeur）的亚历克西斯（Alexis）和亨利·布罗切尔（Henri Brocherel），来自采尔马特（Zermatt）的莫里茨·英德宾纳（Moritz Inderbinen）］。极端探险常会打破人们对当地知识的传统的理解，人们期望能够将特定的地理和环境知识完完整整地从一个环境转移到另一个环境中。人们认为，如果是在距离阿尔卑斯山千里之外的地方进行探险，那么阿尔卑斯山的向导（白种人、欧洲人，大部分来自工薪阶层）将会是很好的同事。在更不寻常的情况下，也有人意见相反，比如朗斯塔夫认为廓尔喀第五步枪队的苏巴达尔·卡布尔·布拉托基（Subhadar Karbir Burathoki）之所以“能算作我们的向导”，是因为他不仅去过克什米尔和喀喇昆仑山，还和马丁·康韦爵士（Sir Martin Conway）爬过阿尔卑斯山[25]。虽然在许多情况下向导知识似乎已经从一个大陆传到另一个大陆，但到了20世纪20年代，欧洲人对当地人的攀登能力印象深刻，甚至开始觉得把阿尔卑斯山的向导带去喜马拉雅山地区并不划算[26]。凯拉斯博士——氧气登山的第一位拥护者，在1921年的英国珠穆朗玛峰探险中不幸去世。在其去世前不久，他就已经认识到并宣传夏尔巴人卓越的登山能力了[27]。（凯拉斯还建议选择佛教徒做“苦力”，而不选择印度教徒，因为后者“受到相对严格的饮食限制，在某些方面不适合高海拔地区……因为在4 877米以上的高海拔地区烹饪含氮的蔬菜食品是非常困难的”。[28]）

然而，即使夏尔巴搬运工已经成为一种标准“技术”，融入了欧洲（以及后来的美国）的喜马拉雅山高峰攀登中，但他们的贡献仍然被概念化为物化型知识的一种形式。评论家们指出，夏尔巴人只是在按照西方人的指示进行探险，他们“虽是当地人，但通常和（西方登山者）一样对该地区知之甚少，因此很难被看作‘向导’”[29]。在整个20世纪中叶，夏尔巴人在技术方面的参与，即使有记录，也充其量被描述为一种麻烦。比如说，记录中会提到探险家们为搬运工订购高海拔登山靴的不便和费用，或者不得不调整按高加索人骨相做的面罩来适应“夏尔巴人的扁鼻子”[30]。其对技术的参与也会被看作一种负担，比如有很多故事讲到夏尔巴人学不会使用氧气设备、干涉技术的传输，或者损坏和偷窃物品[31]。

当我们把目光转向高海拔地区而不是高海拔地区的人口时，就能看到一些不一样的情况。虽然西方科学出版物中的“爱斯基摩人”[32]经常被描述为未开化、原始和“简单”的人，但他们拥有的环境专业知识和娴熟的生存技术已经得到了更广泛的认可。不过，由于人们先入为主地以为原住民有种族排外情绪和仇外心理，于是这种赞赏又被冲淡了一些，这可能导致一些西方旅行者产生一种奇怪的双重态度。其他历史学家对探险者们使用因纽特人的技术的现象发表了评论，尤其是当他们都极其显眼地学当地人穿上了毛皮服装时。其实这是一种复杂的表现形式（下文将进一步讨论），标志着探险者不畏艰险、拥有阳刚之气，但也“掩盖了原住民对极地探险的贡献，即使（探险者）真的把充当这些贡献的证据穿戴在身上时”[33]。西方人对“爱斯基摩”文化的反应普遍存在双重思想：上一章简单地提到过，爱斯基摩人说，富兰克林探险队中有人吃人的现象，但这个证词被许多人（包括查尔斯·狄更斯在内）看作“野蛮人”的幻想而予以否定。然而几乎在同一时间，美国北极探险家查尔斯·霍尔（Charles Hall）反倒精心编造出一个看似更可信的幻想，即富兰克林可能没死，他被“爱斯基摩人”救下来了，这些“北方的铁汉”教给了他生存的方法[34]。

美国在 1867 年从俄国人手中买下阿拉斯加后正式获得了北极领地。在整个 19 世纪，北美探险家们一直向北极航行，其中许多人是为了寻找富兰克林，也有许多人有明确的科研目标（至少持续到世纪之交，因为那时这些目标就都落伍了）。在关于旅行和冒险的叙述中，与因纽特人的邂逅是不可或缺的一部分，尤其是从 19 世纪中叶开始。当时，正如探险历史学家迈克尔·罗宾逊（Michael Robinson）所指出的那样，对美洲印第安人潜在的“灭绝”态度也意味着美洲移民渴望了解原住民的故事[35]。霍尔曾因为“与爱斯基摩人共同生活过”而闻名［他于1864年出版的书就叫作《与爱斯基摩人生活》（*Life among the Esquimaux*）］，他见证过爱斯基摩人的生存技术，也将其作为自己猜测富兰克林可能还活着的证据。霍尔未能为他的搜索探险筹集到资金，所以没有带任何队员，几乎完全依赖于原住民的帮助[36]。原住民对他的善待却引来了一个不愉快的结局。霍尔说服了努古米乌特（Nugumiut）一家跟他一起返回美国，在那里，他把他们当作自己谈话和公开演讲的展示品。这次美国之旅最终导致这家的母亲图库利托（Tookoolito）因在美国受到感染而去世。（值得指出的是，这个原住民家庭完全不是霍尔描述的“简单”当地人，因为他们在几年前就已经随一位英国船长去过英国，不仅英语流利，而且见过维多利亚女王和阿尔伯特亲王。）

尽管霍尔通过原住民的知识获益良多，但没有把他们对他的帮助如实地反映出来，因为如果把友好的当地专家一步一步地帮助主人公的剧情也写进去，那关于生存和勇气的故事就没那么扣人心弦了。以罗伯特·皮尔里和他的竞争对手弗朗西斯·库克（Francis Cook）为代表的下一代探险家更直白地表示，当地技术帮了他们大忙，尤其是在服装和交通运输方面。虽然两人仍然是在按自己的需要讲原住民的故事（例如，将文明的奢华与“蛮荒生活”的严酷进行对比，以强调他们自己粗犷的男子汉气概和独特性），但也都坦然承认因纽特人制作的毛皮服装和狗拉雪橇这种代步工具的优越性[37]。许多白种人探险家使用了历史学家贾尼丝·卡维尔（Janice Cavell）强调的一种技巧，即通过“将文明的智慧和远见与原住民的生存策略相结合”，“以显示出他（自己）的种族的优越品质”[38]。在1956年，当雷蒙德·普里斯特利（Raymond Priestley）以英国科学协会（British Science Association）主席的身份发言时声称，20世纪20年代的“剑桥出现了一代了不起的北极探险家”，他们“钻研出了在陆地上和乘坐皮划艇在海上生存的高效技术；他们比因纽特人更像因纽特人”[39]。

尽管西方探险家倾向于给高海拔地区原住民的有用性进行排名（比如之前说过的朗斯塔夫的观点是廓尔喀人比菩提亚人厉害，后者又比加尔瓦尔人厉害），但无论是在《柳叶刀》和《极地记录》（*Polar Record*），还是在许多关于北极探险的畅销书，包括《与爱斯基摩人生活》里，北极地区的居民都保持着同质性。当然，用欧洲语言撰写的有关原住民及其技术的报告都是西方人写的，而不是原住民写的。唯一值得注意的例外或许是维尔希奥米尔·斯蒂芬森（Vilhjalmur Stefansson），他是一位北美探险家，出生于加拿大，其父母是冰岛移民［父母给他取名威廉姆·斯蒂芬森（William Stephenson），他在大学时给自己取了一个更像冰岛人的名字］。斯蒂芬森对北极原住民进行了广泛的人种学研究，并且，正如他改名所表示的那样，与和他同时代的北美探险家相比，他与环极地居民有着更为紧密的共同联系。斯蒂芬森明确地将他的工作定位为人类学视角的观察，而不是写自传，因此它构成了因纽特人的技术和生存技术向西方实践转化的一部分。这也就是说，将“文明智慧”和本土知识相结合，让这种技术的使用更容易被接受[40]。斯蒂芬森认为对于粗糙的冰面，“本土爱斯基摩人”的雪橇要比北欧“南森”（Nansen）牌的雪橇更适用，但仅限于“皮尔里改造过的”[41]。同样，虽然本地人“熟悉当地的情况，不会感到害怕”，但他们的环境知识仍然是欠缺的：

相对于本地人，白种人猎人的优势就是自己能找到路。白种人往往能通过仔细安排时间，把出行的距离和方向写下来或记在脑子里，在本地人完全糊涂了的时候，知道该按哪个方向走回去[42]。

事实上，一项对1919—1939年英国北极探险的分析得出结论：“最成功的探险是在不依赖……爱斯基摩人作为向导的情况下达到目的。”部分原因是对爱斯基摩人的过度依赖“往往使探险队把精力集中在赶路和狩猎上，而不是做调查或其他科学工作。深入内陆后的山顶或岩石上没有熊，也没有海豹”[43]。

尽管有着明显的局限性，但在20世纪的头几十年里，北极当地技术和知识仍然能引起人们（虽然只是远在北极地区的一小部分探险者和一群好奇的读者）的兴趣。在1900年前后，这些在雪地上旅行和在寒冷气候中生存的技术成为地方知识中更有价值的形式，人们重新燃起对南极的兴趣；从1920年开始，高海拔探险又成为人们关注的焦点。最令人感兴趣的不是因纽特人的环境知识，而是他们的技术，包括那些应用于交通、住房以及营养方面的技术。

重塑当地知识

人们对原住民专业知识的反应显然各不相同——只有一些探险家，或许还有数量不多的科学家，对当地的独创性表示过赞赏——但土著生存技术一般会面临以下三种命运之一：被抹杀、被重塑或被西方科学“证明是正确的”。这些模式绝非仅限于探索科学。在西方思想中，有一种长期存在的思考方法，即把“传统”知识，尤其是在殖民地环境中的传统知识视为静止的，这样它就可以与西方科学的自然发展形成对比。在这种背景下，当地知识虽然有价值，但要么被看作已经灭绝的古代优越文化的遗留物，要么就是停滞不前的传统[44]。在勘探技术方面，这一立场可能难以维持，特别是在需要把当地技术从一个地方移到另一个地方的时候。这时，即使是西方参与者也敏锐地意识到区域和时间的变化，针对这些变化，他们还会花很多时间辩论诸如哪种雪橇犬最好这样的问题。同样，生存技术，以及在传记、期刊文章或探险家俱乐部中关于其的讨论，也不可避免地要进行改变，以适应野外条件，而且改变往往发生在探险途中。军事与极端生理学联系紧密，这也就意味着有时极端生理学研究的结果会长期保密，或者仅在战时与盟友共享——即使在战后，也存在一种风险（或者说生理学家认为）：重要的研究结果可能被“埋葬”在军事报告中[45]。

因此，人们很容易把生存技术的本土起源抹去，或将其作为经过西方科学原理的应用而得到“改进”的一种基本概念加以表现[46]。“发现”的叙述中也有类似的处理，特别是在自然科学和地理科学中：虽然移民和殖民者很清楚地知道，原住民早在西方人之前就“发现”了动物、植物或地理的特征，却要在“科学”或“理性”的当地知识和土著知识之间画出界线。

或者说，当地知识的正确性要通过西方科学来“证明”，就像我们在上一章中讲过的富兰克林的“幽冥”号和“恐怖”号的位置一样。事实证明，不认真对待没有经过西方科学“提炼”过的当地知识，比如类似干肉饼这种饮食方面的知识，有时是危险的：19 世纪 30 年代，美国探险家伊莱沙·凯恩（Elisha Kane）试图打破爱斯基摩人禁止吃北极熊肝的“迷信”禁忌，结果中毒病倒[47]。

生存技术也必然是超本地化的——它们可能会因现场状况而改变，以应对当地有别于周围地区的小气候或不寻常的资源（比如一只死去的北极熊）。虽然一些人类学家和民族学家已经详细描述了特定原住民群体使用的具体的当地技术，但西方文献却表现出一种叙述倾向，那就是对当地的习惯做法进行模糊化或同质化处理，尽管雪橇、食物、住所和服装不仅在不同的群体（包括不同的探险队）之间存在差异，有时在不同的日子里也都有差异。例如，于距离现在并不远的 1998 年发表在《极地记录》上的一份关于“Komatik”技术（“传统的爱斯基摩狗拉雪橇”）的调查报告指出，在加拿大西北地区造的 Komatik 雪橇“在总体设计和结构上与 18 世纪造的雪橇完全相同”。然而，紧接着，这位作者又说，“爱斯基摩人会充分利用手边的任何材料”——用鲸鱼下颌骨、“被海豹皮或海象皮卷起来的冰冻鱼”做雪橇，以及“用驯鹿鹿角，而不是泥巴做成雪橇鞋”[48]。很难想象，一个下颌骨和一卷冰冻的鲑鱼可以被当作建造材料，造出适合特定地形的雪橇。然而，它们又一次被纳入一种对土著技术丰富程度的深度理解之中，这种技术更有利于“一般性的设计”，而非本土化的独创性设计[49]。

仔细研究建造庇护所的技术，就能发现西方科学家和探险者采用土著技术的途径。正如一位作家于1938年在《极地记录》上发表的一篇文章中指出的那样，“冰屋”（igloo）一词“是大多数白种人都能理解的少数几个爱斯基摩人的单词之一”，但在不同情况下，它的含义却截然不同[50]。在20世纪初，对雪屋有兴趣的西方作家们对“建造的细节……以及根据气候条件做出的更加细微的控制，至今还没有得到人们足够的关注”这一事实感到遗憾。当然，这里的“关注”指的是来自西方科学的关注。据推测，历史上因纽特人已经花了相当长的时间考虑这两个因素[51]。探险家们热衷于合理化和解释关于雪屋的技术。1939年，法国登山家路易·马拉维勒（Louis Malavielle）在法国阿尔卑斯俱乐部(French Alpine Club)的主要期刊上发表了《勃朗峰冰屋度假》(*Vacances en igloo sur le Mont-Blanc*)这一文章。从标题就能看出，文章写的是他和他的妻子在海拔3 200米以上的阿尔卑斯山地区建造及居住在冰屋里的经历。（同样值得注意的是女性的贡献是如何通过出版惯例而被抹去的：这明显是一个两人合作的项目，但男性是文章的唯一作者。[52]）

马拉维勒的文章在《极地记录》中得到了详尽的翻译，提供了有关建造此类庇护所的极为详细的指导——从用于切块的雪刀的锯齿大小到雪的选择，“与爱斯基摩人的看法相反，马拉维勒认为所有雪都可以使用，除了粉状的雪和有厚厚的冰层的雪”[53]。那篇文章是用流行的半大众化的方式介绍“冰屋”的文章之一，它忽略了这个单词的起源（iglu 是一个比较笼统的词，意思是“住所”，而冰屋另有特定的术语），并顺应西方人的想象，把它固化为一种特殊的住房，即通常由冰块建成，上面是圆顶的。

尽管马拉维勒坚持认为“这项技术对于登山者和极地旅行者而言是必不可少的”，但几乎没有证据表明人们在整个 20 世纪的高海拔登山探险中修建过冰屋，部分出于后勤方面的原因[54]。探险者在大部分不下雪的登山路线上，以及在可能有雪的山坡上，都需要庇护所。当然，英国珠穆朗玛峰探险及其相关的勘查旅行的准备工作中从未提及建造雪屋，尽管他们花了很多时间研究和测试帐篷技术。支持者坚持认为，熟练于此的爱斯基摩人可以用 30~45 分钟建好一座功能齐全的冰屋，疲倦的欧洲登山者和不熟悉这种技术的夏尔巴人显然会发现帐篷是一种更可靠、更有效的庇护所的形式。欧洲的旅行者有时确实会建造雪屋来娱乐，比如在 1952 年瑞士珠穆朗玛峰探险的休息时间，安德烈·罗克（André Roch）就“忙于建造一座冰屋”[55]。

比起用作睡眠和社交场所，各种各样的雪屋更常作为附属建筑和科学工作场所。早在 1893 年，南森的北极探险队就在驾驶“前进”号（Fram）时建造了“一座雪屋……用于在浮冰上进行磁观测”[56]。南极洲也出现了雪房子，但基本上还是作为附属建筑而不是供人居住使用的建筑。比如，澳大利亚南极探险队（1911—1914 年）的道格拉斯·莫森（Douglas Mawson）在报告中写道，亚历山大·L. 肯尼迪（Alexander L. Kennedy）、查尔斯·T. 哈里森（Charles T. Harrisson）和悉尼·E. 琼斯（Sydney E. Jones）建造了一个冰屋，并将其用作地磁台。它的建造花了 3 名男子 5 天的大部分时间，这表明马拉维勒的 30~45 分钟的估计有些过于乐观了[57]。在探险的后期，另一个冰屋充当了那些凿地质竖井的人的临时住处[58]。在这片大陆上的其他地方，登山家、德国第二次南极探险（1911—1912 年）的成员费利克斯·柯尼希（Felix König）于德国探险船“德意志”号（Deutschland）被困于冰层中的时候建了一个冰屋来居住，不过这被解读为迫害情结以及他想要和探险队中的两股敌对派系保持距离的愿望的表现[59]。在20世纪50年代末，威廉·西里在国际生理学南极考察队工作期间试着和别人合作建造一座冰屋，当时他正在维多利亚地（Victoria Land）的极地高原上，“准备应对极端恶劣的天气……和我们的帐篷万一被吹走的情况”[60]。（尽管有详细的说明，但它建造起来似乎也不像马拉维勒那样的作者所称的那样简单。西里表示：“很高兴冰屋在南极大陆的中间，没有人可以看到它。”[61]）西里在那儿的同龄人德斯蒙德·“罗伊”·霍马德（Desmond “Roy” Homard），是英联邦跨南极探险队的一员，在用锯子切割冰块方面做了更好的尝试。霍马德还是一名工程师，所以手艺要比生理学家西里的更好[62]。在20世纪晚些时候，国际生物医学南极探险队如果在一个地方长时间停留，脾气暴躁的队员们偶尔就会建造“冰屋厕所”，但这只是为了保护隐私，他们并没有将其建造成功能齐全、挡风避雨的建筑。

从这些零散的参考资料可以看出，到20世纪下半叶，西方探险家使用“冰屋”一词时指的是非常基本的冰洞和其他临时性的庇护所，而不是马拉维勒所描述的更为复杂的、符合西方文化中关于冰屋的刻板印象的圆顶冰块建筑。具有讽刺意味的是，这个外来词的非特定性含义实际上更好地反映了这个词的源头“iglu”，不过其词义变得模糊是出于偶然，而不是由于人们对因纽特文化和语言的更好的了解。维尔希奥米尔·斯蒂芬森在为美国军方编写的1940年版《北极手册》（*Arctic Manual*）中就通过一个段落对这个词的误用表示不满："在我们的书籍和言语中，有一种绝对不幸的做法，那就是把因纽特人的"Iglu"（Igloo）理解为一种特殊类型的房屋，并认为这是爱斯基摩人特有的。"[63]由此造成的第一个问题是"我们在用一个含义相当广泛的词去特指狭义的物体"（例如，iglu指的是"住所"或"房屋"）；第二个问题是"作家会把他最熟悉的爱斯基摩人的房子称为'iglu'"。也就是说，作家们既不能理解这个词的宽泛性，也不能理解整个环北极地区住房技术的完全的异质性[64]。然而，即使在雪屋的建造中，斯蒂芬森也发现了西方的优越性。他指出，这种建筑只有在北极的某些地区才算是传统建筑。他认为，"一个美国童子军可能比阿拉斯加、西伯利亚或格陵兰岛的普通爱斯基摩男孩儿更了解如何建造雪屋。"[65]（应该注意的是，他认为造成这种现象的原因之一是极地居民的"文明"造成了原住民文化的缺失："无论是东部还是西部的爱斯基摩人，如果他根本没听说过雪屋，就会觉得这种东西落伍了，肯定不好用。"[66]）当然，在西方探险中提到的"冰屋"，有时并不是指任何一种雪屋，而是各种商业化帐篷的品牌和风格的名称。帐篷作为探险过程中的避难所比冰屋更受欢迎，这并不奇怪，因为它们很重要的优点就是人们可以在旅行前于温带地区对其进行测试和搭建练习。显然，西方人在建雪屋方面的经验表明，建造它并不容易。这是一种要求建造者拥有熟练技巧的建筑形式，人们至少需要仔细选择合适的位置，而且雪的厚度要有保证。

从精心打造的圆顶屋到简单的冰坑，再到大规模生产的帐篷，冰屋的含义不断变化。这说明，当土著技术被西方科学采用或借鉴时，它们的复杂性就可以被去除。技术通常可以被简化，例如从半永久性的、精心设计的雪屋转变为雪坑。在这种情况下，虽然缘由是西方人没有这样的建造技术，必须进行简化，但其效果是创造了原始技术的一个非常基本的形式，同时保留了原始的名称。当然，关于冰屋，这种情况发生过两次：第一次是 iglu（住所）失去了原有的多样性成为 igloo（冰屋）；第二次是 igloo（冰屋）一词派生成 dugout（坑洞）、cave（洞穴）或 shelter（庇护所）。当土著技术与西方科学相结合时，就会发生其他形式的扁平化或缺失，比如干肉饼和圆顶帐篷：一些“冰屋”帐篷的灵感来自各种圆顶雪屋的强度和建造原理，其效果有时却会抹去这些灵感，更多地将原始技术用作图腾——有效地利用了原住民“高尚的野蛮人”的形象，同时确保技术知识仍然被认定为白种人的或西方的。

各种帐篷的名字提醒我们，它们是当地知识的形式。在 20

世纪上半叶的大部分时间里，英国和北欧的探险者——无论是去南极洲还是去高海拔地区——都偏爱“怀伯尔”（Whymper）或“南森”牌的帐篷，这两个品牌是以阿尔卑斯山登山家和北极探险者的名字命名的[67]。特别要指出的是，“怀伯尔”帐篷被认为在稳定性和抗风性方面特别突出，但根据当代零件制造商的说法，它们“没有针对山区环境做出改进……直到20世纪70年代末采用了网格球顶”[68]。（“南森”帐篷重量更轻，也更易搭建，为了一些牺牲重量更重的“怀伯尔”帐篷拥有的那种稳定性。）要说这些样式没有经过改进是不完全正确的；实际上，每一个探险队都会对帐篷的设计进行调整和改动，但结果并不总是对探险者有利。探险队还会就改变进行反馈：哪些改动是有效的，哪些改动导致他们受冻、暴露在自然环境中，或者使搭建过程过于复杂。例如，20世纪20年代早期的英国珠峰探险队在传统的“怀伯尔”帐篷上加了一个隧道形的入口，以探险队的装备官C. F. 米德（C. F. Meade）的名字将其命名为“米德”[69]。（尽管重新设计是团队努力的成果，尤其还参考了乔治·马洛里对帐篷入口具体的不满之处。）

到1955年，英国皇家地理学会的珠穆朗玛峰装备地下室一共储存了7顶“米德”帐篷，其中6顶是黄色或粉色的，还有一顶是用来拍照的，颜色大概要深一些[70]。帐篷的颜色是一个重要的问题。1953年1月，就在英国珠峰探险队出发的前几个月，皮尤还在和探险队队长就“生理学研究帐篷”的颜色（和设计）进行辩论，他认为“使用绿色的帆布将得不到足够的照明，以致无法在白天方便地进行气体分析”[71]。在20世纪60年代，人们又发现了一些细微的问题：银色小屋探险中，在高海拔地区做心脏功能调查时，心电图呈现出不规则的正弦波。虽然没有发现确切的原因，但这些读数在风速降低时消失了。这个事实使吉姆·米利奇认为，这些读数是由尼龙帐篷织物产生的静电引起的[72]。

前两章概述了经验性知识——拉链设计、帐篷面料、干粮分量——是如何在探险队之间以及国家之间共享的。因为经验可以产生“当地知识”，所以探险者往往更喜欢听个人的描述而不是专家的证词。例如，在20世纪30年代英国珠峰探险队的准备工作中，运输官爱德华·谢比尔（Edward Shebbeare，1933年担任副队长）在1929年和1931年与保罗·鲍尔（Paul Bauer）率领的去往干城章嘉峰的德国探险队的队员们共处了一段时间。谢比尔“抓住每一个机会仔细检查他们的设备，并提出相关的问题”[73]。虽然他认为他们的一些设备是对英国人在20世纪20年代所使用的材料的改进，但当谈到他们的“克莱珀”（Klepper）帐篷时，他说他们的帐篷“也不错，但不比我们的更好，而且按扣固定的设计肯定不如我们的带式固定好”[74]。在这些情况下，“当地”显然是一个比较灵活的分类，正如北极的生存知识转移到南极一样，南极和高海拔探险之间也有重要的交流。在计划1935年的英国珠穆朗玛峰勘查探险时，弗兰克·斯迈思（Frank Smythe，他参加了20世纪30年代的3次探险）坚持认为：“我们尤其应该研究北极探险队所获得的知识，比如英国格雷厄姆陆上探险。上次我才发现，像北极帐篷这样的东西是多么有用和宝贵。”[75]

同样，这种技术很少会不经过改造就运用到探险中。基本上所有带到北极、南极或高海拔地区的任何形式的技术都会得到改造，然后再传播出去。这一实践是我们在第二章中反复强调的核心，即实地考察是对一项技术或生存技巧的唯一的真正检验。在当地进行适应性改造或以创新的方式使用当地材料的能力被白种人、西方探险家和科学家推崇（但原住民的这项能力被抹去了）。例如安德鲁·“桑迪”·欧文在1924年的珠峰探险中对氧气设备进行了必要的改造，“氧气官”诺埃尔·奥德尔（Noel Odell）在欧文去世后这样写道：

笔者想对欧文先生在仪器改造方面所做的工作致敬，如果没有他的机械知识和操作技巧，探险队就没有高效的氧气设备可用。在恶劣的环境下，欧文先生制造了一个比原型轻约2.27

千克的改良版设备[76]。

但并非所有创造力都得到了平等对待。20世纪50年代，曾在喜马拉雅山与欧洲团队合作过的夏尔巴人向导通杜普（Thundup）给自己做了一套衣服，但英国登山者威尔弗雷德·诺伊斯（Wilfred Noyce）相当肯定，这套衣服是由“去年报失的卓奥友峰睡袋”改制而成的[77]。尽管在当时，羽绒服技术还是西方登山者的实验性技术，然而通杜普对羽绒服的再利用却被描绘成一种滑稽的行为或犯罪行为，而不是独创或发明。

人靠衣装，科学靠装备

很明显，服装作为个人身份的标志发挥着巨大的作用，不过，再高级的构造，再精巧的设计，也不能掩盖穿着者的种族性。在欧洲殖民开拓的几十年历史中，对当地服装的借用（或其他方式）是维持、改变或强调民族和种族身份的一项重要的技术[78]。在殖民探索的早期，服装在户外空间作为性别和种族标记的功能也很重要：19世纪末的先锋女登山家要么穿着长裙登山，要么把裙子带上山去，以便在回家时盖住“不雅观的”登山裤[79]。

尽管一些技术在欧洲和北美的探险队中变得越来越同质化

（例如，氧气技术被统一运用到几个标准部件中），但服装和食物一样，仍被人们因个人偏好不同而争论不止。英国探险家们对毛皮服装仍然持怀疑态度，至少和美国人及其他北欧人反差很大。英国人更喜欢羊毛、棉布和华达呢[尤其是耶格(Jaeger)制造的“高性能”服装]。但在其他地方，生物勘探往往是北极或南极探险设计或获得最佳服装的途径。探险家们借鉴了原住民的着装习惯，即使后来分析和淘汰了一些服装。北美人出于明显的地理原因，经常借鉴加拿大“爱斯基摩人”的服装，但也会参考其他北极民族的服装，尤其是芬兰、挪威和西伯利亚部分地区的。与此同时，日本南极探险的组织者（1911—1912年）就选择了当地少数民族阿伊努人制造的海豹皮靴[80]。

关于着装的讨论——无论是在关于地理和极地的杂志上还是在关于探险的书里——都倾向于教条主义，因为一些探险者和他们的医生，以及随行的生理学家，通常固守一种特定的着装方法，并认为那是客观上最好的。这是为了将不可避免地存在的主观偏好和具体的对优越性的主张变成有客观证据支持的东西。事实证明，这样做有一定的难度，因为就像氧气系统的情况一样，不同技术的价值在野外和实验室中鲜有一致。结果，在关于理想服装的讨论中，人们往往会以多个权威来源来证明个人偏好（或民族传统）的优越性：讲述一件特殊的毛皮或织物的热力性质时，可能还要引用一个“聪明的当地人”使用它的“传统”的故事，再加上作者本人对这些特定服装的亲身体验作为佐证。斯蒂芬森有一个关于“爱斯基摩人”服装的优越性的理论被广泛地引用。他强调维护和护理毛皮所需的技巧，而这意味着他能有理有据地驳斥对毛皮服装的批评，称如果毛皮不能令人满意，问题也不是毛皮不好，而是探险者的技能不足[81]。许多手册和指南的作者都接受了这个理论。比如，美国国家研究委员会（National Research Council）在 1949 年关于服装科学的出版物中向读者保证：经探险家的经验证明，“爱斯基摩风格的”衣服最适合寒冷气候，但是它们“需要娴熟的制作和保养工艺，使用时也需要一定的智慧，这些都是需要学习才能掌握的”[82]。这一论题是“实验者的回归”的一个变体：一个成功的实验（不会冻死）被用来证明一个理论（毛皮比其他材料更好）——任何后续的实验结果，如果不能支持或复制这个公认的结果，就被认为是实验的重复者没有相应的技能或技术来妥善开展调查，从而不被理会[83]。所以，正如干肉饼变成了硬汉探险家的标志，令人对压抑口腹之欲而感到快乐，穿着毛皮服装，有时被当作一个历经磨炼、心思缜密的旅行者的标志。

和词语“iglu/igloo”的情况一样，“Eskimo”（爱斯基摩人）一词也在有关服装的讨论中变得扁平化了。大多数和这个主题有关的西方著作都将所有的环极地民族（或者至少是所有的北美和格陵兰的民族）划归为“爱斯基摩人”。斯蒂芬森的《南极手册》（*Antarctic Manual*）强调了“爱斯基摩”文化的多样性。在 1949 年，即这本书再版后没过几年，美国科学家保罗·赛普尔（Paul Siple）在为美国国家研究委员会编撰的一本手册中，关于“爱斯基摩人的着装方法”，他指的只是使用毛皮材料[84]。我认为土著技术有三种命运，即被抹杀、被重塑和被西方科学“证明是正确的”，前两种命运对本土技术而言较为常见，而毛皮衣服的命运是第三种。但即使不是用来讲述西方技术，这个过程也可以被用来讲述西方人身体的优越性。在 1966 年澳大利亚国家南极科考队的一项研究中（这里指的是前往毛森站），乔治·巴德（George Budd）分析了现代服装。他发现，现代服装不如毛皮服装，因为身穿现代服装的澳大利亚队的成员在户外时皮肤温度大幅下降。他将这一观察结果与毛皮衣服让“爱斯基摩人”保持“‘近乎热带’的微气候”的说法进行了对比[85]。这项研究并没有被解读为非西方技术的优越性的一个例证，恰恰相反，人们从中得出的结论是：随着热应力经验的增加，穿着现代服装的探险者比用毛皮衣服包裹得严严实实的“因纽特人”更容易适应寒冷。（正如我们在前一章看到的，实验对象难以承受适当的冷应力是研究寒冷适应和习服的一个一直存在的问题。）毛皮衣物带来的温暖可能会在生物适应中流失掉，所以外来的白种人比“爱斯基摩人”更耐寒。

也许我们可以通过科学分析找出一套理想的服装，其材质可能介于皮草和华达呢之间，但这一想法很快被探索极端环境的真实经验否定。就像那些设计干粮补给的人很快意识到食物不仅需要满足人体的营养需求，还要满足情感需求一样，服装调查的反馈也非常清楚地表明，个人喜好在探险者对服装的满意度中扮演着重要的角色。在 1953 年珠峰探险的准备过程中，皮尤和组织团队的其他成员不遗余力地调查了探险队员对食物、设备和服装的看法。仅以一件衣服（羽绒服）的调查结果为例，就能看出个人喜好的多样性：

6 个人要有弹性的护腕，2 个人希望护腕既要有弹性又要有纽扣。9 个人里有 7 个人想要裆部有拉链，不要纽扣。3 个人建议……用牢固的圆形卡扣来固定羽绒服的兜帽。2 个人想要增加羽绒服的填充料。1 个人想要尼龙面料的羽绒服[86]。

（我们应该注意到，他们并没有调查夏尔巴人的意见，尽管前文提到的关于其重新使用从探险中“继承”的衣服的报道表明了一种积极的创新文化。）

尽管个人意见多种多样，但这并不意味着人们放弃了对理想服装的研究。其实这和氧气系统的经历一样。在研发氧气系统时，理想化（同时也是简单化）的实验室研究努力模仿登山者、探险者和登山运动员在真实世界的经验，即使结果不佳也仍在继续。当衣服不适合某些身材、任务或环境时，人们也要在野外进行调整。维维安·福克斯在记录20世纪50年代末的英联邦跨南极探险的日记里写过，他的服装有两个不好的设计：首先，他的保暖裤前面没有扣子，开了一个缺口；其次，他穿的是“非常愚蠢的美国风格的衬衫，为了赶时髦，正面是开襟的”[87]。这种不幸的组合导致他“一个不幸的部位差点被冻伤，非常疼，而且他花了一段时间才用手把这个部位暖和过来”[88]。福克斯记录了他要把所有衬衫前面都缝起来的打算。出于类似的原因，即使是像服装这样看似简单的技术也存在不同系统之间的交叉兼容性的问题。美国探险家和科学家保罗·赛普尔在20世纪40年代深有体会地写道：

> （服装）组件在功能上要匹配，这样就能避免很多麻烦。没有什么比匆匆忙忙地穿三层衣服更让人心烦了：防风的外衣上有约5厘米长的垂直开口，反面由一块布挡着，羊毛裤子上有一条难拉的拉链，从防风衣的开口拉不到这条拉链，最后还要使劲儿才能扣上内衣的扣子[89]。

生理学家和其他想要发展出一种“服装科学”的人面临的一个挑战是，必须找到保暖和舒适的标准化指标。1872年，弗朗西斯·高尔顿在写最终版的《旅行的艺术》时借鉴了拉姆福德伯爵［Count Rumford，本杰明·汤普森爵士（Sir Benjamin Thompson）］关于织物热性能的实验。这些实验于1784—1788年在慕尼黑进行，实验内容是将水银温度计放在各种由织物和皮料制成的床上，然后把床放在沸水中加热，再放入冰块中，最后记录下温度下降到固定的约为57.2 ℃所需的时间（使用野兔毛皮料的耗时1 312秒，而使用最不隔热的捻丝织物的耗时917秒）[90]。用各种不同的方法测这种“热导系数”，一直是少数几种科学地评价服装的方法之一，直到二战期间加奇（Gagge）、伯顿（Burton）和巴泽特（Bazett）发明了标准化单位，即“克罗”（clo）。这个新的单位是基于代谢当量（met）发明的，1代谢当量就是“受试者在舒适的温热环境中保持坐姿时的新陈代谢量”；所以人“在通风条件良好的房间中保持舒适的坐姿”时，衣物的保温能力应该有1克罗[91]。在20世纪40年代早期，伯顿还开发了铜制人体模型，将其广泛用于测试服装的整体克罗值。

虽然最初的标准化工作主要是由实验室里的生理学家完成的，但他们与我们之前提到的探险生理学家网络有着明显的联系。大约在克罗被发明的那个时期，赛普尔在南极的小美利坚三号基地（Little America Ⅲ），测量了装满水的塑料管的热损失和冷冻速度。他的结论（由于与战争相关，推迟了几年才公布）

将风寒的概念引入热测量中，即空气速度对主观和客观温度的影响[92]。赛普尔在南极（和冷室实验室）对服装、隔热和热舒适的研究被广泛引用，克罗也得到了广泛的应用，但两者都受到了批评，因为它们将一个变得越来越复杂的现实表现得过于简单化。例如，罗杰斯在英联邦跨南极探险队的服装研究中指出，赛普尔的风寒因素没有考虑到太阳辐射的影响。他还指出，在研究期间“所穿的衣服与风寒的相关性远不如衣服与温度的相关性强，并且所有的数据都得出了同样的结论”[93]。

同样，皮尤表示，海拔对克罗的估值也有影响，因为随着海拔升高，空气密度降低，衣服的隔热值会增加（根据皮尤的老板奥托·埃德霍尔姆和克罗的共同发明人伯顿的估计，银色小屋的隔热值要比低海拔地区的高 17% 左右）[94]。即使是在实验室里，估算热舒适也是非常困难的。正如我们在上一章中看到的那样，艾伦·罗杰斯在法恩伯勒的航空医学研究所和赖特－帕特森空军基地用铜制人体模型测试同一件衣服，得到了不同的数据。他将这样每组相差半个克罗值的差异归因于“将衣服穿在法恩伯勒的铜制人体模型上很困难，不仅要拆开还要重新缝合，而且可能太紧……结果克罗值更低”[95]。罗杰斯在获取热舒适和服装方面的数据时所面临的挑战（导致出版时间推迟了 13 年）是一个有益的提醒，让我们记得这些生理学和生物医学研究的复杂性。尽管与受精细控制的实验室研究或有关人体皮肤对风和低温反应的复杂的数学预测相比，野外测试乍一看似乎有些“草率”，而前两者的复杂性在于，研究人员要尽可能模拟探险家真实的生活体验。没有了实验室的控制，野外测试有时可以利用环境的多变性，使其研究结果更加坚实和适用。

这些研究不仅挑战了实验室的优先地位，还掩盖了一个难得的神话：在欧洲探险中，绅士业余爱好者占主导地位。虽然有证据表明，人们对那些装备落后或不足的极端环境探险英雄带有强烈的怀旧情绪，但现实情况是，20 世纪的英语国家和欧洲的探险队几乎拥有当时世界上最好的技术。虽然照片里 20 世纪 20 年代和 30 年代的探险服装看起来已经过时了（甚至与 20 世纪 50 年代的探险队的服装相比），但 21 世纪的研究重现并隐喻地重新使用了这些服装。乔治·马洛里的服装样本是 1999 年马洛里与欧文研究探险队（上一章里讲过）从他的遗体上取下来的，最终被存放在英格兰坎布里亚郡雷吉德的国家登山展览上[96]。在为数不多的就登山技术发表过著作的作家中，玛丽·罗斯（Mary Rose）教授和商人迈克·帕森斯（Mike Parsons）共同发起了“马洛里服装复制计划”，重新生产马洛里的衣服并测试其热效率、防水性等。兰开斯特大学、南安普顿大学、利兹大学和德比大学的各个实验室（包括气候实验室）对重新制作的服装部件进行了测试，最后研究团队在2004年得出结论：在1924年攀登珠峰期间，马洛里（相当于还有欧文）的服装能够充分抵御珠峰上的严寒[97]。事实上，马洛里的装备比由现代面料制造的装备轻得多，这表明1924年的装备甚至可能比2004年的装备更有优势——英国登山者格雷厄姆·霍伊兰（Graham Hoyland）在对重新制作的装备进行实地测试（实属必须）后证明了这一点。他在大本营和绒布冰川（Rongbuk Glacier）周围而不是在山顶上试穿了装备，结果发现，这套装备太暖和了[98]。

关于选择的神话，即使是那些与最基本、最普通的技术有关的神话，也可以用来讲述有重要社会或文化意义的故事。早期的英国珠峰探险队对氧气的价值持怀疑态度，至少部分原因是相当理性的、科学的和基于经验的，但这种怀疑态度也经常被认为是“绅士业余主义”以及精英登山界固有的阶级紧张关系和势利态度的证据。同样，人们也用不同的服装选择来讲述有关民族性和男子气概的故事，但在早期的南极探险中，英国人避免穿毛皮衣服，而挪威人却选择穿毛皮衣服。这似乎与南森对环极地地区的民间智慧的赞赏（而英国人鄙视原住民知识）关系不大，而与英国人通过人拉雪橇，而不是用狗拉雪橇到达南极的事实有关。拉雪橇是一项重体力活动，需要大量热量摄入，但其反过来又是非常有效的身体热量来源。当英国人拉着雪橇时，毛皮衣服对他们来说就太过于暖和了，但对进行驾驶雪橇等相对静止的活动的挪威人来说，保暖度正好[99]。而且，正如每一位评论家所指出的那样，最好的装备只有在熟练的探险家用正确的方法使用的条件下才是最好的；对于个人来说，自己最熟悉的技术，就是最好的技术。在国际探险中，我们必须在熟悉和经验之间找到一种平衡，就像挪威－英国－瑞典南极探险队（1949—1952 年）的队长约翰·贾埃弗（John Giaever）解释的那样：

关于极地设备，英国人有自己的想法，我们有我们的想法。瑞典人也一样，他们当然也有他们的想法。对于极地设备，和其他许多问题一样，有很多个实际解决方案。但很快，我们就达成了一致，在经过完全客观的测试之后，“非常困难地”选择了最佳方案[100]。

于是，在这支挪威—英国—瑞典南极探险队中，瑞典人负责找雪橇，英国人负责组织狗（挪威人带来了船）。不管他们是选择狗还是人，甚至是矮种马来作为雪橇在极地地区的动力，都是科学分析和民族偏见融合的一个很好的例子。在南极洲，矮种马存在的时间不长。它们在各种北极探险活动中得到了一些成功的应用，像沙克尔顿和斯科特这样的探险家都偏爱当地的西伯利亚矮种马，因此人们理所当然地认为这些矮种马在南极的严寒中也会表现出色——这又是表明当地知识的可移植性的例子。但结果证明它们只在有限的范围内有用，矮种马的结局基本上是受伤、被宰杀变成人或狗的食物，很少有探险家在20世纪初还带着马去探险。除此之外，极地地区的交通历史就是人拖（或在北极的开阔水域用人划桨）、狗拉，以及后来的机动车运输的历史。

斯科特的探险队因为选择了人而不是狗来拉雪橇，之后受到了很多批评，历史学家和当代评论家都将英国人的偏好视为——取决于你的解释——神经质或体育道德的结果。在20世纪早期的探险家们看来，用狗当劳力，然后吃掉它们，这似乎是一种残忍的手段（而且这样做很“不英国”）[101]。［尽管，据历史学家卡尔·默里（Carl Murray）的说法，斯科特对狗的看法经常被断章取义地引用。斯科特在探险的时候带上马和狗，但最后却用人拉雪橇，他的目的是想更好地利用机械化运输工具。］然而，英国探险家还是会吃马和狗，至少在长时间的探险途中会把这些动物当作动物性食品。关于“爱斯基摩人”是善待还是残忍地对待他们的狗，也是一个长期争论的话题。作家们的假设源自他们自己对爱斯基摩文化的看法（先进或原始），以及对环极地地区多种民族的不多的了解[102]。在旁观者看来，残忍的对待是显而易见的，因为英国的北极探险家们至少在20世纪30年代，会做出一些残忍的举动，比如打掉哈士奇的后牙，以阻止它们咀嚼由海豹皮制成的挽具和缰绳[103]。残酷的故事不仅仅发生在北极。萨默维尔在回忆1922年的英国珠峰探险的时候就讲过有一头驴累得跌倒了，赶驴的人：

用最粗暴的动作……拉着它的尾巴使它站了起来，这让那头可怜的驴儿痛不欲生。我一向最痛恨残忍地对待有情感的动物的人，我对那个赶驴的人发起火来，说到这里我很抱歉，因为我还把他打倒了。他为自己没有更用力地拉驴尾巴，好让它快一些站起来而低声下气地对我道歉——他居然把这当作我对他发火的原因[104]！

你可以很容易地给你对待设备（或动物）的方法贴上民族主义或“绅士行为”的标签，但仔细研究后你又会发现，那些决定相当复杂。在20世纪初，人们还没有“科学地”确定在变化莫测的冰雪地形上最有效的旅行方式是什么，而狗和发动机都需要有技术和经验的人来操纵。将机动车辆当代步工具用于和南极通常是一个反复试验以及试错的过程：就像氧气系统、着装和其他任何技术一样，必须“在野外”且对车辆进行经常性的紧急调整，因为事实证明，光靠对机器设计的理论推测解决不了极寒天气或困难地形带来的现实问题。就和氧气系统一样，选择不当或设计不当的运输设备——一条有攻击性的狗或出现故障的牵引车——会严重阻碍探险工作，甚至会危及生命。关于哪种运输方式才是“最好的”这一问题是一个超本地性的问题，答案不仅取决于具体的地形和探险队特定的目标，还取决于探险队里的科学家和探险者的技能。当然，斯蒂芬森运用了一种循环逻辑——即“探险者的回归”——暗示毛皮是高级服装，不同意这种观念的人只是不知道其正确的使用方法；但可以证明的是，个人在技能、偏好和经验方面的差异对如何选择生存技术和是否能成功使用这些技术都会产生巨大的影响——或许与民族传统或绅士道德同等重要。

结论：吃当地食物

后来，法因斯和斯特劳德重现了斯科特的探险，我们再回过头去看斯科特的南极点冲锋小队的探险，会发现他们之所以遭受如此严重的打击，其中一个原因是他们用人拉雪橇，而不是用狗，而他们的干粮不足以提供人力所需的热量——尽管斯科特一开始就组织过关于营养的野外实验研究，就是鲍尔斯、威尔逊和彻里－加勒德进行的干粮实验。食物既是一种生存必需品，又是一种文化产品，正如上文中提到的干肉饼，它在19世纪和20世纪初彻底改头换面[105]。［到1949年，甚至出现了一款素食的干肉饼替代品，由利物浦的梅普尔顿坚果食品公司（Mapleton's Nut Food Company）开发，剑桥大学的营养学家提供技术支持，并在20世纪50年代早期由在挪威尤通黑门山（Jotunheimen）工作的剑桥大学的冰川学家进行测试，他们宣称它比肉质的保卫尔牌干肉饼更“开胃”。］

干肉饼就是表面看起来普遍适用却不是在所有地方都能用的科学知识（在这里是营养分析）的一个例子。尽管干肉饼是极北和极南地区探险中最主要的食品，但对于在高海拔地区工作的人来说，它并不是一种很好的干粮，因为人的味觉会因海拔升高而改变（这是现在航空公司的餐饮常面临的难题）。20世纪早期的登山者普遍存在食欲不振的问题。极地探险者的体重下降一般是由干粮所含热量不足导致的，而登山者的体重下降显然是因为他们选择不吃自己带来的食物。虽然在20世纪60年代，人们对产生这种生理变化的机制还不太了解，但实际情况却是一目了然的，正如皮尤写的那样：“所有在银色小屋越冬的成员都发现自己食欲减退，尤其不愿吃高脂肪类食物，而且随着时间的推移，大家明显更偏好味道重的食物和调味品。”[106]

这个问题受到关注的原因之一是，与北极或南极探险家相比，20 世纪初的喜马拉雅探险队往往会携带种类更多——甚至相当奢侈——的干粮包。这也属于选择的神话，做出这些选择，就能证明自己的业余主义或绅士风度，或者仅仅是旧日的古怪异类。长长的调味品清单，奢侈的罐装食物、香槟酒和鹅肝酱，很容易被拿去当作有趣的引述，用来说明原来那些时代的人的轻重缓急是这样排序的；但事实上，它们是关于饥饿、食欲和海拔的很好的科学证据[107]。就拿鹅肝酱来说，1952 年，皮尤写信给伦敦卫生与热带医学院（London School of Hygiene and Tropical Medicine）的营养专家 M. W. 格兰特（M. W. Grant）小姐，询问有关“促进血红蛋白生成的食物”的问题，得到的答复如下：

有利于制造血红蛋白的食物是：（1）肝脏、肾脏和胰；（2）鸡蛋、心脏；（3）杏、桃子、西梅、苹果。也许您应该在平时的基本饮食中加入鹅肝酱和鱼子酱（更便宜的选择有肝脏香肠和烟熏鳕鱼子）——这可能吗[108]？

尽管有这么多依据，也投入了很大心血，但有时人们还是会在食物方面做出错误的决定。20 世纪 70 年代末，国际生物医学南极探险队存在的问题之一就是采用了法国的军用口粮[109]。这些食物是罐装的，而大多数南极口粮都是脱水的。事实证明，这些食物在极地地区难以烹调，吃起来也淡而无味。

另一个引起探险队员不满的问题是，他们与一个法国冰川学科考团同行，后者“有加温的车辆和拖车，吃高质量的食物，还配了葡萄酒和烈酒”[110]。人们不禁要问为什么国际生物医学南极探险队会做出如此糟糕的选择，从心理学角度上来说，这可能是经验和非正式知识的重要性的例证——大量的食物专业知识是构建于口口相传和对探险者进行调查，询问他们在实际经验中的喜好的基础上的。探险档案里通常有食物调查表（和着装调查表类似），其中有一些有用的条目，比如说，纯麦片的优点是“牦牛喜欢吃”[111]。就在国际生理学南极考察队进行生理学测试的同时，另一项营养学实验也在南极洲悄悄地展开。老牌探险家休伯特·维利金斯爵士（Sir Hubert Wilikins，当时69岁，曾是斯蒂芬森的旅伴）和两位同事在埃文斯角（Cape Evans）扎营，测试了一套新的脱水生存食品[112]。第二年维利金斯就去世了，使得研究的结果未能公布。

除了开胃、味道要重以外，人们到1910年都没有对饮食的基本原则达成共识（在克罗泽角收集帝企鹅蛋的徒步期间进行的研究能证明这一点）。生理学家和营养学家普遍认为，脂肪或碳水化合物是动力的主要来源，但对蛋白质的作用则仍不清楚。整个19世纪，西方医学都倾向于建议前往炎热、潮湿地区旅行的人食用低蛋白质食物。这项建议的合理性得到了各种医学理论的证明，还佐证了动物蛋白是能量（和智力）来源的假设——西欧人把红肉的高摄入量看作文明的标志[113]。对于去印度、撒哈拉以南的非洲、南美洲和太平洋地区的旅行者，则被建议采用“低刺激性”的植物蛋白饮食，并且不能喝酒。这一项建议也遵循了我在前几页提到的生物勘探模式——一开始，至少部分是基于对当地习俗和生存行为的观察[114]。后来的研究表明，低蛋白饮食实际上非常适用于沙漠和高温作业：蛋白质的代谢会增加尿液的分泌，因此在高温、缺水环境下（如沙漠探险、海上救生艇求生等），“保存水分”的口粮应含有较高比例的碳水化合物和脂肪，以及较低比例的蛋白质[115]。所以干肉饼不适合热带国家的旅行者和登山者。这又是一个现有的土著知识必须通过西方科学的实验室和野外研究才能被“证明是正确的”的例子。

如果说“低蛋白饮食适合高温环境”，那么逻辑上与其相对应的是，高蛋白饮食更适合寒冷的气候环境。这一假说似乎可以被环极地地区居民的文化习俗证实：19 世纪的探险家们指出，在热带文化中人们常食用扁豆和荚果，而“爱斯基摩人”则经常食用大量肉类和动物脂肪（通常是鲸脂）[116]。当南极探险家们试验各种口粮包时，生理学家们则在研究北极原住民，评估他们的饮食对健康，尤其是对他们在寒冷环境中的生存能力的影响。最早的，也可能是最著名的综合性研究，是由挪威医生、生理学家科勒·勒达尔进行的，勒达尔以一篇关于北极熊肝脏毒性的论文获得了博士学位。北极熊肝脏是臭名昭著的探险杀手，尤其那些无视当地人建议的探险家来说[117]。在阿拉斯加生活和工作的几年中，勒达尔和他的妻子琼对原住民进行了广泛的生理学和医学检查。勒达尔提出的理论之一是只要采用当地的高蛋白饮食，就能实现一定程度的寒冷习服。这些饮食似乎与高新陈代谢率相对应，也就是说，身体会因此开始产生更多的生物热。食用高蛋白饮食的群体［这个例子里的采样是在阿拉斯加的阿纳克图沃克山口（Anaktuvuk Pass）进行的］的新陈代谢率最高，而当原住民吃传统的西方美式饮食时，他们的新陈代谢率就会下降到与外来的白种人一样[118]。这个重要的结论是越来越多的证据的一部分，这些证据表明非本地的外来人可以，并且确实在生理上和种族上适应高热和高海拔，要适应寒冷则需要技术和知识辅助（关于这一点，我们在下一章将会进一步讨论）。正如勒达尔所说的那样：

我们的研究表明，比起我们，因纽特人在北极更如鱼得水，这主要是因为他们完全适应了那里的环境，而不是因为他们有什么独特的种族天赋[119]。

维尔希奥米尔·斯蒂芬森把这一研究继续了下去，并推向了极致。他之前就认为“爱斯基摩人”的高蛋白饮食是健康的，甚至可能比高脂肪、高糖的西方饮食更健康。斯蒂芬森极力反对认为干肉饼“不科学”又“原始”的这种偏见（就这一时期探险家们对干肉饼的广泛使用来看，他可能给自己树立了几个假想敌）。他不仅通过出版物，也身体力行地宣传高蛋白、高脂饮食。在1928—1929年，他和他的探险搭档卡斯滕·安德森（Karsten Anderson）进行了一年的“纯肉饮食”，完全不吃任何植物产品和大多数乳制品[120]。他周到地将高蛋白文化转化为“文明的”北美人所能接受的做法，包括推荐包含五道菜的晚餐菜谱供家庭主妇进行选择，最后一道菜是“甜点：按照我在某个地方找到的菜谱制作的肉冻，材料都来自肉类”[121]。斯蒂芬森对传统知识的呼吁与科学研究和测试相结合，但他的逻辑同样基于一种假设，即人类天生能适应原始（石器时代）饮食。他的工作和这些假设对现代原始人饮食法（Paleo Diet）产生了影响。

白种人探险家选择了特定的生存技术，对高寒、高热地区原住民进行了生物勘察。同样，这一章仅精选了几个例子——从帐篷到狗拉雪橇——来说明实体物品、文化习俗，甚至是动物都可以被重新解读、重新发明，并在全球范围内为实现科学调查和运动探索的目的而移动和传播的过程。类似的故事也可以反映关于滑雪设计、狩猎实践，甚至是在市场上为选择美洲驼还是牦牛来进行高海拔徒步旅行的争论。就在这一系列（有时是相互矛盾的）过程中，生存技术被影响和重塑。有些过程我们在前几章中看到过：技术（包括关于物质的、动物的、文化的）在实验室和野外得到反复实践和验证，服装被分析、测试、发现不合适、重新设计、再测试，其模式与我们在第二章中看到的氧气系统的相似。我们还看到了当地经验知识的优先次序，尽管在这一章中，当地的特征很复杂。最矛盾的是，当地知识在全球范围内都有很高的可移植性和传播性。极北地区的生存技术，可以用在地球的另一端以及高海拔地区，或至少被当作新技术的基础。但与此同时，事实证明，采取狗拉雪橇者在选择衣物或口粮方面的地方专长，对采取人拉雪橇者来说并没有帮助，即使双方走的是完全相同的路线。显然，探险者与当地居民的当地知识也有重叠的时候，例如，前一章讨论过的为后来（有时只是想象中）的探险者留下食物和其他补给品的做法。在极地地区，或者说在海拔较高的地方，不是只有白种人或西方人才会留下食物补给。1934 年，两个夏尔巴人带领莫里斯·威尔金斯（Maurice Wilkins）试着去找一个食物藏匿处，这就是一个很好的反例。威尔金斯心怀神秘的信仰，决定自己独自攀登珠峰。陪同他的两名夏尔巴人先确认他知道了前一年英国探险队留下的“食物库”的地点，然后才离开他，转身返回（他没有取用那些食物，最后死在了山上）[122]。

借用土著技术时可以同时凸显其可移植性和极端的当地性。于1934年发表在《极地记录》上的一篇名为《因纽特人的皮划艇》的文章中，匿名作者［可能是该杂志的编辑，斯科特极地研究所所长弗兰克·德贝纳姆（Frank Debenham）］强调说："皮划艇随地域的不同会有很大的改变。"[123]他接着详细介绍了剑桥大学的一个学生对"爱斯基摩人的皮划艇"的改造过程。这个学生曾在一本关于英国南极航空路线探险的书中读到过关于"爱斯基摩翻滚"的记录，于是和朋友们把1933年春季学期的大部分时间都花在学习这个动作上：

> 他们还更进一步，自己在做动作的时候用投掷棒代替桨，最后只用手来完成翻滚，只有极少数因纽特人能完成这个高难度动作[124]。

这篇文章的作者通过讲述这个故事，也就是一个年轻的白种英国人在英国的康河练习的具体生活经验，继续关于建造和使用"爱斯基摩人的"皮划艇的讨论。大概他们就是普里斯特利在1956年提到"能力超越了爱斯基摩人"的一代剑桥人时想到的人。

因此，"当地知识"这一类别变得越来越细分和具体的同时，土著知识也出现了一种"扁平化"的趋势，即被简单化和同质化。

一些探险家和科学家，比如勒达尔就是身兼两职的典型，非常强调土著文化的多样性及其微局部适应性技术，西方的评论家们往往通过这些技术来表明自己拥有的经验和专业知识。但土著技术的地方性差异常常被忽略了。“也许随着机动雪橇的引入，我们将变得像勒达尔的因纽特人一样。”1972年，环境生理学家、皮尤在英国医学研究理事会的同事J. R. 布拉泽胡德（J. R. Brotherhood）写道。他从理论上阐明使用对体力要求不高的交通工具将使南极的白种人更好地体验并因此适应身体的寒冷[125]。当然了，“勒达尔的爱斯基摩人”实际上是十几个不同的原住民群体，而且勒达尔夫妇（琼和科勒）的研究成果记录了一种多样化的适应文化，但所用术语仍是实用的简称。正如我们在之前看到的，冰屋成了所有形式的冰洞或庇护所的简称，而圆顶雪屋却成了它老套的表现形式[126]。

一些西方技术也被扁平化了。“怀伯尔”“米德”和“南森”的帐篷，乍一看可能都是可以经受历史考验的长期存在的生存技术。然而，它们和其他几乎所有的生存技术——从靴子到口粮——一样，都要根据探险者的个人喜好、探险的需要和优先级［例如，为了确保足够的通风或科学工作（如冲洗照片）所需的合适的颜色］，或当时环境的特殊要求而进行改造。在业内，从事这类工作的男性（以及后来加入的女性）通过经验和非正式讨论了解到，这些适应性变化确实发生了；但对于通过自传和探险报告了解探险故事的更广泛的公众来说，变化可能不那么明显。我们不清楚为什么探险队不把装备重新命名为“米德2.0”，或者给新的帐篷起新名字，但正如我们从银色小屋的朝圣之旅中看到的那样，人们显然怀有这样的愿望：把新的探险和公认的英雄人物联系在一起。尽管极端探险竞争激烈，而且科学出版物和新发现的优先权才是重中之重，但怀旧的吸引力、声称并证明具有某种血统的愿望，是关于极限生理学和探险工作的正式与非正式写作中一再出现的主题，至少在西方科学家和探险家中是如此。

把自己和以前的探险家联系在一起，无论是通过重走他们的路线，找回他们遗弃的装备，还是使用印有他们名字的帐篷，都是一种创建身份的方式。在这一方面，怀旧感扮演了重要的角色。通力合作到达南极的第一代人，距今已相隔久远，参与探索和开发南极洲的人已经开始回顾“美好的过去”和前几代人中更高尚的个人品质。正如我们在上一章中看到的那样，在20世纪50年代中期，福克斯就已经开始怀念（可能是想象中的）更强健而富有魅力的、对南极更有感情的南极人，而且他们都是自然的探索者。这种英雄崇拜也为业余主义、绅士主义或其他类型的叙事提供了素材：如果现在的一代人和上一代人做比较，同时把上一代人的设备、服装和技术说成简单、不科学又经不住考验的，就很容易批评现在的一代人在极端条件下太懒惰或吃不了苦。

尽管所有生存技术都能以这种方式运用起来（大多数也已经运用起来了），但食物是一个比较突出的例子，而且与种族身份、阶级和性别等方面有关。干肉饼通过在20世纪得到再创造而再次成为一个典型的例子。到了20世纪50年代，当福克斯哀叹探险事业后继无人时，干肉饼已经变成了狗的食物，而人类食用它，已成为拥有上一代探险人的吃苦耐劳精神和男子气概的标志。但这并不是干肉饼发展轨迹的终点，在21世纪初，它再次经历革新，但这次不是与探索有关，而是与一种新的饮食潮流——原始人饮食法——有关。据说这种饮食法受到"原始"饮食模式和20世纪20年代斯蒂芬森的研究的启发，富含脂肪和蛋白质，目的是减少复杂碳水化合物的摄入。干肉饼是动物脂肪和瘦肉的混合物，因此走上了注重健康的、富裕的城市人的餐桌。

尽管历经改造，干肉饼的核心特征依旧举足轻重。直到2017年，"干肉饼牛肉干"的制造商，即经典牛肉干公司（Classic Jerky Company）的网站还这样宣传自己的愿景：

在不久的过去，男人的空闲时间都是在户外度过的。他们去露营、钓鱼和打猎。他们呼吸着清新的空气，感受着只有在野外才有的宁静。无论他们去哪里，都会带着牛肉干。这也是为每次消遣准备的零食[127]。

不仅强调阳刚气，这个品牌的标志就是一个头戴羽毛冠的美国原住民酋长。它用原住民作为可靠性和贴近自然的生活方式的标志。通常情况下，当与一个衰弱的、西方的、技术化的文明对比时，这是一种积极的代表。它借用了非白种人的形象来展示原始性，利用了“高尚的野蛮人”的持续吸引力。

这种白种人文明 / 非白种人原始的二分法并不只是靠露营设备、探险零食和探险文学来维持的：它往往是科学调查背后的基本假设。从国际生物学计划中针对原住民人口的研究就可以清楚地看到这一点。国际生物学计划是一个受国际地球物理年启发而诞生的为期 10 年的全球项目，目的是产出有关地球上复杂生态系统的系统性知识[128]。这个计划和人类相关的部分主要以“人类适应性”为主题，虽然有些研究确实针对白种人和西方人（特别是在营养、成长模式规范和运动生理方面），但人们还是齐心协力地对非温带原住民进行调查、取样和系分类。研究偏远的原住民人口的理由总是他们更接近人类共同的过去；研究因纽特人或澳大利亚原住民或火地岛印第安人，就是在进行一种与文化和遗传学相关的考古学研究，以挖掘出属于白种人、西方人的过去在生物学和社会学方面的事实。乔安娜·雷丁指出，这些研究之所以具有紧迫性，是因为基于这样的假设——原住民因被同化而面临着迅速灭绝的危险[129]。被同化就意味着血液被“稀释”（下一章将详细说明），也意味着传统生存文化的丧失；因此，国际生物学计划需要人类学家，也需要遗传学家来记录地球上的炎热、高海拔和寒冷地区“正在消失”的人群[130]。

这种对灭绝的恐惧不是受国际生物学计划启发后才出现的新鲜事物；在 20 世纪上半叶，西方观察家写了很多关于因纽特人（以及其他一些环极地民族，如萨米人）的文章，在文章中对他们传统技能的丧失表示了担忧[131]。西方探险家和科学家在这种文章中谈论高海拔、低温和高温气候地区的居民时，所采用的方式有明显的不同。虽然这三种气候下的居民都面临着丧失文化独特性的风险，而且容易受到西方饮食和久坐习惯的影响而损害健康，但在那些文章中，作者们更担心有用的技术会消失，而不是艺术或文化习俗会消失，这一点在写到环极地民族时表现得更为明显。登山运动员并不会担心夏尔巴人脱下传统的靴子换上“文明”的高海拔登山靴，人类学家并没有将原住民水文化的丧失视为白种人移民适应性知识的丧失。但是对于一个“爱斯基摩人”来说，忘记他驾雪橇的传统就是一个严重的问题。如果说造成这种差异的原因是爱斯基摩人的技术被证明对白种人的探险十分有用，那么未免有些太愤世嫉俗了；但冷 / 技术和热 / 生物学之间的差别，肯定至少在一定程度上造成了对文化损失的不同反应。下一章将以血液——字面和隐喻意义上的血液——为重点，进一步探讨种族与地理的关系的概念是如何影响 20 世纪的极端生理学的。

第五章

血液研究：极端环境与血统论

19 世纪末，一些欧洲研究人员开始提出证据，证明生活在低海拔地区的人在来到中高海拔地区一段时间后，其血液会发生明显的变化，尤其是红细胞浓度会显著增加。在 1937 年，这种变化依然是一个能激起人们好奇心的生理学之谜。一位德国生理学家在尝试解开谜团的时候竟无意中救了自己的命。乌尔里希·卢夫特（Ulrich Luft，1910—1991）是一位年轻的医生，于 1935 年取得医师资格，并在 1937 年获得了呼吸生理学的博士学位（主要研究缺氧症）。他是一个热衷于登山的人，且得到了一次终生难得的机会，即加入一支由卡尔·韦恩（Karl Wein）率领的去南迦帕尔巴特峰探险的考察队[1]。对他发出邀请的是德国航空生理学研究所（Luftfahrtmedizinisches Forschungsinstitute）的首席生理学家汉斯·哈特曼（Hans Hartmann），派给卢夫特各种生理学工作，主要研究海拔变化对循环系统和呼吸系统的影响——这也是飞行员和登山者非常感兴趣的课题[2]。

登山队在大本营分头行动，卢夫特留在较低的海拔从事生理学研究项目。其他 7 名德国登山队员和 9 名夏尔巴人继续上山，到达他们计划的第四营地（海拔 6 100 米左右），并开始铺设通往第五营地的路线。和大部队分开 3 天后，卢夫特和“5 名新来的带着物资和邮袋的苦力”继续向上攀登去追赶大部队[3]。在四号营地，他们什么都没有找到，只见一片刚刚落了雪的空地。卢夫特朝下深挖，然后发现了破碎的帐篷残骸。他给德国阿尔卑斯山协会发了一封求救电报，协会派出了一支由登山者组成的搜救小组，率领该小组的是著名的登山家保罗·鲍尔（Paul Bauer）[4]。这个小组原本是去执行救援任务的，但实际上只能尝试找回那些攀登者的尸体——整个 16 人的团队在短短几分钟的时间里就在一场大雪崩中全军覆没了。哈特曼被砸坏的手表显示他们的死亡时间很可能是在午夜后（“我们把哈特曼的手表从他手腕上摘下时，显示的时间是 0 点 20 分，但表在我的口袋里时又开始走了。之前哈特曼手腕周围压实的雪造成的低温让表停下了。”）[5]。卢夫特后来写到，他们一定是在不知道发生了什么事的情况下就送了命，因为“他们安详地躺在帐篷里，脸上没有显示出对即将到来的灾难的恐惧”[6]。阿道夫·戈特纳（Adolf Göttner）和彼得·穆利特（Peter Müllritter）的尸体没能被找到，但剩下的5名德国人——哈特曼、韦恩、马丁·普费弗（Martin Pfeffer）、冈瑟·赫普（Günther Hepp）和珀特·范克豪泽（Pert Fankhauser）——被一起埋在了“一个像房子一样大的冰块下面的坟墓里”，而卢夫特则找到了一些笔记本和科学设备[7]。

由于在缺氧症、呼吸和高海拔研究方面的专长，卢夫特受姓名决定论影响［卢夫特的名字（Luft）与德国空军的名字（Luftwaffe）有部分重合］，在第二次世界大战期间为德国空军工作。战后不久，他就成了美国“回形针行动”（Operation Paperclip）（1949—1990年，美国战略情报局把纳粹德国的1 600多名科学家转移至美国的秘密计划——译者注）的目标。“回形针行动”是一项战略计划，旨在招募那些被认为对美国有用的、具有专业知识的，尤其是对美国实现核技术方面的野心有帮助的科学家[8]。卢夫特的主要贡献是在一个相当不同的研究领域，鉴于他在极端环境生理学方面的专长，所以为美国的太空计划做了大量的工作，包括为潜在的宇航员设计生理学筛选测试。他似乎轻松地融入了美国的生理学研究领域，而且显然也是一个很受欢迎的教师和导师[9]。他与本书中已经讨论过的探险队有直接的联系，不仅仅是作为一个被极端生理学家引荐的研究者，而更多地在个人层面上，他有时会为登山者提供建议和身体测试（银色小屋探险队的汤姆·内维森曾被“卢夫特博士”测量过身体密度）[10]。

这种对卢夫特的正面纪念在20世纪出现了问题，因为新公布的文件和正在进行的调查揭露了美国招募的科学家卷入不道德的纳粹战争工作的程度，他们也因此受到了批评。各种材料［包括卢夫特的儿子弗雷德里克（Fredesick）的叙述］清楚地表明，卢夫特知道——即使不是积极参与——集中营中的低体温和气压减压的谋杀性研究。有证据表明，这不仅是笔头工作的问题，而且是卢夫特实际上观看了在达豪纳粹集中营（Dachau）进行的低压试验的录像[11]。

被遗弃的夏尔巴人的尸体，以及被杀害的犹太囚犯的冻僵和爆炸的尸体，都使人想起了极端生理学的黑暗历史。虽然这项研究的伦理问题将在下一章，也就是最后一章中进一步讨论，但卢夫特的故事介绍了将本章整合起来的主题。本章的重点是血液，包括字面意义上的和隐喻意义上的。血液，从其物理的、物质的形式来看，是极端生理学研究的一个重要组成部分。虽然我们已经把它作为一个样本、一种数据形式，但在这一章中，它成为一种生存技术。因为团队中的其他成员都被雪崩埋葬，于是卢夫特接手了对南迦帕尔巴特峰进行的研究，该项目是保罗·贝尔最初发起的研究的直接后续。贝尔自己的研究又受到了德尼·茹尔当的启发（和资助），茹尔当提出了一种关于高山病的理论，该理论将其概念化为一种贫血症——尽管这种理论很不同寻常，因为高海拔环境下人的血液和低海拔环境下人的血液相比会更稠、颜色更深，这表明红细胞增加了。贝尔自己写到，根据他对人体（和动物身体）稳态的理解，这种红细胞增多在高海拔地区存在理论上的可能性。贝尔鼓励年轻的法国研究员弗朗索瓦－吉尔伯特·维奥尔特（Françoise-Gilbert Viault）去测试这一理论，维奥尔特通过发现中海拔地区居民血液中的"球状红细胞"数量有"相当大的增加"证实了这一点。事实上，待在安第斯山高海拔地区的几个星期里，他自己的红细胞数量增加了60%，达到了与当地居民红细胞数量接近的数值[12]。其他几位研究人员（包括内森·岑茨）也得出了这一发现，但到了世纪之交，这种导致红细胞增多的机制仍然是个问号。究竟是红细胞数量增加了，还是血液中的其他成分，特别是血浆的含量减少了？登山者与任何做剧烈运动的人一样，往往会因体力消耗而脱水，以致血液中的液体含量减少，从而有效地提高了红细胞占血浆的比例（这个比例被称为"血细胞比容"，高血细胞比容即血液中的红细胞与其他成分相比占比更高）。

1906年，另外两位法国研究者保罗·卡隆（Paul Caront）

和克劳蒂尔德·迪福兰德（Clotilde Deflandre）提出了一种理论，即导致红细胞增多的机制是由一种激素或类似的信号分子控制的，他们暂时将其命名为“促红细胞生成素”（hémopoïétine）。他们的理论意味着，如果这种信号分子在氧应激、缺氧或类似的环境压力下上调了，那么红细胞的生成量就有可能增加。直到20世纪中期，促红细胞生成素（EPO）才被看作红细胞生成的捉摸不定的信号，其上升也被证明是一种真实存在的生物现象。在20世纪末，EPO被提取、纯化、浓缩，并最终人工合成后，成为最受精英运动员欢迎的兴奋剂（尽管它在疾病治疗中也有用途）。但在使用EPO兴奋剂成为现实之前，生理学家和探险家们考虑了其他提高血细胞比容的机制，希望提高运动成绩或加快适应高海拔的过程。

1953年，当从珠穆朗玛峰返回时，皮尤写的第一封信是给在伯明翰工作的外科医生J. S. 霍恩（J. S. Horn）博士的，在信中他回答了与血液有关的问题。霍恩是英国事故外科研究所（Institute of Accident Surgery）的创始人之一，他建议可以用输血的方式来“预增血”，提高前往高海拔地区的登山者的血液循环速度[13]。皮尤对此表示怀疑，列举了实行这种干预手段所面临的挑战，但也说德国人在许多年前就曾做过尝试，并取得了有限的成功[14]。尽管皮尤承诺会跟进德国研究的“参考资料”，但最终并没有找到这些资料，这表明他可能记错了卢夫特和其他人在 20 世纪 30 年代所做的工作。当然，在 20 世纪 30 年代，输血技术还不够先进，似乎不太可能在高海拔地区进行尝试（低海拔地区的输血会在喜马拉雅山的登山者受益之前“消退”）。事实上，生理学家在 20 世纪末从事诸如采集血样等基本工作时所面临的困难表明，在喜马拉雅山的任何地方进行大规模的输血都是一项危险的工作。但是，如果说增血法从未成为登山者的生存或增强技术，那么在 20 世纪 70 年代，恰恰相反的过程——血液稀释——就被尝试过。本章将解释两种截然相反的医学干预措施，即浓缩和稀释，是如何帮助人们应对极端环境的挑战的。

同时，“血液”以其象征性的形式，成为种族和民族的代用词，有时也是字面意义上的生物医学标志。正如本章将展示的那样，世界各地的生理学家断言，来自高海拔地区的人的血液与生活在低海拔地区的人的血液是不同的。人们用这种差异的衡量标准来表明和断言不同种族群体的相对价值，以及对人类进化史进行概括性的总结。血液研究在很大程度上受到了种族科学的影响，至少在一个案例中，关于原住民民族同质性的预设直接影响了西方生理学的研究进展。本章认为探险科学是一种高度种族化的实践，而血液还有一种不可更改的含义，即经血。月经是将女性的“不稳定”和具有“破坏性”的身体排除在探险和实验之外的借口，但正如本章将说明的那样，女性在实验和探险中都广泛存在，尽管她们作为女性和有色人种往往是加倍隐蔽的。下文概述了血液作为一种辅助技术的波折的历史，我们将继续观察种族和性别在极端生理学家的工作中是如何交错的。

血液，更多或更少

20 世纪的生物医学有一个在历史著作中很少见的戏剧性特征，就是它突然对血液表现出的广泛兴趣。从早期在血液涂片中寻找细菌或疟疾感染的痕迹，到发现免疫血型及其与遗传的关系，再到 20 世纪末从白细胞中提取 DNA 并进行测序，数十亿血液样本从全球各地的人群中抽取出来，人们希望能以此战胜疾病或揭开人类进化史的秘密。探索者们也未能摆脱这种吸血鬼般的对血液的迷恋，本书中所提到过的探索者之中的大多数都至少从自己身上抽过一次血。这里所考虑的研究与全球范围内对血液的新的迷恋故事略有不同的是，极端生理学的研究更多地集中在激素、血气和糖分上，而不是遗传标记上。关于遗传的研究有时也很重要，但探险中的血液研究通常只能在尽可能大的范围内进行，因为占主导地位的还是种族和进化研究。直到20世纪末，生物医学史的重点一直是分子和基因，但我们的注意力不能因此而分散，我们要注意血液本身作为一个整体的、宏观的物体，就像氧气一样，已经变成了一种辅助技术。而且，就像氧气一样，它引发了关于什么是“作弊”、什么是“自然”的身体表现和具体技能的问题。

到了20世纪初，很明显，新迁往高海拔地区的人的身体的第一个反应是红细胞增多，尽管这种变化的机制还没有被确认——是红细胞生成的增加还是脱水导致的增加？霍恩写给皮尤的信表明，生理学家（也许还有登山者）已经开始考虑通过输血来“增血”，让登山者在适应高原环境的过程中抢占先机。但是，如上所述，输血的技术远远落后于对其潜力的理论探索。直到20世纪40年代，成功广泛使用输血的两个关键要求——快速鉴定血型以防止不良反应，以及用于运输和储存的有效的血液保存方法——才得到了充分的发展[15]。尽管对自体血输血（用自己的血液输血）而言血液分型并不重要，但储存仍然很重要，所以至少在20世纪前半叶，在山上用自体血输血来提高体能还不是一个现实的建议，因为这项技术还没有得到足够的发展。因此，虽然促红细胞生成素的使用和输血吸引了那些从事竞技体育的人的注意，但在20世纪中叶，西方的登山或探险科学对血液控制的兴趣相对较少。

正如前面的章节所表明的那样，人们对氧气和呼吸的关注远远多于对血红蛋白和血液循环的关注——至少在创造可用的技术或实践来帮助登山和探索方面是这样。事实上，对红细胞增多的研究（下文将详细介绍），得到的结果是参差不齐的。这意味着即使到了20世纪中叶，输血在技术上已经开始成为一种可能，但许多登山科学家对其潜在价值依然持怀疑的态度。在1963年回复一位医生对增血的问询时，汤姆·霍恩宾写道，“许多年来人们一直在搜寻这样一种万验灵方”，却“没有个人被证明成功了”，而且

很少有研究能确定红细胞增多症对高原适应的重要性……当然，输血的问题没有被忽视，其受到的关注甚至超过了它可能没有太大的帮助这一问题。输血反应、肝炎的危险性，以及输血导致的血细胞比容增高，往往会抑制人体自身的红细胞生成活动，这都表明输血可能并不十分有益[16]。

霍恩宾的回应表明，对于那些愿意接受输血的人来说，有一个核心问题：稳态。身体有许多代偿机制，因此，当一个系统的平衡被破坏时，它经常会导致其他调节系统产生连锁反应，有时甚至会产生意想不到的后果。在霍恩宾所引述的情形中，红细胞的自然生成会受到高血细胞比容的抑制，因此输血就不

会具有整体性的中期效果，因为人体会停止制造红细胞，直到建立起新的平衡。虽然输血的效果可能对于短跑比赛来说持续的时间已经够长了，但在登山者到达中海拔地区之前，这些效果早就消散了。

的确，之后一次改造血液用于登山的重大尝试是在 20 世纪 70 年代末才出现的，而且涉及的不是增血，而是完全相反的方法：血液稀释。德国研究人员再次被认为是该领域的第一批实验者，至少是在说英语的国家中。1980 年，美国医学研究珠峰探险队向美国肺部协会申请一笔资金来研究血液稀释，并引用了当时尚未发表的德国研究作为研究动机。在德国的研究中，登山者被抽出一定量的血液，然后再被输入血浆，这使他们的血细胞比容从 59% 降到 51% 左右[17]。这些经过"血红素稀释"的登山者中，有一位创造了一项无氧攀登的纪录[18]。非官方的书信往来透露出，美国医学研究珠峰探险队的组织者们对这项工作感兴趣的原因是：

德国人一直在玩这个，但他们没有做真正科学的、受控的研究。德国人说，血液稀释效果拔群——让你觉得身体棒极了，爬起山来像风一样[19]。

增血和血液稀释可能会提高人类的攀登能力（这似乎是反直觉的），但这一悖论是这样一个事实的结果：适应了低海拔地区的身体对高海拔的直接反应——红细胞生成量增加——并非没有负面影响。有两种稳态可以补偿高海拔地区的低氧分压：一种是改变血红蛋白和氧气之间的结合强度，使红细胞在肺部“抢夺”更多的氧气；另一种是我们讨论过的“增血”，它可以提高红细胞的生成量[20]。但这两种变化都有负面的结果，尤其是会对人体的肢端造成影响。血红蛋白和氧气之间更紧密的结合意味着，有时在人体的毛细血管和肢端，红细胞不能有效地将氧气输送给组织，从而造成某些部位的缺氧（在缺氧条件下，血红蛋白的氧亲和力在一段时间后会向相反的方向移动，最终这种效果会被抵消）。“增血”从字面上看是血液更稠密，从物理上看是血液更厚、更黏，这些特性会使血液在最细的血管中的循环减慢——影响身体的微循环，导致四肢的氧气不足。这种现象显然会对身体产生多种负面影响，但在寒冷的环境中，四肢会受到双重影响，即低循环和低氧会加剧冻伤等危险。因此，是否有冻伤是衡量在高山上进行的血液操作成功与否的一个重要标准。1975 年的奥地利—德国干城章嘉峰探险队的笔录中记载，他们通过输注血浆和用水“稀释”来测试血液的稀薄程度，并声称尽管这两个小组的成员于海拔 5 500~8 500 米之间的地带在温度低至 –36 ℃的情况下共待了 1.3 人年，但“经过增血或血液稀释的登山队员中没有一个人患上冻伤”[21]。（这支登山探险队算是相当成功的，11 名成员中有 9

名完成了登顶。）

几年后，美国医学研究珠峰探险队在海拔 5 400 米左右（这里的高度与干城章嘉峰探险队所处的高度大致相当）的珠峰大本营进行了血液研究，研究结果显示，超过某个临界点时（50% 的血细胞比容），红细胞增多不再具有性能优势[22]。美国医学研究珠峰探险队关于反向操作（血液稀释）的结论，比起奥德探险队的“爬起山来像风一样”的结论更保守，部分原因是美国医学研究珠峰探险队在尝试研究多因素的稳态机制时遇到了问题。就像 19 世纪的红细胞增多研究一样，脱水问题也是至关重要的。攀登者的常规脱水意味着他们的血液会浓缩，那么血液稀释实际上是为攀登者提供了一种新的好处，还是仅仅是抵消脱水的过程？正如干城章嘉峰的研究所指出的那样：“通过增加液体摄入量（口服）来‘自稀释’似乎是最简单的血液稀释方法。”[23] 换句话说，只要让登山者多喝水，就可以模仿向他们输血清的过程——这个过程相当复杂（有时仍然是危险的）。到了 20 世纪 80 年代，这些关于血液稀释的工作成果只是向登山者提出了具体的建议，即通过口服足够的液体来避免脱水。但是精英登山者已经采用了这种做法——奥地利珠穆朗玛峰探险队于 1978 年成功登顶（包括第一次在没有氧气补给的情况下成功攀登珠峰）的原因之一，就是探险队特别注意脱水的威胁[24]。

事实证明，对西方探险家或科学家来说，浓缩或稀释血液都不是一种简单或明确的登山辅助技术。最初从稳态原理中推导出输血可能成为登山辅助手段，但最后又根据稳态原理得出输血在现实世界中效果不佳的结论。而这些想法的实际应用在野外试验中失败的同时，其背后的理论也受到了质疑。直到20世纪中叶，高海拔红细胞增多现象一直是一个公认的事实。从维奥尔特的研究开始，有许多研究表明，长期居住在高海拔地区的居民，包括中高海拔地区的原住民，其血细胞比容值都很高。虽然具体的测量结果因人而异，但普遍发现低海拔地区的居民在高海拔地区时，其血细胞比容值会升高。那么，仍有争议的是，在低海拔地区出生的人和原住民以及长期生活在高海拔地区的人之间在反应能力上是否有显著差异。虽然登山者的血细胞比容往往接近于长期居住在中高海拔地区的人群，但认为某些人比其他人更具遗传优势，而且某些反应阈值实际上是遗传或进化造就的，这一点仍存在争议；也就是说，居住在低海拔地区的原住民只能适应当前的环境，而不能再有所突破了。另外，不同人群之间的身体反应和血细胞比容值的相似性也给了那些想辩称低海拔地区人群，特别是欧洲白种人的表现最终会与原住民的表现相匹配的人提供了充足的证据，他们认为完全适应高海拔是可能的。

这场辩论之所以以这种形式持续了这么久（从19世纪中叶到20世纪中叶，实际上持续了一个世纪之久），是因为西方科学家只关注南美原住民的身体，把他们作为所有高海拔地区人口的模型。除了一个例外——英国医生托马斯·萨默维尔（Thomas Somervell）在1925年发表的一项简短研究，但它显然被完全忽视了——一直到20世纪50年代，所有关于中海拔地区居民的血液研究都是在安第斯居民身上进行的[25]。当夏尔巴人的血液最终被检测时，将会证明一个真相。当皮尤在1953年写信给J. S. 霍恩解释为什么输血对登山者没有好处时，他的理由之一是：他于1952年在卓奥友峰进行了首次（目前仍未公布）夏尔巴人血细胞比容研究，发现虽然夏尔巴人在高海拔地区的体能表现非常出色，但他们的血细胞比容仍保持在低海拔地区健康人群的预期水平[26]。虽然生理学家们花了大半个世纪的时间才为这一令人惊讶的发现找到了解释，但到了20世纪60年代和70年代，研究者们开始怀疑红细胞增多是否是一种对高海拔的不适应——当然，这也是血液稀释研究的兴趣所在[27]。很显然，用安第斯山地区的人体，而不是喜马拉雅山地区的人体来进行生理学研究，不仅明显改变了红细胞增多症研究头100年里的循环生理学的重点和结论，还对关于人种与进化的研究产生了影响。

种族科学的适应性研究

稳态原理可能是关于种族群体优劣的种族化信念的一个令人意想不到的核心，但19世纪的这一原则确实有助于形成，或至少强化了关于人类种族等级制度的假设。正如前几章里讲过的，殖民经验、新的进化理论和实验生理学的结合让种族和环境产生了更紧密的联系；本质上，其结果是一种环境决定论，即假设不同群体的人在生物学上适应他们或他们的祖先所生活的生态系统和环境。西方科学断言白种人、欧洲人和温带居住者的身体具有优越性，并因此将这种身体作为“正常”的人类形态。这就是稳态表征的重要性所在：低海拔地区血细胞比容值被假定为“正常”，而中高海拔的读数则被认为是偏差或适应的结果。有了这个假设，将中高海拔地区的原住民人口（或热带、极寒环境中的人口）概念化就更容易了，因为他们的生理适应了非理想的环境。

20世纪，关于种族的科学思想发生了变化。南希·斯捷潘（Nancy Stepan）对这些变化持有一种乐观的态度，认为种族“固定”、可定义的思想在第二次世界大战后不再受青睐，取而代之的是“人类差异的新科学”。它涉及一种对可变“种群”的更加流动的、从基因上定义的理解，这些可变种群具有不断变化的“基因频率”，允许群体之间有多样性和不稳定的界限[28]。虽然这种新的理解出现在极端生理学的工作和出版物中，但也有证据表明，旧的、更执着的态度，特别是环境决定论本身仍然存在。即使是那些否认客观种族现实的研究者，也仍然同意个人的基因构成是由环境压力所塑造的。极深的种族化——而且是公开的种族主义的观点很容易在探险家中发现，他们经常用一种既傲慢又本质化的术语来谈论夏尔巴人、“爱斯基摩人”和其他原住民。对极端环境的假定或真实的适应性也被解释为加强了种族等级制度[29]。

第一个同时也是最明显的例子，来自高海拔地区，是我们已经讲过的一个例子：约瑟夫·巴克罗夫特在 1925 年断言“所有高海拔地区的居民都是体力和脑力受损的人”[30]。正如我们前面看到的那样，这一说法对卡洛斯·蒙热·梅德拉诺来说如同一块带有激怒意味的红布，他的回应方式是组织了一系列的考察和研究活动，专门反驳他认为的对安第斯山脉，特别是秘鲁高海拔地区人口的普遍的（种族上的）污蔑。相比蒙热，我们可能会更多地怀疑巴克罗夫特的说法——巴克罗夫特的说法基于他对稳态的看法，即稳态是一种零和博弈。正如上文讨论的血液变化所体现的那样，红细胞的增加在高海拔地区可能是一种好处，但也会对血液循环产生负面影响。因此，他关于高海拔地区居民“受损”的说法可以被解读为一种比较性的说法：与在富氧环境中相比，他们是“受损”的。这并非（必定）暗示，与低海拔地区的居民相比，高海拔地区的居民是受到损害的；或者其被解读为关于低海拔或高海拔居民的总体种族“排名”的更广泛的陈述。然而，巴克罗夫特的说法也让人联想到欧洲科学思想和南美调查人员的思想在高海拔“退化”问题上的长期冲突。

在 19 世纪，许多人认为，退化是人长期居住在远离欧洲和北美温带地区的必然结果。这是一个模糊不清的过程，它通常意味着某种程度的衰落、腐朽、回归到更原始的生存方式、先天性疾病、智力低下或不育。虽然白种人的身体有退化的风险，但原住民已经退化了——在非温带气候中生活的几代人已经产生了不可避免的遗传效应。热带退化得到了最多的科学（因此也是历史性的）关注，但一些欧洲科学家也写到了人们在高海拔地区退化的可能性——长期暴露在“稀薄的空气”中的人会变弱，无论是对个人还是对一个种族来说［然而，这种理论总是与持续利用中高海拔地区空间（特别是阿尔卑斯山和印度）作为“健康”的替代方案，以取代拥挤和受污染的城市，或作为治疗呼吸系统疾病的纯粹空间和温泉的做法相矛盾］[31]。最早对稀薄的空气会导致退化的假设提出反驳的是丹尼尔·韦尔加拉·洛佩·埃斯科瓦尔博士（Dr. Daniel Vergara Lope Escobar），他从1890年前后到20世纪初在墨西哥进行了一系列研究。埃斯科瓦尔研究了人体对高海拔的适应，包括红细胞增多问题，还阅读了诸如贝尔、莫索、维奥尔特和茹尔当等欧洲科学家的著作，对生活在中海拔地区的墨西哥人进行了大量人体和生理测量，以反驳他们是属于劣等民族的指控[32]。韦尔加拉·洛佩的结论是，有一种"补偿法则"——一种稳态再平衡的形式——在起作用，因此，生活在中高海拔地区的劣势可以被新陈代谢和生理上的永久性或暂时性的变化弥补（这一结论比巴克罗夫特的结论提出得更早，但二者总体上一致）。

假定蒙热的所作所为是一场为山区和高原居民进行辩护的地方性运动的一部分——这场运动可以追溯到19世纪，也许具有讽刺意味的是，蒙热读到的巴克罗夫特的第一个研究结果就是他发现了一种特殊的高海拔疾病，并将其命名为"慢性高原病"，即蒙热病[33]。蒙热还以一种广泛的、全面的、环境决定论式的方式，对南美洲历史上的高海拔适应的证据进行了重新阐述。在1948年，他出版了《安第斯山脉地区的习服：安第斯人发展过程中"气候侵略"的历史确认》（*Acclimatisation in the Andes: Historical Confirmations of "Climatic Aggression" in the Development of Andean Man*）。他在书中用“气候侵略”这一名词来讲述海拔环境对短期和长期生理过程的影响——换言之，也就是人体对所处环境的“进攻”或“侵略”做出反应的方式。蒙热为一个特定的人种类型——他称其为“安第斯人”（Andean Man）——提出了一个明确的论点：“他与低海拔地区的人不同，他的生态人格必须用一种与衡量低谷和平原地区的人不同的尺度来衡量。”[34] 这种差异是由“缺氧环境的决定性力量造成的，气候条件决定并维持了一种适应性的平衡”。蒙热接着对巴克罗夫特进行了挖苦，说：“对这些假设的无知导致了科学界的知名人士给出了令人震惊的错误解读。”[35] 气候侵略本身的作用就是为人类生态系统创造一种平衡——它为低海拔地区种群的生存创造了一个具有挑战性的环境；但与此同时，安第斯人，或者说完全适应高海拔环境的种群，在从山上向低海拔地区移动时，也会经历“气候侵略”。蒙热声称，人有一种本能的欲望，就是要使自己的体质与一个地区的“气质”相匹配，所以安第斯人迁移到低海拔地区只能是暂时的。但蒙热又一再强调安第斯人在所有环境下（适应缺氧情况）都有体能优势，他们（我们应该看到，这里没有提到安第斯女性）是“天生的运动员”，因为运动训练只是“使（运动员）适应缺氧”的过程[36]。可见，除了个人装备，氧气对于登山者来说，也是必不可少的（见图 5）。

图5 《征服珠峰》是卡普里(Capri)于1976年发明的一种桌上游戏(左图)。虽然游戏强调帐篷和氧气是技术，但游戏中也包含很多诸如“迷信”的夏尔巴人偷走装备或与装备一起“折损”的事例（右图）——登山之旅中发生的第二个事件便是“掉落冰梯，损失两名夏尔巴人和两套绳具”。（©作者 2017 年）

1 Ro
Yeti sighted.
1 Sherpa flees
with 1 Tent.
BASE CAMP
1 Sherpa
Deserts.
SUPERSTITIOUS SHERPA
ON
SEEING
AIRCRAFT
DESERTS
ENTRANCE
TO
MOUNTAIN
FACE
LOSE
1 TENT
while crossing
DUDH KOSI
RIVER
RECRUIT
2
SHERPAS

图 5（续）

《安第斯山脉地区的习服》是一部复杂的作品，不仅因为它融合了科学和历史，还因为它具有政治目的——它是蒙热批判最近的历史和现代政策（或缺乏这些政策）的方法，这些政策涉及劳动力的流动、公共卫生和卫生实践，以及对原住民和移民传统的承认。他的作品不一定能代表 20 世纪 40 年代的西方人对环境决定论或高海拔适应的态度。约翰斯·霍普金斯大学的地理学家、校长以赛亚·鲍曼（Isiah Bowman，就是他的出版社出版了《安第斯山脉地区的习服》）对该书内容多少有些抗拒。鲍曼承认，蒙热的书会“重新点燃”关于决定论的争论。而在西方读者看来，这本书可能有些老套，因为“在地理学家研究环境对人类的影响时，‘影响’或‘条件’在很大程度上取代了‘决定’和‘控制’这两个词”[37]。这类问题有些与翻译有关：诸如“控制”或“影响”这样的非科学词语并不总能恰当地从一种语言翻译成另一种语言，而蒙热的书中包含了许多他自己造出来的词，比如“大气的脾气”和“气候侵略”。对于今天的说英语的读者来说，这些词的含义已略有不同[38]。（例如，我把“侵略”解读成是所有气候的一部分，影响着所有地区的进化，而约翰·韦斯特强调的是低氧分压的特定“侵略”。）但很明显，《安第斯山脉地区的习服》是在论证高海拔地区的居民有一种特殊的生理特征。他们在生物学上适应高海拔地区生活的方式具有遗传性，而且基本上是固定的，因为当种群从中高海拔地区转移到低海拔地区时，需要几代人来恢复其繁殖能力和适应能力，反之亦然（而这种恢复只有在现有居民“血液流入”的情况下才会发生）。

尽管事实上，至少在《安第斯山脉地区的习服》出版时，关于喜马拉雅山中高海拔地区居民的生理学和人类学资料少之又少，而蒙热引用夏尔巴人作为他的论断（海拔“造就了”某种人）的证据。他声称“藏族人”不仅是“敏捷、强壮和豪爽的”，而且“几乎感觉不到身体上的疼痛”[39]。（认为藏族人没有疼痛感，或者至少与白种人相比没有疼痛感，以及他们不害怕死亡的相关想法，长期以来一直被西方探险家当作让夏尔巴人在协助白种人登山者进行休闲活动时面临死亡和受伤的风险的半正当理由。[40]）尽管蒙热声称中高海拔地区的人群具有同质性，但随着研究慢慢地开始涉及夏尔巴人的身体，人们发现了恰恰相反的事实——夏尔巴人没有蒙热病。这个事实是生理学家在20世纪后期用来证明并非所有高海拔地区的居民都受到同样的稳态损害的证据之一[41]。

在皮尤对卓奥友峰和珠穆朗玛峰进行初步研究之后，更多的工作在银色小屋展开（包括一项偶然的研究，研究对象是一位在明博冰川游历的僧人，他在没有住所和穿着极少的衣物的情况下在户外生存，这让科学家们大吃一惊）[42]。但是，直到1964年，在喜马拉雅学堂探险（Himalayan School House Expedition，该项目由埃德蒙·希拉里领导，旨在为尼泊尔的昆琼村建设几所学校和供水系统）期间，人们才第一次对夏尔巴人进行了适应性生理学的协同研究[43]。在这次探险中，银色小屋探险队的老队员吉姆·米利奇和苏卡哈梅·拉希里研究了一些夏尔巴人的呼吸反应，并与来自低海拔地区的外来者的情况进行了比较。他们不仅在血液方面发现了差异（特别研究的目的是“将其数值与处于海拔相近的地区的安第斯居民的公开数据进行比较”），而且在呼吸反应上也发现了差异[44]。（“高海拔地区居民的呼吸次数比新近适应了环境的低地居民的更少”。）两位作者初步得出结论，夏尔巴人可能有适应机制，而这些机制与安第斯人的不同，是外来者所不具备的：“有可能的情况是，短期逗留者的完全习服与长期居住者的不是一码事。”[45]此外，他们写道：“这些根本性的变化究竟是遗传性的，还是经过多年或几代人的高海拔居住而获得的，是高海拔生理学中尚未解决的问题之一。”[46]

夏尔巴人越来越多地被纳入生理学研究中：首先是血细胞计数分析（也可能是最容易的研究形式），但研究人员随后研究了他们的呼吸频率、心率，或者像拉希里和米利奇一样，研究他们血液和脑脊液的酸碱平衡。几乎所有研究都表明，喜马拉雅山高海拔地区的居民——尤其是夏尔巴人——不一定具有像早期在安第斯人种群中发现的那种对缺氧的生理适应。这方面的研究仍然进展缓慢（至少与对南美人身体的研究相比），直到 1980 年，一位美国高海拔研究者发表了这一发现："夏尔巴人与其他高海拔地区的原住民不同，他们的缺氧呼吸反应并没有减弱，而且表现出相对的换气过度。"[47]但到了 20 世纪的最后三分之一，有一点已经变得很明显了，即"气候侵略"可以造就不止一种高海拔地区的人。

这里有一个反事实的论点，即如果研究人员将藏族人而不是安第斯人作为实验对象，那么一些研究项目会如何继续进行下去——也许，如果面对来自夏尔巴人的非红细胞增多的血液，他们理解关于海拔的适应和习服的方法会有所不同。在 20 世纪 60 年代末，生理学家们还在抱怨缺乏对夏尔巴人生理学方面的研究。英国心脏病学家弗雷德里克·杰克逊就在 1968 年写道："不幸的是，至今无人对喜马拉雅山附近地区的常住人口进行过任何（心脏）导管研究。"他认为这是一个巨大的遗漏，因为现在看来，与更"新近"的安第斯人相比，"他们在这个海拔居住了数千年，从基因上讲，他们对缺氧的耐受性达到了北美人和许多安第斯人也许不能达到的程度"[48]。其他研究人员也意识到了永久居住者的重要性。美国生理学家（以前是军人）罗伯特·W. 埃尔斯纳（Robert W. Elsner）在 1960 年写信给皮尤，建议皮尤对他所称的“流动的”和“固定的”夏尔巴人进行一些研究。因为他开始怀疑，南美洲的采矿人口，包括那些在自己所居住的海拔高度流动性很强的人，是否与“垂直迁移”的距离比较有限的“更原始的”群体一样。也许红细胞增多是流动和移动的结果，而不是长期居住的结果[49]。［这个问题也可以被解读为一些人（通常是白种人）是流动的、适应性强的、灵活的，而另一些人则被环境决定论的进化过程限制。］21 世纪的对生活在高海拔地区的安第斯人和藏族人之间的差异的解释，也是以流动性和移动性为主；而在这些基因学解读中，正如杰克逊所预料的那样，在喜马拉雅山居住了“50 000 年”的夏尔巴人，才是真正具有生物适应性的人，而他们的生物适应性是由“气候侵略”所塑造的。安第斯人在高海拔地区生活“只有”9 000~12 000 年的历史，现在被描述为比起夏尔巴人更类似于居住在低海拔地区的居民，这种对安第斯人的定位大概会激怒蒙热[50]。

与其追求“如果”的历史，不如用这两方面的生理学研究来证明贯穿极端生理学研究的关于原住民的持久而坚固的种族化假设，这样可能更有成效。事实证明，由于地形和政治的原因，西方的医学探险队很难到达喜马拉雅地区，这种困难被一种假设证明或强化，即尼泊尔人和藏族人不如秘鲁人或智利人文明。1958 年，皮尤被要求审查 1959 年英国索鲁孔布探险队向英国医学研究理事会提出的拨款申请。该探险队由 1953 年珠峰探险队的老队员埃姆林·琼斯带领，目的是攀登阿玛达布拉姆峰（Ama Dablam，6 812 米），同时采集登山者和夏尔巴人的心电图。为此，该探险队希望从英国医学研究理事会那里获得 700 英镑的资助。皮尤对此持怀疑态度："在我看来，对夏尔巴人进行心脏学调查是非常困难和耗费时间的，因为当地人不可能像受过高等教育的西方人那样合作。"[51] 实际上，探险队确实从英国医学研究理事会获得了一笔拨款，而且确实为夏尔巴人做了心电图，并在 1960 年公布了研究结果[52]。通过对包括 6 名夏尔巴人和 6 名欧洲人的小样本组进行研究（值得注意的是，后一组包括一名在低海拔地区出生的尼泊尔印度裔登山者），研究人员发现两组人的心电图略有差异。作者认为这可能是由于夏尔巴人适应了艰苦的工作和高海拔环境，甚至是由于"种族差异"，但这一结论具有推测性[53]。就是这个项目，在发布报告时把一位女性——内阿·莫林曾参与研究的事实完全抹去了。

妇女、战争和温暖的气候

在 20 世纪末的几十年里，妇女、她们的身体以及她们对极端环境的反应在生理学研究中明显不存在。我们在前几章中简要介绍了一些罕见的例外。梅布尔·菲茨杰拉德，她作为派克斯峰探险队的边缘人物，被迫独自在科罗拉多州工作；萨瑟兰太太，她是南极洲来之不易的习服数据的数学救星。我们看到女性被故意排除在极端环境之外（例如，通过正式和非正式的禁令禁止女性进入南极），我们也看到她们被排除在外是“老男孩网络”的副作用，它要求参加高海拔探险的人必须受担保并具备（山地或野外科学工作的）经验。我们看到，即使妇女设法参与到探险科学工作中，她们的贡献仍然很容易被传统的署名和致谢的方式抹去。

即使妇女获得了探险的机会，也仍然很少成为生理学研究的对象——从野外到实验室都是如此。例如，20 世纪的三次珠峰行动研究中，没有一次以女性为研究对象。到 20 世纪 80 年代，研究人员积极将女性排除在实验之外，因为她们具有“破坏性”——在现场，不仅因为担心性吸引或情绪紧张，而且因为他们认为女性激素水平的波动比男性的更剧烈。这意味着她们不能作为稳定（稳态？）的实验有机体。正如许多其他历史学家所证明的那样，男性身体不仅是稳定可靠的，而且基本上是人类的正常形态，这种假设一直顽固地存在于现代科学实践中[54]。就像在低海拔地区出生的研究者们认为适应低海拔地区的生理机能是正常的，而对高海拔的适应状态为偏离正常，所以男性研究者们也把女性的身体看作非典型的。

当然，到了20世纪中叶，有几十位，甚至可能是几百位女性协助过高海拔探险，其中包括科学探险。她们不仅仅是实验室里的助手、处理杂事的妻子、仪器制造者或"计算员"，而且积极地参与到探险中来。然而，如果一个人是女性，而且是非白种人，那么她就是双重"隐形"的。皮尤写道，在1953年前往珠峰大本营的徒步中，有一位这样的女性：

4月11日：恶劣地形区。一个夏尔巴女性从山坡上滑下，脖子上还挂着搬运的东西。我碰巧经过，便跑去帮她。在我帮她解下所搬运的东西并进行位置调整的整个过程中，她一直把头朝向远处，所以我没有看出她是谁。我想她为自己从山坡上滑下而感到羞耻[55]。

尽管，或可能是因为这次互动的个人化的、近乎温情的性质，夏尔巴女性在探险中的存在体现在了皮尤日记中的一条笔记上——这不是一个通过阅读他的官方出版物就能轻易了解到的事实。

高海拔地区土著民族的性别限制持续时间，比几乎所有其他民族的都要长[56]。作为一种精英职业，高海拔搬运在20世纪末之前一直是男性的专属活动；尼泊尔女性直到1993年才第一次登顶珠峰，而第一位登顶珠峰并在下山过程中幸存下来的尼泊尔女性则出现于2000年[57]。但在去大本营的长途跋涉中——这对白种人的缓慢适应很重要——妇女们背着食物、帐篷、燃料和科学设备；她们还搭帐篷、做饭、取水，并协助进行实验和科学观察。尽管扮演了这么多角色，但她们仍然是无名的“夏尔巴女性”。同样，这些无名的非白种人女性参与者是女性极端生理学研究的对象，也是极端生理学研究的助手：人类学家对冷热极端环境研究的影响意味着，女性被纳入非温带环境的种族适应性研究中，即使她们被排除在生理学家在实验室和探险中进行的习服研究之外。

我们在对习服、适应、种族科学和进化之间关系的理解上存在着一道巨大的鸿沟。从18世纪末到20世纪初，关于不可避免的白种人的生存与种族退化之间的正面和负面的叙述已经被清楚地阐述了出来，但在20世纪的其余时间里，这种关系有什么变化却始终不太明了。这一章或这本书的目的并不是要完全填补我们理解中的这一空白，而是提供一个极端生理学的研究实例，其说明了适应科学和进化理论之间的关系。作为这里所概述的更宏大的论点的一部分，很明显，在20世纪，生理学研究——无论是在历史方面还是在生物学研究方面——被分子生物学和遗传学研究的到来及其最终的主导地位盖过了风头。从早期对血型的调查（其打破了现有的对种族和种族固定性的理解），到21世纪初对线粒体脱氧核糖核酸（mtDNA）作为高原适应性的可能来源的研究，这些科学为人类的过去和未来提供了新的解释和模型[58]。虽然一些学者，特别是沃里克·安德森有力地证明了体质人类学——也就是生理学，在改变人们对种族和民族的理解方面极为重要，但生理学在这一研究领域中似乎已成为少数人的游戏[59]。然而，有一个例外，那就是在对极端环境的习服和适应性的研究中，生理学仍然是核心专业。探险者身体的研究者和生活在热带、高海拔地区和北极的原住民身体的研究者之间有着很大的重叠；同样，关于暂时的白种人适应和长期的非白种人适应的理论之间也存在着不断的对话。因此，在这里对习服科学的进一步研究就是一个关于现代生物医学研究和种族的另类故事的开端，而这个故事以整体主义和田野工作为中心。

虽然我们已经看到高海拔研究和极寒研究之间存在明显的、反复的交叉，但在对原住民的研究中，炎热气候和其他极端环境之间的联系表现得最为明显。血液作为本章的核心，仍然是一种关键的物质；在习服研究中，人体对高温和紫外线辐射的血液调节稳态反应往往被认为是复杂和混杂的因素。例如，在20世纪20年代，少数欧洲研究人员——最突出的是德国生理学家 O. 凯斯特纳（O. Kestner）——推测太阳辐射可以导致红细胞增多，“热带地区的”日照会增加“正常人”（这里的“正常人”所指的当然是白种的欧洲人）身上红细胞的生成[60]。1926 年，东非医疗队的 D. V. 莱瑟姆博士（Dr. D. V. Latham）攀登了乞力马扎罗山，对自己和同伴的血液进行了观察。他发表的结果显示，他们的血细胞比容“比相应海拔的珠穆朗玛峰登山者的高”。这表明凯斯特纳是正确的，高紫外线辐射会刺激红细胞的生成[61]。在 20 世纪 20—40 年代，实验室和野外的研究似乎表明“人体在炎热的环境中所含的血液量比在凉爽的环境中所含的多”[62]。到 1949 年，一位生理学家据剑桥大学对英国海军人员的研究推测出，血液在身体表面和内脏之间的流动以及血液循环量的变化，可能在对冷和热的适应过程中起着一定的作用[63]。

正如 1949 年对水手的研究所暗示的那样，在 20 世纪上半叶，人们对适应炎热气候的兴趣往往受军事优先权，或者至少受到军事资金影响。在第二次世界大战的推动下开展的研究确定了太阳辐射的增加在脱水、中暑、疲劳和癌症方面的作用，即使不影响血细胞产量。1947 年，美国生理学家爱德华 · F. 阿道夫（Edward F. Adolph）编著了《沙漠中的人类生理学》（*Physiology of Man in the Desert*），这可能是 20 世纪出版的第一本关于热适应的教科书。在这本书中，作者对与美国军事相关的研究进行了回顾，强调直到1941年美国加入第二次世界大战并面临沙漠作战时，高温生存（包括水需求等基本问题）才受到认真的研究[64]。虽然这种说法忽略了一些19世纪的殖民研究，但1940年之后，军事上对在炎热气候下生存的兴趣确实推动了这类研究。值得注意的是，美国军方经常为这些讲英语的人主持的课题研究找到资金。艾伦·罗杰斯对英联邦跨南极探险队研究的分析项目是由美国空军资助的（他们也支付了萨瑟兰太太的薪水），而相当慷慨地资助对澳大利亚和其他太平洋国家各土著民族进行热适应研究的则是美国军方。1961年的一项此类研究的意义，正如研究拨款提案中所声称的那样，具体来说，就是原住民的身体可以帮助人们了解欧洲定居者的问题：

沙漠游牧民族能够长期适应炎热和干燥环境，我们应该可以从中获得更多的信息，以此研究欧洲人的适应可能，以及高水分摄入量在他们适应沙漠生活中的作用[65]。

但是，拨款提案中的积极说法并不总是能转化为积极的研究结果。20世纪70年代初，一个国际团队在国际生物学计划的“人类适应性”主题下开展了一个项目，研究新几内亚人的热调节反应。这项研究使用加热的床对男性和女性都进行了测试，对一个看似简单的问题进行研究，却得出了一个非常模糊的答案：长期居住在炎热气候下的居民所拥有的排汗机制是否比居住在凉爽气候下的居民的更高效？以前的许多研究（和大多数个人经验）表明，不适应环境温度升高的人的直接而明显的反应是出汗；但一些研究表明，高温地区的原住民的出汗率低于白种人的。这是一个关于安第斯人与夏尔巴人的问题。原住民是通过做更多与白种人相同的事情来在极端环境中生存的（这是个好迹象，即白种人长期习服环境存在可能性），还是他们有一种完全不同的生存机制（如果是遗传的话，那么白种人士兵或定居者就无计可施了）？遗憾的是，对于那些对温带民族的习服感兴趣的资助者来说，答案似乎是：无论永久居民的气候适应机制是什么，都不是把白种人体内已经发现的机制简单地上调一点或微调一下，因此不能被转化为欧洲人的长期习服计划（换句话说，这是一种夏尔巴人式的适应，而不是安第斯人式的习服）[66]。

这项20世纪70年代的研究是英国国立医学研究所以及悉尼的公共卫生和热带医学院（School of Public Health and Tropical Medicine）联合开展的。这突出了国际主义是极端生理学研究的一个重要特点，这一点在前几章中已经多次表明。澳大利亚以及比之稍逊的新西兰是极端生理学研究的重要贡献者：这些国家不仅为英国探险队提供了高海拔地区的攀登人员，而且是探险队前往南极的重要港口，还为对暂时和长期生活在高温环境下的人群进行生理学和人类学研究的主要人员提供了学术和机构基地。新几内亚的联合研究就是一个例子，但澳大利亚的研究人员也尤其关注本国原住民的身体，以便回答关于习服、生存和进化的问题。

在20世纪初，人们普遍认为，澳大利亚原住民将在几代后灭绝。一些白种澳大利亚人认为这是一个积极的结果，而这一前景的实现被一些政策刻意地加速了，如将混血儿从原住民家庭中清除出去。与此同时，许多人焦急地关注着定居昆士兰的机会，关于在该地区（和其他地区）建立一个健康的、非退化的“热带白人”种族的可能性的争论一直持续到第二次世界大战开始。关于这个话题的经典文本，是历史学家和地理学家A.格伦费尔·普赖斯（A. Grenfell Price）的《热带地区的白种人定居者》（*White Settlers in the Tropics*）[67]，这本读物使人们读起来感觉很不舒服。普赖斯拒绝接受环境决定论，但他这样做是为了提高白种人在全球范围内定居的可能性。他乐于考虑“较弱小”种族的灭绝，并列举黑人的退化现象是对白种人在炎热气候地区取得成功的最大威胁[68]。

也有反对的声音，或者至少是更有同情心和更具平等思想的声音。一个很好的例子是沃尔特·维克多·麦克法兰，一位出生于新西兰的生理学家，他的大部分工作时间都是在澳大利亚阿德莱德度过的。他是一位受过训练的动物生理学家，而不是人类生理学家，与澳大利亚的各个原住民群体以及非洲班图人和新几内亚高原人合作并研究他们的高温生存能力。正如他的书信中所显示的那样，他也是一名国际枢纽一般的研究人员，与全球各地的科学家交流数据、想法、草案和表达对拨款提案的支持。[他在1980年，也就是他去世前一年左右，给澳大利亚南极探险家，也是多次担任南极探险领队的菲利普·G. 洛博士（Dr. Philip G. Law）写了一封信，信中很好地说明了这些关系的偶然性："一个令人愉快的意外让我们最近在飞机上邂逅。"][69] 麦克法兰的研究表明：首先，并非所有气候炎热的国家的原住民都能以同样的方式适应高温，高海拔地区的居民也是如此。其次，就澳大利亚原住民的具体情况而言，他们属于适应热带气候的民族，在澳大利亚沙漠的干热环境中，他们主要依靠文化适应。西化生活方式的影响似乎证明了这一点。尽管许多人认为西式饮食会导致原住民最终灭绝（原因是心血管疾病和与烟酒相关疾病的发病率提高），但麦克法兰指出，即使是喝水（和出汗）的习惯也可能在人的一生中发生改变。他比较了两个与白种人文化接触程度不同的原住民群体，说："然而，在电解质处理方面，平图比人（Pintubi）比纳达加拉斯人（Nadajaras）更接近白种人。吃了3年的面粉、糖、盐和餐厅食物显然已经产生了效果。”[70]

麦克法兰在他的职业生涯中多次表示，他认为热习服不可能是一种遗传特征：

> （虽然）这种事情上存在着群体差异……这些差异是否基本上是由种族或者对炎热或寒冷环境的习惯所引起的，需要进行另一种类型的调查……**我认为种族未必是答案**[71]。

这种短期与长期、文化与技术、生物与进化适应之间的紧张关系在前面两章中已经出现过（尽管是在一个非常不同的背景下）：由于屡屡未能找到对寒冷的显著生物适应，对北极种群进行生理学研究的重要性就被逐渐削弱了（见第三章），但同时提升了“生物勘探”的重要性——从极北地区的种群中借用文化和技术实践来帮助人们在北极和南极地区生存（见第四章）。

麦克法兰的研究证明，在20世纪中叶，将热与冷、文明与非文明、技术与生物联系在一起的二分法假设在整个生理学领域中并没有得到广泛的认同；但他的观点仍然只代表少数人对种族适应和白种人习服的看法。人类种族有“原始”和“文明”两种类型，这种观点在极端生理学家的著作中经常出现。例如，关于国际生物医学南极探险队的一篇评论写道——这在

20 世纪 70 年代末很不寻常，因为它的研究专注在冷习服上，还在实验中尝试用冷水浴等方法进行“预适应”——探险队队长让·里沃利耶明确指出了“原始人”和“文明人”之间的差异：“人类的适应能力使他们能够在世界各地的恶劣气候环境中成功地生活和工作”；虽然这些成功的适应中，有许多是技术或行为上的适应，但它们“也可能包括生理反应的改变”[72]。在这一类“可能”有“生理反应的改变”的人中，他没有提到“因纽特人”或其他环极地或适应寒冷的人，而是列举了卡拉哈里布希曼人、澳大利亚原住民、安第斯山脉（火地岛）的阿拉卡鲁夫印第安人，以及韩国和日本的潜水妇。所有这些群体被广泛地描述为游牧民族——“未被文明触及的人”或“原始人”，当然，还有女性，这不可能是巧合。我们可以将其与里沃利耶所说的话相比较，他说：“另一方面，经典的适应，如温带居民到达极地时所看到的那样，表现为成功的技术和行为策略。实际上，这些策略（但并非完全）消除了作为直接压力的气候变量。”[73]

爱斯基摩人和其他寒冷地区的居民屡屡被排除在生物适应的讨论之外，在许多情况下，他们被排除的事实强化了将热带地区的民族置于温带地区的民族之下的等级制度，到了 20 世纪中叶，这也是环境决定论受批评的原因。在种族科学和进化分析领域，许多挑战决定论思维的科学家都是曾在北极或南极待过的研究人员，这并非巧合。我们可以以劳伦斯·欧文（Laurence Irving）和佩尔·朔兰德（Per Scholander）为例，他们在20世纪50年代和60年代对关于解剖比例和环境压力的两个法则进行了批评[74]。第一条法则，即伯格曼法则，表明同一物种的动物个体在温暖的气候下往往体积较小，在寒冷的气候下往往体积较大；第二条法则，即艾伦法则，认为其体积明显表现出相反的趋势——在寒冷的气候下变得更小。伯格曼法则和艾伦法则都基于对生物体的热损失和表面积与体积比的数学计算，体质人类学家将其应用于人类，不仅作为解释差异的机制，也作为识别人类亚种或种族的方法。虽然这种测量可能看起来微不足道，但我们应该回顾一下被广泛引用的大优生学家和种族主义者查尔斯·达文波特（Charles Davenport）的看法，即种族隔离的一个科学理由是，“混血儿”的身体比例不健康，因为不同种族之间的肢体长度不协调[75]。

欧文和朔兰德用他们对动物的研究——也就是对活体生物进行实地调查和研究，而不是进行数学推断——对这两条法则，特别是对其在人类种族方面的应用提出了疑问。和其他许多作者一样，他们在著作中明确指出，爱斯基摩人的生存是**技术性**的，而不是**生物性**的。正如朔兰德在1955年所言：“对因纽特人而言，主要的适应不在于生理机能，而在于长期的经验和技术技能。”[76]到目前为止，这两位的观点跟其他许多支持人类适应论的作者的差不多；但这两位作者的独特之处在于，他们明确承认了动物存在类似的行为适应——如果连狗也能在寒冷天气中做出某种行为，那么伯格曼和艾伦的决定论、僵化的解剖学法则便失效了。因此，如果说聪明的人类会有一个如此不可逆转地被温度梯度塑造的身体，就显得很可笑了。从北极和潜水动物开始，朔兰德继续研究阿拉卡鲁夫印第安人和沉睡的澳大利亚原住民——上文中里沃利耶提到的这两个种族都具有生物适应性——他们得出的结论有时与决定论进化论者的结论截然不同，后者不仅研究了同样的民族，还进行了同样的考察[77]。但是，虽然像麦克法兰、欧文和朔兰德这样的生理学家提供了环境决定论的反例，但至少在20世纪后半叶，西方生物医学界的普遍共识是，技术和行为适应是生活在寒冷气候地区的民族的特征，而生理和本能则主导了生活在炎热地区的民族的生活。正如国际生物学计划下人类适应主题的领导人所言：“由于因纽特人和白种人之间没有明显的生理差异，所以这些因纽特人对气候的主要适应是技术性的。”[78]

围绕环境决定论的冲突是一场鲜活的、激烈的辩论，涉及动物生理学、人体生理学和进化论，出现在私人信件和《自然》

杂志的文章当中。然而，尽管它借鉴并在某些情况下影响了极端生理学和探险科学的研究，但对那些以北极、南极和高海拔地区的探险者和外来者的身体反应为研究对象的研究者的影响似乎较小（而且这一领域内的敌意和争论也少得多）。我认为这有三个主要原因：第一是“冰冻之地”本身的影响，它使得人体生理学和探索领域形成了一个相对紧密的核心研究人员圈子，他们虽然阅读和借鉴了有关进化论和动物生理学的更广泛的研究成果，但并没有参与到这些领域的严重分裂和争论中；第二，这些研究者大多是致力于“全身”工作的医学博士或生理学家，比如皮尤和佩斯，虽然他们对分子生物学和遗传学等领域感兴趣，但他们的关注点是个体的身体、器官、系统和实验，而不是基因库或种群的数学模型；第三，也是最后一个原因，除了可能对一些南美种群进行研究之外，这种研究主要是针对西方探索者和科学家的身体。20世纪过了一半，夏尔巴人才被征召参与到最基本的呼吸或心血管功能研究中，而对环极地和热带或沙漠地区的居民的**生理学**研究充其量只是零星的。诚然，这种研究上的缺失在国际生物学计划形成的过程中得到了明确的承认。国际生物学计划的人类适应主题，目的是在“原始的”群体受到“文明”的过度影响之前，将调查和研究原住民作为一项紧急事项来进行。（虽然其中一些工作是在温带地区进行的，但国际生物学计划特别挑选出生活在“极端”环境中的人群作为优先研究对象。）

田野汗水与实验室汗水

当长达十年的国际生物学计划开始系统地研究遗传适应和环境决定论时，极端生理学家们继续研究非原住民对炎热、寒冷或高海拔环境的习服。这项研究中一个正在进行但不是特别成功的主题是试图使个体“预适应”这些环境。正如我们在前文所看到的，通过增血或血液稀释来使生活在低海拔地区的居民预适应高海拔地区的可能性无疑是被讨论过的。但事实证明，要想在山上进行这种操作是不切实际的，而且价值也不明确。直到 1977 年，国际生物医学南极探险队还在试图通过冷水浴和其他压力疗法，使探险者预适应南极洲的环境。这种让来自温带气候的受试者进行预适应的尝试，是为了帮他们在适应上“先发制人”，或者在其他情况下，以最大的生理效率将部队送到冲突地区。但这种尝试却遇到了 19 世纪困扰高原研究人员的一个问题：不确定实验室或气候舱中的人工模拟是否真的能还原特定（易变的）气候的自然体验[79]。（在临床上也有同样的问题，因为在实验室中模拟的冻伤或冻疮是否真的与实地体验到的一样，也一直存在着争论。）

我们在前几章中不仅看到气压舱、气候舱和风舱是如何被用于极端生理学研究的，而且看到研究的结果是如何被现实世界的经验和实验调和及对比的。虽然这些舱室往往是可以接受的代用品，但对一件设备、一种理论或探险家的身体进行“真正的”测试，还得在南极洲、北极或山腰上。同样的过程也发生在热适应研究中。20 世纪初，一些来自高温舱的证据表明，反复、长时间或严重暴露在高温下会改变生理反应，这也许是习服的一种形式，通常会提高身体的降温反射效率。但在高温舱中的人工习服是否一定会反映出人们在热带或干热地区生活的经历，仍然是个问题。军方对这一研究领域的兴趣体现在：第一次系统地尝试直接比较人工习服与自然习服的研究，是 20 世纪 50 年代由英国医学研究理事会和英国皇家海军共同资助的项目，该研究将高温舱中的新兵与新加坡的工作人员进行了比较。

医学研究理事会和英国皇家海军的研究都是由 J. S. 韦纳（J. S. Weiner）参与领导的，他是一位出生在南非的英国研究人员，后来成为国际生物学计划的人类适应主题的召集人。在该项目中，通过对现有文献的审查，人们发现了许多以前的高温舱研究。所有研究都显示欧洲人和北美人对热有类似的适应性反应（基本上，当暴露在较高的温度下时，出汗反应和出汗量会增加，同时体温降低、心率提高），但正如韦纳和他的合著者们所指出的：

人们认为（这些适应）构成了……自然发生的对环境温度过高的适应……这一假设隐含在大多数实验室工作中……但就目前所知，它从未被专门证明过[80]。

这项研究的结论是，人工习服与自然习服“相同”。这表明，对士兵和探险家来说，对高温的预适应是一种有用的技术。此外，这似乎证实了适应高温至少部分是一种生理反应（而不是技术或行为反应）。没有被回答的问题是，这种短期习服和原住民的长期遗传适应是否有区别。事实上，正如我们在上文的新几内亚研究中看到的，这个问题一直到 20 世纪 70 年代都没有答案[81]。在发现原住民对高温有不同的反应之后，新几内亚项目的研究者们提出，原住民和白种人在生物学上存在着根本性的不同。他们认为，出汗反应是一种暂时性的或短期的反应，“从长远来看，这种反应会被其他减少出汗需求的适应取代”；但对于“长期”的适应是种族上固定的（环境决定的）特征，还是白种人身体可以获取的东西，他们仍然没有定论。（值得注意的是，麦克法兰的工作在本研究中被引用为当时占主导地位的理论——热适应与种族和进化有关的罕见反例。）

关于白种人身体对炎热气候的适应情况的研究也与 20 世

纪前往高海拔和环极地地区的探险家和科学家有关。的确，对人力运输或狗拉雪橇运输的相对需求（之前几章中已讨论过）的观察，最终促使一位生理学家对使用人力运输的南极探险家进行了研究（使用了一种可吞入的温度记录仪），以此寻求人类的热习服证据[82]。对于大多数研究寒冷天气的研究者来说，使热习服研究变得有趣的是他们对体液反应的关注——在这里不是血液，而是汗水。如上文中提到的血液稀释，脱水是造成早期两极地区的灾难和高海拔探险失败的主要原因。脱水对高海拔地区的探险者来说是个问题，这不仅是因为出汗，还因为呼吸速率的增加导致水分流失增加（这意味着如果人工供氧设计得好，实际上就可以防止口渴和疲劳）。补水对北极和南极的探险家来说也是一个挑战，因为尽管有大量的冰和雪，但要用它们来补水，就需要在热能上做出妥协：要么花力气运送燃料来融化它们，要么用自己的体温来融化它们。汗水也是人们在设计服装时应考虑的一个复杂因素。正如我们在艾伦·罗杰斯的研究中所看到的并将在下一章皮尤的研究中再次看到的，如果衣服被汗水浸湿，或者穿着者因做重体力活而产生了体热，从而解开衣服或拉开衣服的拉链，那么衣服的热性能就会发生巨大的变化。

这些研究交织在一起——如新加坡的高温舱研究可能会影

响到南极洲的袜子设计——反映了本书前面提到的关于兴趣、联系和知识遗产的国际网络。很少有科学家或探险家只停留在一个环境中。以皮尤为例，虽然从未参与过热带或沙漠环境的探险，但他确实对体温过高、体温过低，以及由高温和疲劳引起的脱水进行了研究。这些广泛的兴趣是探险科学家们的自我实现的预言，他们使我提出的术语——全身生理学——在20世纪得到了明确的例证。正如早期关于高海拔习服的争论集中在诸如气压舱等模型能否揭示野外实践的真相上一样，探险生理学依赖于多因素研究，以试图理解人体对环境变化的复杂、多变的稳态反应。早在生态系统思维开始在环境和生态科学中占主导地位之前，一种“内部生态系统”的研究形式就存在于生物医学科学中。它与对人类生理学的更为集中的（如果不是简化的）基因理解共存（偶尔也提出挑战）。

这种整体性观点的证据可以在生理学研究重复出现的模式中看到。例如，与19世纪末关于高山病是由海拔高低引起还是由海拔和疲劳引起的争论极其相似的是20世纪中叶的研究者们的争论，即热习服是否可以通过暴露在高温下实现，或者说，体力消耗对于基本的稳态变化而言是不是必要的刺激。早期有关热对人体影响的研究，显然被这些与疲劳的相互作用混淆。20世纪30年代，哈佛大学疲劳实验室开展了几个关于高热对工作和生产力的影响的项目，虽然这些研究都是关于劳动效率的，而不是关于生理适应的，但习服的可能性是一个复杂的因素。其中一项针对密西西比州黑人和白种人的研究发现，黑人受试者“能够在高温下进行标准行走，同时其直肠温度只有最小幅度的上升”。研究人员怀疑，这可能是由于黑人受试者比同样参与研究的白种人佃农和实验室工作者更习惯于——或者，习服于——在阳光下长时间地艰苦工作[83]。值得注意的是，这些研究者并没有假设非裔美国人有遗传或种族优势，也没有假设非裔美国人有在高温下工作的遗传适应，而是考虑到个人一生中的习服的可能性。在这期间，身体疲劳和工作效率是习服的关键因素之一。

这些极端生理学研究作为复杂环境下的野外和实验室联合项目，考虑到多因素的影响，往往是由跨学科和国际团队共同完成的，其明显的复杂性掩盖了这些极端生理学研究的狭隘性。正如我们对20世纪生物医学的预期，这些项目毫无疑问地将白种人男性的身体作为研究的默认对象。原住民的身体，虽然也可以提供信息，但是会存在偏差，表现出对“规范”的适应或改变。当然，有些人反对这些定义，特别是南美的研究人员，他们提出了一个理由，即高海拔地区的人群是正常的，而低海拔地区的人群是偏离正常的。这个论点在一定程度上是一种哲学上的认知，但亦有胎儿生物学上的根源：

在子宫内生活期间，胎儿的动脉氧分压为20，相当于一个成年人在海拔8 000米左右的地方的动脉氧分压。因此，在出生时，无论出生地点在哪里，胎儿都是从缺氧的环境中转到含氧量较高的环境中的[84]。

[值得注意的是，在高海拔研究之后，巴克罗夫特最重要的研究成果就是关于胎儿生命的研究——他甚至用“子宫内的珠穆朗玛峰”（Everest in Utero）一词来描述子宫内的缺氧环境。[85]]秘鲁生理学家阿尔贝托·乌尔塔多（Alberto Hurtado）也认为，蒙热的安第斯人是一个有效的研究标准，因为“在缺氧环境中出生和长大的人和暂时处于缺氧环境中的人之间存在着质的差异”。他认为至少在研究出版物中应该区分他所说的“先天”和“后天”的习服[86]。

妇女也主张将她们的生物学特性视为正常。尽管面临着各种挑战，但到了20世纪50年代，妇女们终于出现在高海拔地区和极寒极热的环境中。她们虽然参加了探险和科学工作，但没有被要求贡献血液、汗水或数据。她们没有被邀请到银色小屋踩测力计，也没有被邀请到南极戴上集成呼吸流速器。她们的缺席并没有被忽视：在1959年底于剑桥举行的极地医学研讨会上，所有的男性与会者都感到“是时候像观察男性一样观察女性了”，但似乎没有人采取任何行动来推进这一目标[87]。尽管缺乏与女性表现相关的实验证据，但人们并没有停止对这一问题的思考。莫林在她的自传中提到，她曾听说过一种理论，即女性可能在缺氧环境中表现更好，因为她们的大脑较小，需要的氧气较少[88]。尽管她对这样的说法有点鄙视，但对另一种推测十分重视，即因为女性拥有更高水平的脂肪含量，所以有可能具有对低温的“气候侵略”更系统性的抵抗能力。

虽然生理学家们对白种人女性具有的这种可能性的研究相当缓慢，但非白种人和原住民女性的身体却吸引了更多的研究人员的注意。尤其是日本和韩国的潜水妇[89]那卓绝的自由潜水技巧（不携带任何氧气设备）在20世纪中期吸引了几位生理学家的注意，因为她们的存在提高了女性在寒冷、氧气含量低的环境中具有身体优势的可能性。这些潜水妇可以在寒冷的水中待上几个小时，在水下停留几分钟，并下潜到水下24米（80英尺）或更深的地方去捕捉章鱼、海参、双壳类和其他海洋动物。她们因在怀孕期间一直坚持工作，并有延续到80多岁的职业生涯而闻名。对于观察她们的科学家来说，她们的做法是技术、适应和传统的复杂组合，即使到了20世纪70年代也很难分析出：她们的过度换气技术有明显的、经过实验室验证的价值[90]，但为什么她们在潜水前最后一次呼吸的换气量不大？

是为了减少浮力吗？潜水前吹口哨能“保护肺部”的说法是否属实[91]？可以肯定的是，潜水妇比地球上任何其他人群承受的寒冷压力都要大（一项研究的作者指出，“爱斯基摩人”是利用技术——衣服——来防止这种极端的暴露的）[92]，而她们能成为潜水妇的原因之一是皮下脂肪具有强大的保暖性，“（妇女）天生比男人有更多保护性的脂肪”[93]。

事实上，客观地说，女性的身体似乎比男性的更适合在寒冷的天气下进行探险。这不仅是因为她们的体脂，还因为胡须在高海拔和极地地区是一个巨大的不便（甚至是风险）。斯蒂芬森在他的《北极手册》中坚称，探险者“应该坚持把胡须剃干净”，因为“如果留着胡须，那么呼吸中的水分就会凝结在上面”，然后形成一个令人不舒服的“面罩”。“如果试图用手去解冻这样的冰面罩，你很快就会发现自己不得不在冻僵的脸和冻僵的手指之间做出选择”[94]。在高海拔地区，这个问题更加严重，因为即使是胡子茬也会影响氧气面罩的贴合度。在低温下，氧气面罩会迅速结冰，使颈部和头部无法活动；“更严重的是……衣服会和胡须冻到一起，从而失去其保暖的特性”[95]。这些问题干扰了实验者的操作，使男性的身体给科学研究带来很大的“干扰”。“由于受试者的胡须导致无法控制的漏气，莫森的低温实验中测定氧气消耗量的尝试失败了”[96]。

结论：血液运动

虽然白种人女性的身体没有出现在野外和气候舱极端生理学研究中，但非白种人女性身体的情况却不是这样，它们作为人类学、遗传学和进化研究的一部分得到了广泛的考察。正如本章所概述的那样，这种关于长期遗传和进化适应（在男性和女性身上）的研究，以复杂的方式与探险科学家们更为短暂的关注交错在一起。行为、技术和对极端气候的生理反应得到了关注，因为它们为白种人的习服提供了选择；但进化和遗传的反应更为复杂，也许对探险家（或他们在欧洲和北美军方的资助者）来说，其直接作用不大。在19世纪，那些称非白种人的身体能更好地适应酷热、寒冷或高海拔环境的人，必须在普遍认为白种人身体更优越的社会与科学的环境中对这种遗传优势做出清晰的解释。在20世纪，这些对话仍然很难被纳入遗传学、生理学和人类学的工作中，强势的种族主义理论先入为主的情况一直持续到20世纪，研究人员还不得不应对进化决定论的流行程度的急剧变化（这里以蒙热《安第斯山脉地区的习服》中的矛盾性引入为例），以及种族和种族群体的定义的变化（甚至是对其存在持怀疑态度）。

本章仅能说明短期习服和长期适应科学之间的关系的性质。它所表明的是，首先，关于环境的作用和原住民的能力的假设——从相对较晚才出现的关于“气候侵略”可以产生不止一种具有适应性的身体的认识，到对热气候的适应是生物性的而对冷气候的适应是智力的这种格外牢固的假设——都影响了生理学研究。其次，它强调了研究的“全身”或多因素性质，这些研究把南极洲的热量产生、珠穆朗玛峰上的脱水和澳大利亚沙漠中夜间的低温等问题都考虑了进去。特别是，疲劳复杂的因素一次又一次地出现：疲劳的受试者（包括精神疲劳和感到心烦意乱的人，如经历过一系列令人不快的冷水浴的人）对气候压力的反应比不疲劳的人更强烈，在高海拔地区的表现更差；同时，多项研究表明，活跃的受试者能比久坐的受试者更快适应高温和高海拔地区（当然，艰苦的工作使形成冷习服的可能性降低，因为他们的身体无法承受南极或北极寒冷的全面冲击）。第六章是本书的结尾，它将更仔细地观察疲劳在极端生理学中的复杂作用。在这之前，还有一个故事需要画上句号，那就是关于血液的故事。

皮尤在这个故事里主要以极端空间的生理学家的身份出现，但同时也保持着对更主流的运动医学研究的浓厚兴趣。这种研究不同寻常地包括了对女性的身体的研究：20 世纪 60 年代末，当皮尤在分析来自喜马拉雅山的数据时，也与英国女子奥林匹克滑雪队合作，提供体能测试、训练分析和关于在高海拔地区比赛的建议[97]。20世纪60年代，在宣布1968年奥运会将在墨西哥城举办的消息后，非登山运动界对他的技术特别感兴趣。1965年10月，皮尤受英国奥林匹克协会的邀请，与一个团队一起前往墨西哥，研究高海拔对精英（男性）运动员成绩的影响[98]。国际体育日益重要的经济和政治意义为极端生理学研究提供了一种手段，以寻找新的资金、新的人类课题和新的兴趣领域，其中包括改善人类在低海拔（不只是高海拔）地区表现的方法。到20世纪70年代，红细胞增多只是一种对高海拔的有争议的适应，甚至可能是不适应，但显然于在低海拔地区的表现而言是一种优势。1963年，当汤姆·霍恩宾在猜测"加速红细胞增多"的可能性，并概述药物失败的现实和输血的危险性时，提出最好的期望是："如果有一天促红细胞生成素被合成，那么身体可能会自己完成这项工作。"[99]事实上，第一起违规增血丑闻中使用的是一种更原始的加速红细胞增多的方法：在1984年洛杉矶奥运会上，美国自行车队打破了72年来的奖牌荒，拿下9枚奖牌——几个月后，有些队员在比赛中自体输血的消息被传出。

医学杂志和运动训练界，甚至《田径新闻》等体育杂志上都广泛（公开）地讨论了自体输血——将个人的血液取出，储存起来，然后在接近比赛日期时再输回去——的可能性[100]。人们对此进行了形形色色的研究，对其态度也各不相同，但1984年奥运会上美国自行车队的故事似乎至少是对自体输血有效性的肯定。而且严格说来，这也不能算是一种作弊行为。国际奥委会的章程条款中并没有哪一条反对这种做法。虽然自1908年伦敦马拉松比赛以来，国际奥委会一直在奥林匹克赛事中对兴奋剂进行各种限制，但直到20世纪60年代，国际奥委会才制定了一份“禁用物质”的清单，截至1984年，血液和促红细胞生成素都不在这份清单上[101]。其中一个原因是国际奥委会不愿意禁止那些没有设置过针对性检测的物质（而真要对其进行检测似乎也是徒劳无功的）；另一个原因是所谓的血液兴奋剂有一定的模糊性——血液毕竟是运动员自己的体液。可以说，这种技术只是模仿了高原训练的效果，虽然完全合法，但对一些运动员来说可能是昂贵的或不方便的，因为他们可能会发现自己在竞争中处于劣势，而他们的对手是在阿尔卑斯山或肯尼亚受过训练的。

正如我们在第二章中看到的关于氧气的问题，在运动和探险的伦理中，良好的准备、技术的合理使用和“作弊”之间的界限多变而复杂，是由国家的优先处理级别、阶级和性别认同以及登山传统形成的。国际体育运动中的兴奋剂监管也是如此，这是一种有争议的、昂贵的、经常变化的做法，引起了大量的学术研究[102]。增血法的使用和辅助攀登技术一样，会导致严重的伦理方面的后果：到 20 世纪 90 年代末，许多运动员的死亡被归咎于促红细胞生成素的使用，尤其是在自行车项目中。在与那些打算发挥体能极限的人打交道时，国际体育组织和探险生物医学方面不得不认真考虑参与者死亡的风险。与体育赛事不同的是，探险不仅给直接参与者——登山者、探险者和科学家——带来了死亡的风险，而且对更广泛的后勤人员、技术人员，以及最明显的导游带来了同样的风险。1922 年，乔治・马洛里的登顶尝试导致 7 名夏尔巴人死亡，虽然他清楚地感到自己对他们的死亡负有重大责任——这是关于珠峰探险的第一例死亡记录，但这并没有阻止他在 1924 年开展另一次由夏尔巴人协助的登山。在接下来的一章，也是本书的最后一章中，我们将考虑这样两个主题：其一是极端生理学是怎样进入其他研究领域的，这些领域包括从供新生儿使用的恒温箱到美国国家航空航天局使用的太空食品；其二是参与其中的人员是如何应对他们那偶尔致命的工作带来的道德和情感上的挑战的。

第六章

结论：死亡、实验与道德问题

极端生理学研究的受试者常常不得不做一些非同寻常的事情，如在20世纪60年代中期，一位人类小白鼠就被迫与死人“亲密接触”。英国生理学家皮尤要求他穿上从垂死之人那里拿来的衣服，洗一个冷水澡，再到气候舱里挨冻风。这位21岁的志愿者穿着牛仔裤、羊毛套头衫、衬衫和带兜帽的厚夹克，冷得发抖还得在自行车功量计上运动，以给皮尤提供所需的数据，最后这些数据变为著名的《自然》杂志上的一条注释[1]。皮尤的主要发现是，潮湿再加上有风的环境大大降低了衣服的保暖性能。所以尽管有些服装在低温下能够提供足够的防护，但遇上不列颠群岛寒冷潮湿的天气就没用了。事实证明，对处于恶劣天气中的步行者来说，牛仔裤是一个特别糟糕的选择。总体来说，当研究中使用的牛仔裤暴露在潮湿有风（风速约14.5千米/时）的条件下时，其保暖性能下降了85%或更多[2]。

3 名年轻男子在 1964 年参加“四院徒步比赛”（Four Inns Walk）时遇难，皮尤给他们的家属写信，然后得到了他们的衣服。“四院徒步”是英格兰德比郡当地的乐行童军（Rover Scout）从 1957 年开始组织的一年一次的徒步比赛。1964 年，该比赛吸引了 200 多支队伍参加，他们将在皮克区北部进行大约 40 英里（65 千米）的徒步。比赛中途天气大变，当时只有不到 30 支队伍成功地完成了徒步；一些选手不得不撤离或等待救援，最初的参赛者中只有 22 人真正走完了整条路线。徒步中有 3 人死亡——G. 威瑟斯（G. Withers）、J. 巴特菲尔德（J. Butterfield）和 M. 韦尔比（M. Welby）。他们的死因都是冻死，1 人死于医院，另外 2 人死于野外，救援队花了 3 天时间才找到他们的尸体。他们绝不是这类悲剧的首例。大约在 20 世纪中叶，英国掀起了一股游走乡村的热潮，数量空前的人走进了荒野中。随着财富的增长、休闲时间的增加、交通的改善以及社会政治运动［例如，金德斯考特峰集体散步活动（Kinder Scout mass trespass，为了争取进入开阔山野空间的权益）和两次世界大战之间的体育文化运动的衍生物（如 Outward Bound 品牌的户外拓展训练）］的兴起，年轻人开始到威尔士和苏格兰的山区以及湖区和皮克区徒步。当时重大伤亡事件不多，但遇难者是儿童的事件能立刻成为头条新闻：20 世纪 60 年代初，四院徒步事故发生之前，一名 18 岁的男子在湖区埃斯克河谷的一次户外拓展训练中丧生，还有一个 16 岁的男孩在威尔士的拉德诺郡山为获得爱丁堡公爵奖而进行训练时死亡[3]。

死亡的阴影总萦绕在极端生理学探险队员的心头：无论是在科考途中捡到迷路登山者的冰镐，还是在南极洲的一个冰雪覆盖的石冢边回忆自己的朋友，还是使劲穿上从一位死去的少年身上脱下来的背心，研究人类生存极限的过程总是在和死亡与濒死打交道。虽然死亡的事故贯穿全书，但在最后一章中，我们将更深入地探讨极端生理学的人类代价和道德问题。同时，我们也将看到其中积极的一面——毕竟，皮尤进行的有关低温的研究的结果最终改变了此类紧急情况下的救助措施，并成为英国休闲徒步者都能得到正确救生建议的基础，从而避免灾难的发生。在本章我们还将谈论本书的主要观点：极端生理学和探险生理学是一门独特的，致命的科学。它向我们提供了对 20 世纪科学工作的实践和价值的重要见解，这些见解还是对现今的一些“一概而论”的看法的重要纠正。

无所不用其极

皮尤于 1966 年发表了一份关于英国山区严重事故的调查报告，其中的第 23 个案例就是“四院徒步”中的死亡事件[4]。他选择的案例差异极大，从在斯诺登尼亚迷路的中年印度游客，到一名在威尔士兰贝里斯被天气变化吓到的皇家海军突击队员。针对案例他提出了一系列建议，其中不仅包括着装方面的（不要穿牛仔裤，要注意防水），还包括行为方面的。导致四院徒步事故的问题之一是，参赛队员在寒冷、低温、体能低下的时候还继续走动，以期找到庇护所或得到救援。对于一些人来说，这种策略行得通；但对于其他许多人来说，这却加快了悲剧的发生。皮尤对死去男孩的衣服的研究显示，一旦体温大幅度下降，为了使体温保持在安全水平，新陈代谢率就会提高，这时候继续运动（行走），就会导致极度疲劳更快出现。有时更好的方法是蹲下，静止不动，保持暖和，等待救援[5]。

一边是体育运动，另一边是自然环境中的困难险阻，两者间的相互作用在本书提到的所有时期内都是困扰着研究者的一个难题。在19世纪和20世纪初，贝尔、莫索、朗斯塔夫等人对疲劳是否会导致高山病的问题进行了争论；从第二次世界大战期间到20世纪中叶，越来越多的生理学家认为，为了使白种人的身体实现热习服，体力劳动是必不可少的。在整个20世纪，南极研究人员认识到，探险者选择人拉雪橇或骑雪地摩托产生的热体验相差巨大。在许多情况下，实验室与现场的区别就是疲劳：即使是气压室研究的拥护者们也意识到，他们无法准确地重现在珠穆朗玛峰大本营徒步数月的体验。疲劳也是野外工作中的一个复杂因素：疲惫、缺氧的探险家连基本的算术运算都无法进行，他们会和同事吵架，摔坏设备并做出无法预测的错误决定，后者会威胁到他们的生存。

疲劳以及压力的相关研究在20世纪的生理学历史中有自己的位置[6]。在低氧分压环境下出现的“迷惘”状态可能最早出现于19世纪的热气球爱好者和气压舱的记录中，但它很快被军事科学家，特别是那些参与早期航空研究的科学家当作一个研究课题。在民用登山和军用航空领域工作的生理学家都使用了标准的疲劳和精神疲劳测试（例如卡片分类），并加以完善，这些测试后来也被喜马拉雅山和安第斯山的极端生理学家使用。虽然许多极端生理学家仍然对可分开测量的身体疲劳感兴趣（因此他们得以不断地进行能量计算和新陈代谢研究），但这个领域中越来越多的人认识到，也许在特别具有挑战性的环境中，心理因素对疲劳的影响很大[7]。在山脉和两极周边地区进行的研究表明，各种影响因素——温度、营养、情绪、潜在感染、信心——对人在具体情况下的工作都有显著的影响，这与在其他地方进行的压力和疲劳测试的结果直接对应。反过来，一些极端生理学家认为，他们的心理学研究和观察对于选择必须在高压环境下工作（例如潜艇服役）的军事人员会很有价值，之后，他们还可以用这些研究和观察结果来选择实习宇航员[8]。

疲劳具有复杂性，对日常生活、饮食、劳动理论甚至太空探索都有重大影响；对于探索者而言，疲劳实际上是一个生死攸关的问题。从穿着死者的衣服的实验中，皮尤得出的结论的核心是疲劳。当发生紧急情况时，探险者必须做出的重要选择之一是：应该等待救援，还是步行到安全的地方。紧急情况的确切背景显然会对“正确”的选择产生影响。例如，在珠穆朗玛峰或其他高海拔山脉上，人们通常要做出的选择是：应该冒着生命危险帮助垂危的同伴撤离，还是放弃同伴以确保自己活下来。而英国荒野风景区人口相对密集、交通便利，在这样的背景下，皮尤给出了“寻求庇护所并等待”的建议。尽管这一建议现在看来毫无争议，但与 20 世纪 60 年代的许多建议是相反的。

户外医疗和探索医学在 20 世纪中叶兴起（仍在等待严肃历史审查的医学学科）。所以关于这些学科的建议和理论的最终共识大多来自 20 世纪上半叶的极端生理学，尤其来自像皮尤这样在这一领域进行了大量写作和研究的研究者。皮尤对低温浸泡的研究得出了提供给“普通大众”的建议，但这直接反驳了针对海上失踪人员（包括军事人员）的现有的“科学”建议。1950 年，E. M. 格拉泽（E. M. Glaser），也就是皮尤在英国医学研究理事会的同事之一，在《自然》杂志上发表了一封基于冷水浴实验的信，他在逻辑上暗示落入冷水的人应该游泳以产生代谢热来保持身体温度[9]。接着，一场辩论开始了，皮尤直截了当地给出了这样的建议——要认真考虑疲劳的危害，所以此时必须保持冷静，静止不动，用最少的体力保持漂浮，等待救援。这种“保持冷静”的建议仍然是落水生存的核心：想办法减缓恐慌反应，因为恐慌会引起剧烈呼吸和效率低下的身体动作，这些都会提高溺水或体温过低的可能性[10]。（当然了，具体的紧急情况仍然会影响“最佳”决策。皮尤的老板埃德霍尔姆在1955年写道，决定性因素可能是落水者的体格，不过“关于这一点的证据并不充分”——大概是为了给他的2名雇员进行调解。）

“游动还是漂浮”的辩论是实验室模型应用于复杂且通常不可预测的现实场景时具有局限性的又一个例子。本书中多次举例说明，理想化的数学模型，甚至是精心设计的设备，在面对北极的寒冷或喜马拉雅山脉的运输系统，甚至地球上不均匀的大气厚度时，都有可能失败。研究人体对极端环境的反应，所面临的较大挑战之一恰恰就是我们不可能进行有效的受控实验。皮尤的低温舱研究最大限度地还原了那致命的山地徒步的自然条件（包括冷水淋浴、测功计、事故中的衣物），但即使这样，他仍然清楚地知道这种环境与实际的山地徒步的环境有很大的不同，任何从中得出的结论都只能说明这一次真实世界的经验。这就是故事和经验仍然是极端生理学中大受欢迎的数据来源的原因之一。因此，皮尤仔细分析了 23 个案例，试图找到其中的共同点，为未来的预防措施提供建议。在这里，探险家和运动员的真实经历证明了他们对科学家有很重要的作用：他们愿意跑 32 千米，戴着直肠温度计在冷水中游泳，将自己暴露于极热和极冷的环境中，携带或不带氧气设备进行高海拔登山。我在其他地方详细讲过，皮尤以及很多和他一样的研究人员在 20 世纪都大量以精英运动员为实验对象做研究，原因在于：在低温浸泡实验中，许多重要数据都来自穿越英国英吉利海峡的游泳运动员和精英冷水游泳运动员的合作[11]。

探险的传统和实践使科学得以实现，而这在其他任何情况下都无法进行。之所以能实现一部分原因是后勤，另一部分原因是探险家无私的奉献——把精力、体能，在某些情况下还有体液和身体组织都献给实验工作。当我们考虑那些经常是危险的，有时甚至致命的实验行为时，他们的慷慨应该引起我们对个人能动性问题的思考。皮尤以运动员和死者为对象做浸泡性体温过低症研究，立即让我们想起那些用最过分、最残忍的手段漠视个人意愿的人。20 世纪 30 年代末和 40 年代初，哈佛疲劳实验室的研究人员对精神病人进行了研究，这些病人被诊断为患有精神分裂症，并且正在接受治疗。但实验室有时违背他们的意愿，对他们进行了高强度的“冷疗法”[12]。被剥夺权利的人类实验对象还有很多：埃德霍尔姆和伯顿在他们的开创性著作《寒冷环境中的人》（*Man in a Cold Environment*，1955）中将纳粹的低温实验——把囚犯浸泡在冷水中导致其死亡，相当于蓄意谋杀——称为“可怕”，但还是对实验结果进行了讨论[13]。埃德霍姆和他的同事 A. L. 巴卡拉克（A. L. Bacharach）在 1965 年出版的第一本用英文写就的关于探险医学的书中还引用了讨论结果[14]。卢夫特对这些实验知根知底，即使他曾尝试在美国开始新生活，但还是因此而声誉扫地。自 1948 年以来，科学家和伦理学家一直在争论从纳粹涉及酷刑和谋杀的研究中获益是否是可接受的。粗略地说，争论中存在着三种观点：第一种，研究已经完成了，如果不应用这些知识，就相当于受试者白白地遭受了痛苦和死亡；第二种，那些研究属于“糟糕的科学”，设计拙劣、不可靠，所以不应被采用；第三种，无论研究结果是否有用或准确，使用它们都是不道德的[15]。前几章出现过的极端生理学家都曾经面临这些选择。

在这里讨论的研究和探险中，最令人发指且最具剥削性的要数第二次世界大战中的那些暴行。然而，对于在探险过程中完成的实验和生理学研究的参与者，我们也有一些问题要问。很明显，那时候的一些做法是不符合当今的道德标准的。例如，1953 年英国珠峰探险队决定将苯丙胺类药物（一种兴奋剂）给几名在危险的昆布冰瀑工作的夏尔巴人服用，以测试苯丙胺类药物的正面效果[16]。在一些例子中，为了极端生理学研究的利益，有人改变或放弃现有的规则，比如在给珠峰探险队找赞助的时候（更多内容见下文）。在某些情况下，受试者愿意或不愿意参加实验，或有没有同意或拒绝的能力，都比看上去更加复杂。

实验的道路

在本书所讲述的极端生理学研究和实验中，大多数人类受试者是探险家、登山者或运动员，而且科学家和生理学家本身也经常担任受试者，因为极端生理学的很多实验都是自我实验。克里斯·皮佐在珠穆朗玛峰峰顶给自己做肺泡气采样就是一个意义重大的例子，因为在那次探险中，他的官方角色是“科学家登山者”。自我实验在生理学上有着悠久而丰富多彩的历史，对极端生理学来说，进行自我实验通常是出于实用或有说服力的理由。从实用的角度而言，自我实验既简单又方便，并且保证人类受试者合作且知情。自我实验对于最早的高海拔生理学研究来说很关键，它的开创者就是帏尔，他在 19 世纪 70 年代就在气压舱里对自己的身体（还有共同参加实验的动物）进行了研究。同样，霍尔丹、道格拉斯、莫索、岑茨等人也在山上以及舱室内，为自己的实验做了受试者[17]。

自我实验（或自我采样）也是一种用来说服其他人类小白

鼠自愿参加实验的方式。几位实验者指出，进行自我测试很“公平”。挪威—英国—瑞典南极探险队（1949—1952年）的医务人员奥韦·威尔森在整个探险期间采集了相当多的血液样本，提出了这样一个鼓励和维持参与实验的计划：

出于心理原因，我没有给自己取血样，而是让想要试试自己技能的同事来做。就这样，之后他们中的一些被采血的人就利用这个机会对为自己采血的人发起了“残酷的报复”，还常常受到周围的其他同事齐声叫好的鼓励[18]。

（顺便说一句，这也是极端生理学家和探险队员跨学科开展必要工作并学习新技能的例子之一。正如威尔森所言：“在那两年里，我的大多数同事都掌握了放血的本领。”）在山上也有类似的例子。在1936年英国珠穆朗玛峰探险期间，队医查尔斯·沃伦（Charles Warren）进行了一系列医学和生理学研究，其中一些研究很让人受罪，包括使用试验餐来检测在不同海拔时人的胃酸变化：

测试过程中最不愉快的部分就是说服受试者插胃管。公平起见，我应该自己进行第一次测试，为大家树立榜样[19]。

对于探险家和运动员来说，在气压舱或气候舱里做实验，其实就是做训练。来自好几支英国珠峰探险队的成员都在气压舱和风洞里待过一段时间，部分是为了测试装备的适用性，部分是为了测试自己，例如在恶劣条件下练习戴着氧气面罩步行[20]。对于某些参与者（特别是运动员们）来说，生理学实验和研究对他们能产生直接和明显的效用，所以他们实际上会经常寻找机会参加测试。英国中长跑运动员马丁·海曼（Martin Hyman）和皮尤在20世纪60年代后期的关系就是一个很好的例子。海曼被选中参加英国奥林匹克协会/体育理事会/医学研究理事会赞助的墨西哥城实地考察，以调查中海拔对运动员表现的影响[21]。考察结束后，海曼和皮尤保持着密切联系，皮尤把自己的文章选刊寄给海曼，海曼提供他自己（和其他人）的身体作为皮尤的实验对象——“我很乐意尽我所能为进一步的工作提供帮助”——并为皮尤的研究项目提供建议：

> 我很想看到一个控制良好的实验，看看在进行及不进行热身的情况下，短时间运动的氧气消耗量是否存在显著差异[22]。

海曼清楚地看到了皮尤的研究对于他的训练和运动表现的价值。后来，在20世纪70年代初，他开始做定向越野的教练，又请皮尤设计这项运动的健身训练和测试方案。

因此，注意极端生理学实验中的许多人类受试者的作用十分重要。特别是运动员，他们似乎对有关其运动表现和身体素质的反馈很感兴趣——请记住，在整个20世纪的大部分时间里，大多数跑步者、登山者或游泳者都无法监测自己的心率，更不用说监测自己的新陈代谢过程、激素水平等。同样，许多极端生理学实验的参与者本身就是受过训练的科学专业人员，尽管他们可能不是生物医学专家，但了解科学实践和实验过程的传统和期望。因此，这样的实验可能模糊了专家和受试者之间的界限，但是它可能是人类实验实践中最常见的形式——“成为小白鼠”是一个公平交换、互惠互利的过程（奉献自己的，有时甚至是学生、实验室助手等人的身体）。本书中讲得最详细的例子是艾伦·罗杰斯于20世纪50年代末在南极洲进行的集成呼吸流速器实验。实验中，地质学家杰弗里·普拉特（除了他以外还有许多受试者）为了其他人的研究项目，忍受着麻烦的侵入式实验设备。尽管他不是生理学家，却为实验的进行提供了详细的反馈，然后反过来把罗杰斯“招募”为“地质学工友”，给自己打下手。那些自愿参加实验的人可能是为了获得与自己相关的一般或特定的知识（体育训练技巧、着装建议），但也可能是用体力劳动为自己的任务（做饭、阅读气象仪器或拉雪橇）换取帮助。

愿意参加极端条件下的科学研究的人也可能怀有赚钱的动机。尽管探险者基本上不会直接获得报酬，但其他参与者有时会得到经济上的奖励。在1961年发表的一篇文章中，医术研究理事会的研究员W. R. 基廷（W. R. Keatinge）写道，他未能为他的低温舱实验招到预想数量的海军人员受试者，因此提出了增加报酬和额外休假的优待条件，“诱使他们自愿参加”[23]。即使没有这样的好处，探险家仍然会出于金钱上的动机参加极端生理学实验——因为这样的项目如果得不到可观的资助，就会搞得所有参与者破产。作为个人，科学家有探险者没有的特殊的融资渠道。从伦敦皇家学会（Royal Society of London）到美国国家卫生研究院，再到澳大利亚科学促进协会（Australasian Association for the Advancement of Science）等，各种国家科学组织都为 20 世纪的探险经费做出了贡献。以科研为重的雇主，比如大学院系、医学研究理事会和美国国家航空航天局，有时愿意继续为那些在探险中获得参与资格的员工支付工资或差旅费。1959 年，当希拉里和皮尤开始计划银色小屋探险时，希拉里很担心资金问题，皮尤则指出：“你只要找一个科学团体加入登山队，就能从科学资源那里得到足够的资金。”[24] 科学研究和“捕捉雪人”行动一样都是希拉里真正感兴趣的探险的筹款途径。这种借力科研的例子不止一个。菲利普 · 克莱门茨（Phillip Clements）表明，1963 年美国珠峰探险队队员曾利用冷战的政策时期的优先事项得到了对科学研究赞助的承诺。虽然事实证明承诺没有兑现，但那是他们能想到的为喜马拉雅高海拔探险筹集资金的唯一途径[25]。大多数南极探险要么出于科研目的，要么由科研提供资金，这是极地研究中的一个不争的事实，尤其是因为进入南极大陆大多是为了进行科学活动（名义上与领土或军事利益不同）[26]。

这种资助往往会带来道德上的思考。第一支前往珠峰的生物医学考察队是1981年的美国医学研究珠峰探险队（AMREE，不要与1963年的AMEE，即美国珠峰探险队相混淆，后者是一个宏大的、雄心勃勃的科学项目，但生理学方面的内容很少）。但在筹款申请中，美国医学研究珠峰探险队的组织者——生理学家约翰·韦斯特——不仅强调了气压舱内实验的失败，还强调了将年轻男性运动员关在舱内几个星期，甚至几个月的道德问题。简言之，美国医学研究珠峰探险队的多个资助者［包括美国国家卫生研究院、美国肺部协会（American Lung Association）、美国陆军医学研究与发展司令部和国家科学基金会（National Science Foundation）］决定负责一支珠峰探险队的费用，而从通常的道德角度来看这也很不一般——因为这座山是致命的[27]。要说风险有多大，得看使用的是哪种评估标准，例如，每次登顶的死亡人数、每座山的死亡人数、夏尔巴人与“老爷”的死亡比例。20世纪80年代初，探险的风险并不小：大约十五分之一的登顶者死于探险。很难想象其他会给健康、有活力、强壮的年轻男性参与者带来高达5%~10%的死亡率的科研方案会得到道德委员会的批准，更不用说资助了。一个明显的例外是太空旅行。显然，一些野外工作，尤其是极端环境

（无论是在地球上还是在地球之外）中的，允许人们对风险和回报有不同的理解。

极端生理学的风险与其他任何一种可想象的生理学研究的风险都不一样，它的风险不在于生物医学测试的过程——血液测试、戴道格拉斯气袋、插胃管——而在于进行这些测试的环境。这些风险不仅包括寒冷、高海拔和崎岖的危险地形，还常常涉及探险的基础设施：比如在通风不足的小屋里（或者在使用炉子的时候由人为失误造成）一氧化碳中毒就是最有可能导致惨剧的情景[28]。但与我们的直觉相反的是，探险的重大风险可能会减轻人类实验的道德负担，因为实验对象是年轻、健康的男性，他们完全自愿地选择了参与这样有明显死亡和致病风险的活动。受试者连这种活动都愿意参加，相比之下，参加血液测试和测功计测试要承担的风险简直不值一提。这并不是说医疗程序是普遍安全的——在 1981 年的美国医学研究珠峰探险队中，一名登山者对含有白蛋白的注射剂产生了过敏反应，出现皮疹和发烧状况，组织者并没有将此认为是需要降低的风险[29]。虽然实验对象愿意参加危险的生物医学研究，但我们不能忽略这样一个事实，即这些情况下可能存在一定程度的强迫性：很显然，珠穆朗玛峰或南极洲的吸引力之大，足以引起候选人的激烈竞争，如果得到探险资格的代价是接受身体监测、参与实验或承诺填写记录卡片，那么也会有很多人愿意付出这样的代价。换句话说，探险就是你参与研究的报酬。

因此，参与极端生理学研究的动机有很多，其中很少是完全利他的，因为很多人都希望能从中受益。即使他们没有得到现金和休假的报酬，也常常会因为他们在实验中的作用而获得一些无形的奖励。这些项目甚至不必像珠穆朗玛峰或南极之旅那样迷人，任意高山或偏远地带都可能有很大的吸引力。在20世纪60年代末和70年代，查尔斯·休斯敦参加了洛根山高海拔生理学研究（Mount Logan High Altitude Physiology Study），这是一项长期的高海拔生理学实验，在位于阿拉斯加边界的洛根山的一个研究所里进行。起初，实验是在加拿大军事人员身上进行的，尽管“他们健康、强壮、坚韧、独立、严格遵守命令……但对（实验者）想要达到的目标并不是特别感兴趣”[30]。因此，研究人员决定尝试从“许多不仅对登上高山的机会感兴趣，而且对研究本身也感兴趣的年轻人招募”[31]。每年，有14~16名志愿者（大多数年龄在20~29岁之间，主要是医学或生理学专业的学生）被选为“受试者、合作者和辅助人员”（我们应该注意，这个项目很不寻常，因为它从一开始就接受女性申请者）。

同样，探险也是一项严格有序的活动（至少在理想情况下是如此），有等级制度、领导系统和常规程序。当然，在较小规模的山地探险和大多数环极地探险中，人们会期望参与者除了完成规定的职责外完成更多的任务——一个“靠得住的小伙子”不能只会闷着头“干工作”，而应该提高效率，帮助其他团队成员完成任务，哪里有需要就出现在哪里。话虽如此，但有一些证据表明，至少在开玩笑的情况下，探险家们偶尔也会尽量避免参加生物医学实验。约翰·亨特（John Hunt）把皮尤最大的研究测试记述为“可怕的苦难”，并补充说：“有一些为科学做出的牺牲，我很乐意避开……我们赶紧赶上其他人，免得轮到我们接受测试。”[32][还要注意，这个测试是将自我实验认定为“公平”实践的另一个例子：“得知格里夫（皮尤）……也和其他‘小白鼠’一样，没能逃离实验的折磨，我很满意。”[33]]但是，总体而言，极端生理学家很少抱怨受试者的服从性，而纪律严明、规范化的团队成员的价值也是显而易见的，尤其如罗杰斯对英联邦跨南极探险队做的适应性研究：16名男子被要求在超过1年的时间里，每天记录他们的衣着、情绪、睡眠和工作模式等。但正如罗杰斯所说：

> 尽管条件艰苦，时间极长，但所有人还是按时、认真地填写了卡片。到探险结束时，只有一组卡片缺少数据[34]。

许多探险者—科学家对他们的工作给别人造成了很大的侵扰性表现出敏锐的意识——至少当他们的工作是在白人和西方

人的身体上进行的时候——这一点在文章的热情激昂、不吝赞美的致谢中可以看得出来。这些细节对历史学家来说也是有用的，因为其往往也承认了正在进行的工作带来的创伤或道德上的挑战。一开始听起来相对无害的测试也可能会带来非常大的压力：查尔斯·伊根（Charles Eagen）在1963年发表的有关“手指冷却”的论文中提到他对登山者、美国空军人员，以及各种北美原住民的身体进行了研究，以此测试健康和耐寒能力之间的关系。虽然“手指冷却”听起来不极端，但伊根写道：“我很感谢测试对象的合作，特别是他们对测试过程中严重的冷痛的忍耐。”[35]另一种情况是，致谢中可能会委婉地一笔带过医疗干预，如1967年发表的在南非进行的一项关于英国南极调查局的工作人员脂肪的研究，其中特别感谢人类小白鼠们“以顽强的毅力配合了……一个有点令人讨厌的手术”[36]。这个“令人讨厌的手术”实际上是对他们的臀部定期进行脂肪活检，并且合作的英国南极调查局工作人员1年里被抽脂多达11次。

很明显，有些生理学家比其他人更深刻地意识到了他们非常依赖于快乐的人类志愿者，而且这种意识并不取决于时间的长短——如果有什么区别的话，那就是早期的生理学家不受极端环境下常规医学调查文化的熏陶，对待受试者有时会比20世纪末的生理学家更谨慎小心。英国北格陵兰探险（British North Greenland Expedition）可能是人们首次进行重要生理学研究的极限环境探险（比皮尤在卓奥友峰进行研究早了一年），H. E. 刘易斯在谈到这次探险时写道“生理测试对受试者来说并不愉快”，这不仅是因为血液研究或从熟睡中被早早唤醒引起的身体不适，还有心理上的不适：“受试者很可能已经深受自己肮脏的身体和没洗过的衣服的困扰，但这些都是这次探险所必需的。”[37] 刘易斯和队医 J. P. 马斯特顿（J. P. Masterton）就像皮尤一样也参与了同样的研究。刘易斯还指出：

> 我们面对的是一群受过良好教育的人，他们的科学态度取决于我们对医学研究计划提供的解释。如果解释让他们满意，他们就会积极合作[38]。

这种观点与 25 年后的国际生物医学南极探险队的经验形成了鲜明的对比。该队的一项重要发现是“几乎没有科学家真正了解群体动力，也没有多少科学家真正了解如何人道地、用心地对待研究对象”[39]。

探险者和运动员一样，不仅（经常）愿意为了科学而将自己置于特殊的环境中，而且在服从性和可靠性方面，是很合格的“小白鼠”。此外，这些人类受试者经常受到“训练”，以便提前做好参与研究的准备。第三章讲过，极端生理学和探险的封闭性和自我调节性意味着探险者和运动员等参与者很可能参加过多次生理学实验，或者至少经历了体能测试之类的实践。

这在某种程度上帮他们熟悉了生理学家偏爱的研究和设备——其中一些设备用起来可能很麻烦。集成呼吸流速器是最明显的例子：虽然普拉特戴了许多天，但要想戴着它完成“正常”的一天的工作仍然很费劲，这一发现对其他地方的集成呼吸流速器测试的结论有一定的启示，那些研究的受试者自我意识较低，或不经常处在“自然”状态下，可能并没有注意到自己日常行为的变化。（这也是一种必须将心理学考虑在内的实验方法。在后来的集成呼吸流速器研究中，医学研究理事会生理学家 J. R. 布拉泽胡德指出，在南极做例行工作时各人的能源消耗差异很大。他认为这并不是集成呼吸流速器本身带来的不便，而是“每个人对所从事工作的态度不一样”。[40]）

受试者不一定非要从先前的实验工作中获取有用经验，有的经验也可以来自社会文化和体育实践。虽然银色小屋探险队希望将研究范围扩大到夏尔巴人和白人登山者，但发现这很困难，部分原因是高海拔脚夫们不知道怎么骑自行车[41]。而用于模拟运动的标准设备是测功计（固定在原地的自行车），但夏尔巴人的测量数据与更有经验的白人骑车者的测量数据无法进行可靠的比较，因为两组人在踩踏效率上有很大差异。在 20 世纪 70 年代开展的高海拔地区的新陈代谢和运动的研究中（研究对象包括“秘鲁印第安人”和夏尔巴人），意大利探险队特地将测量计测试换成了上坡跑步测试，因为“有几个人，尤其是夏尔巴人，不会踩脚踏板”[42]。白人研究人员还认为他们在研究原住民方面面临着更多的挑战，正如英国研究人员罗伊·谢泼德（Roy Shepherd）在20世纪70年代写的那样：“很难激励原始的、没有竞争性的人全力以赴。”[43]当然，不积极和种族没有关系。在20世纪，其他生理学家对白种人参与者也有类似的抱怨。实际上，英国生理学家（也是诺贝尔奖获得者）A. V. 希尔（A. V. Hill）证明，他之所以用运动员作为实验对象，部分原因就在于他们“竭尽全力”，比产业工人或学生志愿者等更积极。他还补充说，他们基本上都是健康的成年人，“在他们身上进行实验不会有危险”，并且他们有能力也愿意“重复自己的动作”[44]。正是由于这种意愿和能力的结合，探险家和登山者成为20世纪生理学家们尽力争取的研究对象。

服从命令

人们认为，另一种人（主要是男人）也能遵守严格的指示，并且不遗余力地完成任务，这种人即军事人员。军事活动和探险科学在整个20世纪都有着紧密的联系。这些联系可能是专业上的，比如招募巴克罗夫特、霍尔丹或卢夫特这样的高海拔登山专家，让其从事毒气或航空方面的军事研究；而反过来，招募军人和退役军人参与生存科学、太空项目等研究。这些联系也可能是后勤上的，如使用海军车辆运送探险队到南极洲，还有军事风格的“突击”型山地探险。这种风格的探险在第二次世界大战刚结束时变得更加流行，约翰·亨特组织的1953年英国珠穆朗玛峰探险就是一个缩影。或者它们可能是物质上的：我们已经讲过英国皇家空军和高海拔探险队之间关于呼吸设备的交流，以及许多探险队的食物供给系统最初都是作为军粮供应系统使用（并首次进行测试）的。还有些联系可能是个人的：到19世纪，探险与殖民主义的联系意味着许多旅行者都在“为女王陛下服务”，征兵和全球战争意味着20世纪中叶的许多探险家都经历过军旅生涯。对于某些（前）军事人员来说，旅行是他们变得对探险感兴趣的原因。例如，皮尤曾跟随皇家陆军医疗队（Royal Army Medical Corps）去过希腊和印度，并穿越中东，在黎巴嫩的山地战训练中心（Mountain Warfare Training Centre）工作过，培训过滑雪部队[45]。所有这些都说明，极端生理学研究中使用和利用了现役或退役军人的身体来进行研究工作。

对于参与该学科研究的生理学家以及在21世纪的现代道德视角下进行叙述的历史学家而言，某些研究确实具有强制性。我们在第二章中讲过，约翰·韦斯特在一封为20世纪80年代珠峰探险的费用辩护的信中指出，唯一已知的长期气压舱实验发生在近40年前，它“是在战时进行的，新兵们别无选择，只能同意”[46]。韦斯特将气压舱研究的问题归纳为将人工实验室情况映射到真实世界田野调查时产生的根本问题，强调“真正的”疲劳（而不是在密闭空间中的固定自行车上进行运动）是形成高原习服的过程中的一部分。与此同时，他还提出了对军事人员的看法，这也很重要。他信中提到的室内实验指的是查尔斯·休斯敦和理查德·L. 赖利（Richard L. Riley）做的珠峰研究，我们在第二章中讲过，受试者的实验环境很糟糕。

大约在同一时间，美军正利用本国部队人员研究沙漠环境中的生存问题，其中包括“训练人在没有水的情况下生存”的计划，直到生理学研究表明让人在没有足够饮水的情况下行军是一个“严重错误”[47]。最早的有关沙漠生存的英文书籍——《沙漠中的人类生理学》于1947年出版，书中有很多关于美国新兵实验的例子。这些新兵在高温的房间里、佛罗里达的沼泽里、大海上没有淡水的小船里，流汗失水到几近崩溃[48]。所有这些并不是在暗示军事人员在决定是否参加实验时没有选择的余地，也不是表明他们从参与中没有获得任何利益（满足了兴趣或得到了乐趣）。至少有时候，他们会得到额外的报酬和休假，就像参加前面说过的由医学研究理事会资助的参加寒冷研究的海军人员一样。在许多情况下，极端生理学实验的挑战性——

至少在野外进行时——是士兵、水手或航空兵无论如何都要面对的，探险家也一样；无论生理学家是否要求你吞下药丸体温计，你都要进行沙漠行军；南极洲的科考也只是军事任务表中的一个，无论你在一天结束时是否填写了营养表和着装表。

当地人的身体

尽管原住民蹬自行车的熟练度很成问题，但极端生理学还是广泛使用了非温带和高海拔地区的永久居民的身体做研究。最受关注的可能是南美洲中高海拔地区的居民，从 19 世纪后期秘鲁的维奥尔特到1935年的国际高海拔智利探险队的成员，这些欧洲和北美科学家率先对他们的身体进行了研究。随着安迪纳生物学和遗传学研究所（Instituto de Biología y Patología Andina）在 1934 年成立，他们又成了南美洲高海拔生理学研究的对象。第五章中讲过，最早被研究的对象是高海拔地区的安第斯人，而不是喜马拉雅人，这一事实可能对高海拔地区的呼吸和循环研究产生了重大影响，因为这两类居民对高海拔表现出不同的习服和适应机制。同时，环极地地区居民经常是人类学、生理学和基因研究的对象（尤其是后者，在国际生物学计划期间）。显然，这一居民类别涵盖了北美和欧亚大陆上极为不同的人群，早期的遗传和血型研究也强调了这种多样性。

因此，与高海拔研究不一样，期望在这些研究中找出多种对寒冷的适应机制也是有可能的。但研究人员对这些研究大为失望，因为研究（包括生理学研究和遗传学研究）一再表明没有或很少有证据证实存在对寒冷的解剖学或遗传学上的适应。在寒冷环境中生存的问题似乎更多是习惯和技术问题，如果他们调整饮食和工作方式并使用最有效的保暖手段，包括着装和住所，那么基本上所有的人都可以成为“勒达尔的因纽特人”。

对寒冷和炎热的习服和适应理论基本上是对立的：一个强有力的假设认为，适应干热和湿热环境的能力和遗传有关，这一点不仅仅在肤色方面得到了证明（至少在20世纪中叶以后）[49]。有研究者尝试主张另一种说法，如麦克法兰，他反复尝试通过对澳大利亚原住民的研究来证明，他们的“遗传”性适应是对湿热气候的适应，而他们在澳大利亚的干热（以及一夜之间便降临的干冷）环境中生存的能力出于文化和技术性适应。但是整个20世纪，支持这种将文化和技术与适应炎热气候联系起来的理论的人仍然是少数派。这种研究的偏见是，冷习服是技术性的，热习服是生物性的。这就大大强化了现有的温带人群具有优越性（在文化和文明方面，如果不是生物学方面的话）的假设。关于人类进化的“走出非洲”假说被解读为，从进化的意义上来说，炎热地区的人确实比其他地方的人更接近人类的原始祖先。这个假设是在国际生物学计划的人类适应主题中起推动作用的假设之一，其主要寻找“未受影响的”人进行遗传学研究，希望他们能够为人类遗传学提供“基准”，即一种“原始”或“更接近原始祖先”的基因编码方式[50]。关于非温带原住民、种族科学和进化论的研究之间的相互作用值得再写一本书，但在极端生理学家的工作中，这种关系的基本特征已经很清楚了。

对这些研究进行道德批评时，必须注意原住民参与研究时的个人能动性。如果认为这种关系必然是剥削性的，那就是在重复某些探险家和科学家的专制家长式作风。比如认为原住民无法对是否参与实验做出明智的选择，或者认为光靠原住民自己是无法从实验或科学考察中获得利益和报酬的。谢里・奥特纳对夏尔巴人进行的详细的人类学和人种学研究尤其表明了，喜马拉雅高海拔地区的当地社区的人是如何改变他们的经济、社会和文化习俗的，而他们又是如何适应因为西方的高海拔登山活动而忽然涌入的金钱和就业机会的。显然，“夏尔巴人”和“老爷”来自两个几乎平行的世界，而夏尔巴人的活动是通过西方的视角来解释的，在某些情况下就会遭到误解[51]。例如，西方人颂扬夏尔巴人的“忠诚”（本身就是在强调一种殖民的假设，即西方人认为原住民缺乏这种素质），而未能认识到师徒制在夏尔巴文化中的关键作用。一群脚夫在山上停工，要求配备更好的装备（尤其是鞋子和帐篷），这种要求被以各种方式解读为存在于一群搬运工中的尊重和等级制度的文化问题；要么将其视为公平问题，即所有登山者都应得到相同的技术支持；要么是认为夏尔巴人表现出愈加强烈的“在商言商”的态度，他们现在需要“西方的”技术和高价值物品。无论是哪种解释，都表明了两件事：探险中在提供生存技术方面存在不平等，原住民有反对这种不平等的行为和倾向。

说到同意和风险的道德问题时，很显然，夏尔巴人同意协助高海拔攀登是为了得到经济补偿和社会地位，而他们中的一些最终可能在攀登中丧生。但是，当然，所有参与者都有其动机：正如我们在上一节中所看到的那样，许多参与者获得的“报酬”实际上是促进职业发展或获得独一无二的体育经验的机会。然而，我们有必要问一下：谁能从原住民支持的研究中受益？毫无疑问，在 20 世纪上半叶，相当直接的马克思主义或劳工权利的批判可以用于一些极端生理学研究，毕竟，这些研究的对象是塞罗 – 德帕斯科的矿工，他们在艰苦和危险的环境中长时间工作，只能拿到很低的工资。他们的雇主允许研究员与工人接触，我们当然可以把这种雇主与研究人员的关系看成 20 世纪头三四十年贯穿整个工业和科学界的将研究、效率、利润率和“科学化管理”等联系在一起的更广泛的关系的一部分[52]。毕竟，20 世纪 30 年代资助安塞尔 · 基斯去往南美的哈佛疲劳实验室是哈佛医学院和哈佛商学院的合资企业，其研究方向是针对劳动的科学研究。但它的一些研究是关于健康和安全的，如：在不伤害工人的情况下，工厂的温度最高可以达到多少？大坝建设者可以在阳光下工作多长时间而又不增加病假？这也是为了探究人体作为一个机器部件，在追求利润和效率的过程中所能达到的极限[53]。

因此，虽然我们不希望损害参加极端生理学研究的人的能动性，但仍要问："谁是受益者？"这项研究（至少以一种迂回的方式）帮着建立了有关工作环境的温度、轮班时间长短等方面的健康和安全规范与准则，而在这些方面，有组织的劳动者态度鲜明，他们反对试图将人们推到生产和工作极限的效率机制[54]。在塞罗－德帕斯科或其他地方进行的具体研究是否对原住民受试者的健康或工作生活有直接的积极影响尚不明确。同样，要明确指出这些区域的原住民从高海拔或环极地研究中得到的直接利益是很困难的。特别明显的是，尽管向导和助手在为西方探险家提供技术支持方面付出了很大的努力，但他们的需求却从来得不到满足。例如，即使在 20 世纪 60 年代，西方氧气设备的面罩仍在现场被临时改装，以适应夏尔巴人的"扁鼻子"。也就是说，在氧气设备和夏尔巴人的辅助下进行了 40 年的攀登，却没有一个西方登山队设计出适合夏尔巴人面部特征的面罩[55]。这种忽视远超出了无知的范畴，是完完全全的种族主义。1971 年的国际喜马拉雅探险是为了在珠峰庆祝通过国际合作得到的攀登成果[56]，组织者从美国空军那里拿来两种面罩，分别标上“高加索人”和“东方人”，并假设后者可用于他们的夏尔巴人助手。“东方人”面罩是根据越南人的面部容貌制作的，比以前美国团队用的根据英国皇家空军的面罩改造的传统面罩更不合适夏尔巴人[57]。同样，西方登山者的靴子通常是根据个人的脚定制的，夏尔巴人的却是批量购买的，通常只有一组标准尺寸或基于一些平均测量结果的均码，然后让穿着者到了山上自己去适应。批量订购也不一定每次都顺利，例如，1935 年英国珠穆朗玛峰勘查探险队的负责人休·拉特利奇（Hugh Ruttledge）这样写道：

> 3 月 12 日，我们给脚夫们发了一个工具包，后来发现从坎普尔给他们买的一大批行军靴都太小了，我们都非常震惊。我不知道怎么会发生这种事情，因为莫里斯（Morris）费尽心思地跑去大吉岭量了好几个正宗夏尔巴人和菩提亚人的脚，并将尺寸和描的脚型寄给了坎普尔的库珀·艾伦（Cooper Allen）先生。我不得不……（订购）一百一十双新鞋[58]。

尽管这个问题可能是由鞋匠的错误造成的，但如果组织者不认为所有夏尔巴人的脚都长得差不多，就不会发生这种问题。

极北地区的一些环极地研究变成了公共卫生干预（特别是在阿拉斯加），在北极和高海拔调查中，探险家经常向自己的搬运工和向导提供医疗服务，路过村子的时候帮忙看病更是常见。科勒·勒达尔在研究“爱斯基摩人”时的大部分工作是提供医疗服务，以换取当地人的生理和人体测量数据，并且大多数欧洲喜马拉雅探险队的记录中都明确提到，去往大本营的途中有很多伤病人员需要队医去处理。以医术为手段来“赢得人心”，这在殖民地和后殖民历史上是一种常见的做法，不同的是有的医生推销的是基督教，有的是西医。这种做法在道德方面也存在问题，尤其是在实验或研究与治疗之间的界限不清楚的情况下（或只在对方同意参加研究的条件下提供治疗）。20世纪最常引用的例子是塔斯基吉实验（Tuskegee Study），受试者被告知纯粹的监视性干预（例如腰椎穿刺）实际上是在治疗梅毒。本书中详细讨论的案例都没有这个实验那么恶劣，尽管1953年在昆布冰川使用苯丙胺的事件引起了道德上的问题，但现在所有参与者都已去世，那些问题可能永远都不会有答案。

沉默的目击者

一些极端生理学研究的参与者既不能同意研究结果，也不能从中受益，因为这些跟研究人员合作的是死人。本章开头就讲了皮尤对英国荒野低温遇难者的研究，这个例子展示了利用死者的两种方式，即作为警示故事和作为实验对象。根据可以收集到的死亡情况和原因，死者被作为案例研究的例子和教训。这种用法一般是相当非正式的，甚至是基于传闻的（本书开始就讲过，贝尔收集了大量故事，从而为他的高海拔研究提供了基础）。将死者用于主动实验中，比如皮尤用遇难者的衣服进行实验，是更不寻常的，也许在道德上更为复杂。还有一种中间情况，即从一个处在生死关头的人那里获取数据，这个人随后死亡，此时死亡过程变成了实验。找到沙漠中迷路的人的尸体后，获取的临床测量数据，如直肠温度，可以提供关于极端高温和脱水对人体影响的信息——这实际上是一个“自然实验”，这样的检查在其他地方都不能算是道德的［也有人经历过这样生死攸关的意外，却幸免于难。科学论文中引用过这样一个故事：莫罗·普罗斯佩里（Mauro Prosperi）在 1994 年的撒哈拉沙漠马拉松比赛中迷了路，靠喝自己的尿和吃蝙蝠活了下来］[59]。

当然，致命的实验也曾发生，而且很可能会继续发生。正如上面所讨论的，在 20 世纪中叶，达豪的低温实验的数据仍然常在极端生理学的作品中被引用，尽管通常会附有一个关于不道德的信息来源的免责声明。毕竟，极端生理学的本质是对人体极限的迷恋，无论是在耐受性还是在表现力方面。这种迷恋并不局限于对环境的短期习服或暴露——国际生物学计划的人类适应主题研究专门寻找那些生活在极端环境中的人群，希望他们能够揭示人类生物进化的“极限”——也不局限于对最多样化的人类种族形式的接触。但如果涉及短期适应和急性暴露，那么极端生理学实验的记录会清楚地表明，某些人类受试者确实被逼到了极限：他们昏倒、疲惫、呕吐、发抖，同时体内还有辐射温度计传回他们的体温读数；高温舱实验的结果是，即使受试者没有晕倒。

他们的动作协调性也不是很好。他们站不稳。他们很少注意观测者，时不时挥舞双臂，最终拒绝或无法继续实验……当这些男人的忍耐力接近极限时，经常会变得易怒，大发脾气或情绪化哭泣也很普遍[60]。

为了正确定义人类耐力的极限，不仅要检查那些快到极限而停下来的人，还要检查那些越过极限而死去的人。

通过死尸获取数据时，极端生理学和法医学的界限就变得模糊了。荒野医学的法医学值得（但尚未）在历史中拥有自己的位置，因为人们对“迷失”的探险者的命运有持久的兴趣。到了现代，科学方法一直被用来揭露死亡或事故的“真相”——有时可以驳倒证人的口头证词［比如富兰克林案：指美国洛杉矶“沉睡杀人魔”（Grim Sleeper）连环杀人案，已确认身份的受害者为10~25人，但还有近百位疑似受害者无法确认。凶手卢尼·大卫·富兰克林（Lonnie David Franklin Jr.）被逮捕时的时间距离他首次作案已经过去31年，并且他否认所有指控和证据。警方通过DNA检测先锁定他有案底的儿子，才终于破解了这个谜案。——译者注]，有时又能和证人的证词有机结合（比如把在山上发现尸体的地方圈起来，作为“最后一次目击地点”）。这种研究还融入了一些文物搜寻的文化实践。我们之前讨论过，探险和探险科学的参与者都有强烈的怀旧和传统情结，他们有意地将自己与之前的探险者和探险联系起来，在有限的攀登和穿越极地的路径上，觉得自己走入了昔日的探险故事中。这种做法部分涉及收集既可以是文物又可以是科学“证据”的物品。例如，马洛里的衣服被当作“证据”来证明20世纪20年代的衣服比21世纪的救生服更有用；汉内洛蕾·施马茨的冰镐是“天降神物”，是它促成了珠穆朗玛峰峰顶的首次临床测量。

正如这本书所证明的那样，极端生理学和探险科学的复杂性之一是它们通常是在其他多种实践中或动机下发生的：几乎没有任何探险是“纯粹的”生物医学探险，事实上，体育目标、军事战略、开疆扩土的野心、民族和性别认同的表达，以及其他形式的科学实践（包括寻找雪人），都在影响和重塑生理学研究。法医工作也一样复杂，尤其是在分析失败的或致命的探险时，从死亡中吸取生理学上的教训的必要几乎和追究责任划分的欲望密不可分。在英语的资料中，斯科特的遗迹最受关注。

对南极小屋和遗址的保护允许采用一种“法医考古学”的形式，也就是分析——有时通过坐在扶手椅上看照片来完成——徒步路线、干粮，甚至是住宿安排中出现的心理障碍的迹象。尽管包括雷纳夫·法因斯这样的探险家在内的许多学者以及专家都采取过干预措施，例如通过对20世纪早期的干粮进行营养分析来解释斯科特团队的失败，但他们这样做的动机，一方面是尽可能地为斯科特重新树立英雄的形象；另一方面是为将来的探险学习营养方面的经验教训。这样的分析已经延伸到了对队员的维生素C缺乏症或精神障碍的回顾性诊断，让对这一调查感兴趣的关注者们感到沮丧的是，斯科特的队员们的遗体有的一直没被找到，有的没能回到祖国。奥茨（Oates）和埃文斯的遗体仍然遗失在南极大陆，而鲍尔斯、威尔逊和斯科特的遗体在1912年被发现后就被葬在了雪地里。随着积雪的不断增多和地球物理机制，它们很可能会（或已经）被包裹在积雪层下面很深的冰里，随着冰河运动移动，最终沉到海里。

在极端环境的物化经历中，被气象和地质过程埋葬和移动是常见的结局。尽管高温和温带地区的尸体一般趋于静态干燥或腐烂，但死于雪中的死者，无论是在环极地地区还是在高海拔地区，通常会成为活跃的地质过程中的一部分。一些高海拔地区的尸体几乎作为传统登山路线上的路标而闻名——汉内洛蕾·施马茨的遗体在原地停留了10多年，1988年谢里·奥特纳在重述一则逸事时说："在春天积雪消退后，下山的登山者有的会把空氧气罐留在（施马茨）周围，有的会拍拍她的头求好运。"[61]有一具遗体被称为"绿靴子"［Green Boots，可能是泽旺·帕尔乔（Tsewang Paljor）的］，其主人于1996年登山季遇难，在珠穆朗玛峰北侧待了20多年，旁边的山洞就被取名为"绿靴洞"（Green Boots's Cave），几乎所有走这条路线的登山者都能看到它。从高山上搬走尸体既昂贵又危险，一次人们想把施马茨的遗体移走，结果两名男子为此丧生。但高山能起到移动和掩盖遗体的作用，由于当地的气候和攀登路线的变化，冰川可能会多次埋葬和露出尸体。

这些会移动的尸体可以在科学工作中被当作证据：1991年一项针对在阿尔卑斯山冰川发现的尸体的研究描述了四种"使用"尸体的不同方法[62]。第一，那些命运已不为人知的遇难者的尸体可以证明冰川包裹作用带来的病理和机械作用。第二，对于从冰块中打捞上来的遇难者，可以利用法医学找出其死因，而他们的生前故事无人可知。第三，做尸体研究时能发现古代标本，最著名就是在冰山中保存了大约5000年的"冰人奥茨"（Otzi the Iceman），对这些尸体的研究为人类史前史提供了独特的见解。第四，当知道死亡的时间和地点后，人体还充当了显示冰川冰运动的“示踪物”，让我们能直观地了解到水和冰的复杂动力学系统，并展示全球气候变化和全球变暖的影响。我们之所以能发现极端环境的全球互联性，就是因为1991年的法医论文记录了当年的一次罕见的冰川融化——不是因为全球变暖，而是由于撒哈拉沙漠的沙子异常地大量沉积在提洛尔冰川，增强了冰川对太阳辐射的吸收，从而加快了融化速度。地球上极热、极寒和高海拔地区之间都有着千丝万缕的联系。

来自峰顶的见解：结论

如前几章所述，地球上冷热空间之间的联系可能是人类主观想象的产物，与所有客观的气象、地球物理或地理相似性一样，但它们之间的相互作用意味着这本书关乎全球性的历史。这是必然的结果，也是主观的选择。人们对环境科学史兴趣激增，为我们从国际层面上研究科学实践提供了很好的案例，极端生理学的历史便是其中之一。国际主义对于筹资、准入、后勤和专业知识非常重要；同时这也是一种负担和挑战，有时甚至是一种非常实际的挑战，比如1971年的国际喜马拉雅（珠穆朗玛峰）探险队发现，奥地利制造的冰爪不能正确地安装到德国设计的靴子上[63]。而且，这是男性白种人主导的国际主义。尽管有时纳粹科学（和科学家）能毫无问题地被吸收到极端生理学中，但是事实证明，非西方人和各个种族的妇女都很难（在平等的基础上）参与进来。种族化的假设——无论是认为所有高海拔民族肯定具有共同的生物特征，还是认为澳大利亚原住民对澳大利亚白种人而言没有任何技术或文化习俗上的价值——都明显地影响了西方的研究，甚至可以说是妨碍了研究的进步。于是，这本书开辟了一个新的历史研究领域——关于短期习服和长期适应理论之间的关系，其中大有文章可做。尽管这本书着重于习服，但也涉及进化论（特别是与高海拔有关的）。另外，种族科学也是反复出现的主题（尤其是关于气候寒冷地区的居民在文化上更有优越性的假设）。从国际生物学计划对“原始”民族的利用到民族政治论战中运用高海拔科学，前面的章节都表明了20世纪中叶进化论和全身生理学之间的联系。

本书还谈到了科学史和医学史上的位置和空间问题。显然，认真地把田野科学看作一种独立实践，而不仅仅是作为实验室研究的对比或改编，是可能的，也是富有成效的。野外考察在这里是一种异常多样且复杂的实践：从哲学上讲，在相对受控的银色小屋的人工空间的工作者与一个在海拔3 000米的珠穆朗玛峰“死亡区”哆哆嗦嗦地操作肺泡气采样器的生理学家之间有很大的距离。根据“认知方式”[64]的主流分类，那些看起来属于“自然历史”的实践（比如在南极考察中收集数千条关于衣物和温度的记录），如果没有布里斯托尔大学数据处理室里的高效计算技术人员，就不可能发挥作用（或压根不被使用）。同时，与所有顶尖的大学实验室相比，南极洲的一所小屋可能更加排外，于搭在珠穆朗玛峰一侧的帐篷里可能更难见到非白种人的专业人士。极端生理学的研究场所没有危险的漏洞，但至少可以像传统实验室科学一样有效地排除“不合适的人”（以及“不合适的”研究问题、主题和优先权）。

极端生理学研究空间的排他性是维持在其中工作的人的权威的方法之一。虽然这门学科有它的争议，其中一些争议还很大，一些争议永远不会终止，但没有证据表明，实验室或 20 世纪标志性的生物科学，比不那么时髦的野外生理学这门学科更接近真理。极端生理学实验可能是无法复制的（例如，如果实验方法涉及攀登珠峰），但这似乎从来都没有对其参与者发表权威声明或出版作品造成太大的障碍。事实上，还原数学和气候舱实验模型的反复失败证明了田野工作和探险的优越性，只有通过它们才能反映自然世界和人类身体对变化的环境的真实反应，而且所有设备必须在山上或两极地区使用过以后才能被证明是有用的[65]。当珠峰上的第一个气压读数证明物理学家和他们的数学模型是错的，而生理学家和他们的实地研究是对的的时候，生理学家们才欣慰地吐了一口气，因为他们近一个世纪都在证明现实世界的专业知识优于各种模型。

第四章聚焦于这种专业知识分布不均的情况，讲述了人们如何将本土环境知识和生存技术进行重新发明，进而变为西方知识和技术，或用来证明西方探险家和科学家的优越性。这一章和第三章还表明了经验和科研血统对形成专业知识的重要性。这里面存在着一个循环的过程，即在这个独特的研究领域中获得参与机会的人更有可能在未来获得更多的机会，而且这门学科中有一种强烈的趋势：参与者通过“朝圣”的实践来吸收他人的经验，并声称自己被纳入探险科学的“家谱”，以证明漫长的探险和发现史中也有自己的身影。这一趋势在实践上是分层的——根据多琳达·乌达马（Dorinda Outam）的描述，也许可以追溯到启蒙运动时期——当涉及世界知识时，旅行者的身体（在这个例子中是探险家的身体）就成了“权威核心”；苦难、肉体和精神的勇敢、坚毅、英雄主义都为“客观的”科学探索增添了真实性[66]。［还有排除妇女身体的机制——正如内奥米·奥利斯克斯（Naomi Oreskes）令人信服地指出的那样，一些任务对于女性来说是“纯粹的苦差事”，但对于男性来说就成了“英雄般的壮举”[67]。］极端生理学中涉及的大部分技术都是隐性知识，只通过个人或物质媒介传递，就像设了一道门槛，维护了获得技术的实践者的身份和权威。

本书的另一个重点是物质文化：物品（罐装干肉饼或面罩）被用来换取权威或声望，作为建立关系的一种方式被传递，并被重新发明以掩盖其起源。实物也是极限生理学研究的主要正面成果。研究人员在极端环境中的理论发现对探险（甚至地球）以外的主题都有影响：第五章中讨论的是人类新生儿天生适应高海拔的说法，这就是呼吸科学的主要研究者（例如约瑟夫·巴克罗夫特）将注意力转移到胎儿经济上的原因；关于登山者呼吸困难的研究发现间接使人们了解了新生儿（尤其是早产儿）对氧气的需求，又进一步促成了新的提供氧气的特别护理恒温箱的设计（不过当发现氧气过量可能导致失明时，这些设备被彻底重新设计了）。同样，皮尤等其他极端生理学家的研究成果也造福了体育界，包括从被一场突如其来的大雨困住的业余登山者到关心中海拔赛跑成绩的奥林匹克运动员。人类在珠峰上测量气压之前就已经能在月球上行走了，这一非同寻常的事实在一定程度上要归功于美国国家航空航天局和其他机构应用了基于高山的极端生理学研究。

然而，在其他领域，极端生理学未能得出可广泛应用的明确的结论。很晚人们才发现夏尔巴人的适应性与安第斯人的适应性不一样，因此呼吸生理学的研究受到了严重阻碍，而且对短期冷习服和热习服的确定性的追求也总是令人失望。部分原因是，就像第二章里讲的那样，还原性实验室模型从来都不是科学的优先形式，当研究者对人体的稳态调节有了更全面的理解时，欣喜之余也毫不犹豫地对实验室模型进行了批评。在某些情况下，正如克莱门茨为美国珠峰探险队争论的那样，各个领域的科学家在其研究地点和珠峰一样不寻常的情况下，都会努力证明自己研究发现的普遍性[68]。但更常见的是，当涉及人体的复杂机制时，生理学家就会质疑简化的普遍理论的原则（尽管是拐弯抹角地质疑）。人拉雪橇和狗拉雪橇的热量需求可能相差300%，潮湿会使衣服的保暖性降低85%，个人口味的特殊性和压力心理可能会导致登山者在攀登过程中即使带了足够的干粮也会饿死自己。所以要找出一种适合所有人的高海拔、寒冷或炎热空间习服模型的想法似乎很可笑；在某些情况下，只有人体（而不是模型或模拟）才能"创造出真相"[69]。在某种程度上，由于利害关系的极端性，极南、极北和高山等不寻常的空间被证明是理解人类个性对研究实践和结果的影响的很有价值的研究地点。

这些困难并没有阻止极端生理学家试图找出有普遍适用性的结论：在整个20世纪，人们可能进行了数十次甚至数百次的冷适应研究，尽管几乎每项研究都始于一篇文献综述，表明现有的结果是相互矛盾的，并以强调在有许多混杂因素的情况下很难得出结论的讨论作为结尾。我们在阅读资料时都能看出研究者们的无奈之情溢于字里行间，他们在拼命地寻求一种明确的方法来回答这个看似简单的问题：人类能适应寒冷的环境吗？（艾伦·罗杰斯对英联邦跨南极探险队进行的实验就是一个典型的例子：在确定了看似简单且稳定可靠的研究方法之后，为了处理数据，他等了13年。）疲劳、压力、饮食、心理因素、无法诊断的疾病以及技术的使用都会打乱生理学家的研究计划。此外，生理学家再三面临着让北极和南极的受试者真正受冻的挑战，因为他们可以住在高效御寒的建筑物里，还能穿上（受原住民服装启发的）保暖的衣服，这样他们在进行重体力活动时就会产生新陈代谢反应。确实，一些研究人员开始暗示，这些所谓的极端环境根本不会对人类受试者产生压力[70]。

虽然有这些失败，但我们在创造生存技术方面也实现了一系列相当大的成功。本书着重讲了物质文化，特别是鞋类、雪橇和干粮等日常技术，部分原因是这些技术通常是极端生理学研究唯一（并且立即）能确定的、切实的成果。虽然科学家们对人类适应寒冷的可能性只表示出试探性的谨慎的看法，但至少在私下里，他们对在探险中应该穿什么样式的鞋子显得特别自信，一点儿也不教条主义。尽管着装方面的技术创新并非总是一帆风顺的——对乔治·马洛里的服装的分析表明，在某些情况下，老旧服装的保暖性可能比21世纪的织物保暖性更好——但当极限生理学家将他们的理论、专业知识和实验结果应用于改进和重新设计实物产品时，可以挽救探险者的生命，这一点是有目共睹的。1953年成功登顶珠穆朗玛峰，在很大程度上要归功于自20世纪20年代和30年代以来高山探险氧气技术的巨大进步；在营养平衡、适口性和整体供能方面更好的干粮，确保了很少再有南极探险队会重蹈1911年斯科特极地探险队的覆辙；虽然衣着测量和铜人测试法被证明是测量热舒适度的不可靠的方法，但通过与它们相关的研究，人们还是发现了许多关于寒冷和多风气候下最佳着装的有用信息。从根本上说，羽绒服、防水登山靴和美味的脱水露营食品的发明使每年成千上万的人能够更好地、更安全地享受户外活动。本书呼吁大家重新考虑和拓宽自己对生物勘探的定义，把多种多样的技术以及生存的文化实践都包括进去。这在一定程度上是在努力再现技术的原住民根源，同时强调这些日常科学及其产生的技术在现实世界中的重要性和广泛性。

显然，地球的极端环境和在全球各地进行的生物医学科学研究既为我们提供了一种独特的科学实践形式，也为我们更广泛地理解20世纪的科学提供了非常有用和丰富的资源，前面几章所探讨的许多主题已经证明了这一点。这本书也是一个关于移动和交流的故事：身体（生者的和死者的）、样本、思想和技术在全球范围内传播。它也是一个关于跨学科性的故事：正如法医学和气象学在有关尸体和冰川的论文中产生交会一样，前几页中所讨论的历史研究者也在学科和工作空间之间移动，模糊了它们的边界，尤其是田野与实验室之间的概念性边界。尽管这些故事可能增加了我们对20世纪生物医学科学理解的复杂性，但本书也有简洁的一面：相同的名称、相同的资助机构、相同的地理位置、相同的总体主题和理论在相对受限、内部各门类又重叠交会的极端生理学研究世界中反复出现。逐渐地，过去在这些故事中藏匿于阴影下的人物也开始一个个现身，尤其是妇女、搬运工、统计分析人员和向导——现代生物医学现场工作中隐形的技术人员。这一过程为更广泛的建档意识提供了一个具体案例——许多极端生理学家正是在流行的探险书籍中获得了完整、鲜活的形象，我们在这些书里同样可以看到他们的实验程序的详细信息（当然，女性的名字可能还是不会出现在致谢中）。最后，书中还对生存和实验用的日常物品（手套、干肉饼、帐篷、氧气面罩）进行了讨论，它们都蕴含着讲述现代科学在世界各地的实践方式的精彩非凡的科考故事的潜力。

注 释

第一章

1. G. E. Fogg, *A History of Antarctic Science* (Cambridge: Cambridge University Press, 1992); John B. West, *High Life: A History of High-Altitude Physiology and Medicine* (New York: Published for the American Physiological Society by Oxford University Press, 1998). For Antarctic medicine, see the works of Henry Raymond Guly, "Medical Aspects of the Expeditions of the Heroic Age of Antarctic Exploration (1895 – 1922)" (Ph.D. diss., University of Exeter, 2015); Guly, "Human Biology Investigations during the Heroic Age of Antarctic Exploration (1897 – 1922)," *Polar Record* 50 (2014): 183 – 91; Guly, "Surgery and Anesthesia during the Heroic Age of Antarctic Exploration (1895 – 1922)," *British Medical Journal* 347 (December 17, 2013): f7242; Guly, "Bacteriology during the Expeditions of the Heroic Age of Antarctic Exploration," *Polar Record* 49 (2013): 321 – 27; Guly, "Medical Comforts during the Heroic Age of Antarctic Exploration," *Polar Record* 49 (2013): 110 – 17; Guly, "Snow Blindness and Other Eye Problems during the Heroic Age of Antarctic Exploration," *Wilderness & Environmental Medicine* 23 (2012): 77 – 82; Guly, "Frostbite and Other Cold Injuries in the Heroic Age of Antarctic Exploration," *Wilderness &*

Environmental Medicine 23 (2012): 365 – 70.

2. Simon Schaffer, "The Information Order of Isaac Newton's *Principia Mathematica*" (Hans Rausing Lecture, Uppsala University, Sweden, 2008); Londa Schiebinger, *Plants and Empire: Colonial Bioprospecting in the Atlantic World* (Cambridge, MA: Harvard University Press, 2004); Harold L. Burstyn, "'Big Science' in Victorian Britain: The *Challenger* Expedition (1872 – 76) and Its *Report* (1881 – 95)," in *Understanding the Oceans: A Century of Ocean Exploration*, ed. Margaret Deacong, Tony Rice, and Colin Summerhayes (Boca Raton, FL: CRC Press, 2002), 49 – 55; Dorinda Outram, "On Being Perseus: New Knowledge, Dislocation, and Enlightenment Exploration," in *Geography and Enlightenment*, ed. David N. Livingstone and Charles W. J. Withers (Chicago: University of Chicago Press, 1997), 281 – 94; Richard Sorenson, "The Ship as a Scientific Instrument in the Eighteenth Century," *OSiris* 11 (1996): 221 – 36.

3. Jim Endersby, *Imperial Nature: Joseph Hooker and the Practices of Victorian Science* (Chicago: University of Chicago Press, 2008); Hanna Hodacs, "In the Field: Exploring Nature with Carolus Linnaeus," *Endeavour* 34 (2010): 45 – 49; Hodacs, "Linnaeans Outdoors: The Transformative Role of Studying Nature 'On the Move' and Outside," *British Journal for the History of Science* 44 (2011): 183 – 209.

4. Felix Driver（费利克斯·德赖弗）, *Geography Militant: Cultures of Exploration and Empire*（《地理学斗士：探险与帝国文化》）(Oxford: Oxford University Press, 2001). This interest in exploration is in no way limited to the history of science or medicine. For a good overview of work on just one nation, see（这种探险兴趣绝不仅限于科学史和

医学史领域。有关在一个国家开展的探险研究的全面概述，参见）Dane Kennedy, "British Exploration in the Nineteenth Century: A Historiographical Survey," *History Compass* 5 (2007): 1879 – 1900.

5. Robert Peary's claim is still disputed (as was Frederick Cook's of 1908), although 1909 is widely taken as the date of "conquest" of the North Pole; the first absolutely certain visitor was Wally Herbert in 1969. [罗伯特·皮尔里的主张仍然存在争议(与1908年的弗雷德里克·库克的一样)，尽管人们普遍认为"征服"北极的时间是1909年，但能确认的最先到达的人是沃利·赫伯特，于1969年。]

6. S. Naylor and J. Ryan（西蒙·内勒和詹姆斯·瑞安）, eds., *New Spaces of Exploration: Geographies of Discovery in the Twentieth Century*（《探索新空间：20世纪的发现地理学》）(London: I. B. Tauris, 2009).

7. Shirley V. Scott, "Ingenious and Innocuous? Article IV of the Antarctic Treaty as Imperialism," *Polar Journal* 1 (2011): 51 – 62.

8. Special issue, *Social Studies of Science* 33, no. 5 (October 2003); Jacob Hamlin, *Oceanographers and the Cold War: Disciplines of Marine Science* (Seattle: University of Washington Press, 2005); Helen M. Rozwadowski, *Fathoming the Ocean: The Discovery and Exploration of the Deep Sea* (Cambridge, MA: Harvard University Press, 2005); Keith R. Benson and Helen M. Rozwadowski, eds., *Extremes: Oceanography's Adventures at the Poles* (Sagamore Beach, MA: Science History Publications/USA, 2007); Gary Kroll, *America's Ocean Wilderness: A Cultural History of Twentieth-Century Exploration* (Lawrence: University of Kansas Press, 2008); Simone Turchetti et al., "On Thick

Ice: Scientific Internationalism and Antarctic Affairs, 1957 – 1980," *History and Technology* 24 (2008): 351 – 76; Jeremy Vetter, ed., *Knowing Global Environments: New Historical Perspectives on the Field Sciences* (New Brunswick, NJ: Rutgers University Press, 2011).

9. Fogg（福格）, *History of Antarctic Science*（《南极科学史》）.

10. Philip W. Clements, *Science in an Extreme Environment: The 1963 American Mount Everest Expedition* (Pittsburgh: University of Pittsburgh Press, 2018).

11. Elena Aronova, Karen S. Baker, and Naomi Oreskes, "Big Science and Big Data in Biology: From the International Geophysical Year through the International Biological Program to the Long Term Ecological Research (LTER) Network, 1957 – Present," *Historical Studies in the Natural Sciences* 4 (2010): 183 – 224.

12. Joanna Radin, *Life on Ice: A History of New Uses for Cold Blood* (Chicago: University of Chicago Press, 2017).

13. Andrew Cunningham and Perry Williams, *The Laboratory Revolution in Medicine* (Cambridge: Cambridge University Press, 2002); Graeme Gooday, "Placing or Replacing the Laboratory in the History of Science?" *Isis* 99 (2008): 783 – 95; M. Guggenheim, "Laboratizing and De–Laboratizing the World: Changing Sociological Concepts for Places of Knowledge Production," *History of the Human Sciences* 25 (2012): 99 – 118; Robert E. Kohler, "Lab History: Reflections," *Isis* 99 (2008): 761 – 68; A. Ophir, "The Place of Knowledge: A Methodological Survey," *Science in Context* 4 (1991): 3 – 21.

14. Gooday, "Placing or Replacing."

15. Robert E. Kohler, "Practice and Place in Twentieth–Century Field Biology: A Comment," *Journal of the History of Biology* 45 (2012): 579 – 86; Kohler, "Labscapes: Naturalizing the Lab," *History of Science* 40 (2008): 473 – 501; Kohler, *Landscapes and Labscapes: Exploring the Lab-Field Border in Biology* (Chicago: University of Chicago Press, 2002); Kohler, "Place and Practice in Field Biology," *History of Science* 40 (2002): 189 – 210; Henrika Kuklick, "Personal Equations: Reflections on the History of Fieldwork, with Special Reference to Sociocultural Anthropology," *Isis* 102 (2011): 1 – 33.

16. Stephane Le Gars and David Aubin, "The Elusive Placelessness of the Mont–Blanc Observatory (1893 – 1909): The Social Underpinnings of High–Altitude Observation,"*Science in Context* 22 (2009): 509 – 31; Thomas F. Gieryn, "City as Truth–Spot," *Social Studies of Science* 36 (2006): 5 – 38.

17. Raf De Bont, *Stations in the Field: A History of Place-Based Animal Research*, 1870 – 1930 (Chicago: University of Chicago Press, 2015).

18. Antony Adler, "The Ship as Laboratory: Making Space for Field Science at Sea," *Journal of the History of Biology* 47 (2013): 333 – 62; Sorrenson, "Ship as Instrument."

19. Vanessa Heggie, "Why Isn't Exploration a Science?" *Isis* 105 (2014): 318 – 34.

20. Bruno J. Strasser, "Collecting, Comparing, and Computing Sequences:

The Making of Margaret O. Dayhoff's Atlas of Protein Sequence and Structure, 1954 – 1965," *Journal of the History of Biology* 43 (2009): 623 – 60; Strasser, "Laboratories, Museums, and the Comparative Perspective: Alan A. Boyden's Serological Taxonomy, 1925 – 1962," *Historical Studies in the Natural Sciences* 40 (2010): 533 – 64; Strasser, "The Experimenter's Museum: GenBank, Natural History, and the Moral Economies of Biomedicine," *Isis* 102 (2011): 60 – 96.

21. Schiebinger, *Plants and Empire*.

22. Abena Dove Osseo–Asare, "Bioprospecting and Resistance: Transforming Poisoned Arrows into Strophantin Pills in Colonial Gold Coast, 1885 – 1922," *Social History of Medicine* 21 (2008): 269 – 90; Osseo–Asare, *Bitter Roots: The Search for Healing Plants in Africa* (Chicago: University of Chicago Press, 2014).

23. Hanne E. F. Nielsen, "Hoofprints in Antarctica: Byrd, Media, and the Golden Guernseys," *Polar Journal* 6 (July 2, 2016): 342 – 57.

24. Peder Roberts and Dolly Jørgensen, "Animals as Instruments of Norwegian Imperial Authority in the Interwar Arctic," *Journal for the History of Environment and Society* 1 (2016): 65 – 87.

25. Among the literature on medical geography, of particular relevance to exploration is（在医药地理学的文献中，尤其与探索相关的是）Frank A. Barrett, "'Scurvy' Lind's Medical Geography," *Social Science & Medicine* 33 (1991): 347 – 53.

26. Santiago Aragón, "Le rayonnement international de la Société

zoologique d'acclimatation: Participation de l'Espagne entre 1854 et 1861," *Revue d'histoire des sciences* 58 (2005): 169 – 206.

27. Lisbet Koerner, "Purposes of Linnean Travel: A Preliminary Research Report," in *Visions of Empire: Voyages, Botany and the Representation of Nature*, ed. David Miller and Peter Reill (Cambridge: Cambridge University Press, 1999), 117 – 52. And for the later societies attempting similar things, see Christopher Lever, *They Dined on Eland: The Story of the Acclimatisation Societies* (London: Quiller Press, 1999); K. Anderson, "Science and the Savage: The Linnean Society of New South Wales, 1874 – 1900," *Cultural Geographies* 5 (1998): 125 – 43; and Michael Osborne, "Acclimatizing the World: A History of the Paradigmatic Colonial Science," *Osiris* 15 (2000): 135 – 51.

28. David N. Livingstone, "The Moral Discourse of Climate: Historical Considerations on Race, Place and Virtue," *Journal of Historical Geography* 17 (1991): 413 – 34.

29. Hans Pols, "Notes from Batavia, the Europeans' Graveyard: The Nineteenth-Century Debate on Acclimatization in the Dutch East Indies," *Journal of the History of Medicine and Allied Sciences* 67 (2012): 120 – 48.

30. Warwick Anderson, "Immunities of Empire: Race, Disease, and the New Tropical Medicine, 1900 – 1920," *Bulletin of the History of Medicine* 70 (1996): 94 – 118; Anderson, "Climates of Opinion: Acclimatization in Nineteenth-Century France and England," *Victorian Studies* 35 (1992): 135 – 57; David Arnold, ed., *Warm Climates and Western Medicine: The Emergence of Tropical Medicine*, 1500 – 1900

(Amsterdam: Rodopi, 1996); Mark Harrison, *Climates & Constitutions: Health, Race, Environment and British Imperialism in India*, 1600 – 1850 (Oxford: Oxford University Press, 1999); Harrison, "'The Tender Frame of Man': Disease, Climate and Racial Difference in India and the West Indies, 1760 – 1860," *Bulletin of the History of Medicine* 70 (1996): 68 – 93; Richard Eves, "Unsettling Settler Colonialism: Debates over Climate and Colonization in New Guinea, 1875 – 1914," *Ethnic and Racial Studies* 28 (2005): 304 – 30; Michael Joseph, "Military officers, Tropical Medicine, and Racial Thought in the Formation of the West India Regiments, 1793 – 1802," *Journal of the History of Medicine and Allied Sciences* 72 (2016): 142 – 65; Michael Worboys, "The Emergence of Tropical Medicine: A Study in the Establishment of a Scientific Speciality," in *Perspectives on the Emergence of Scientific Disciplines*, ed. Gerard Lemaine (The Hague: De Gruyter Mouton, 1976), 76 – 98.

31. Livingstone, "Moral Discourse."

32. The picture presented here is Anglocentric; in other European nations, the formation of tropical medicine took slightly different paths, especially when shaped by military rather than civilian medical structures see（这展示了以英格兰为中心的视角；在其他欧洲国家，热带医学的形成方式略有不同，尤其是在军事，而不是民用医疗结构的影响下时，见）Michael Osborne, *The Emergence of Tropical Medicine in France* (Chicago: University of Chicago Press, 2014).

33. Philip D. Curtin, *Death by Migration: Europe's Encounter with the Tropical World in the Nineteenth Century* (Cambridge: Cambridge University Press, 1989).

34. "The school [of tropical medicine] strikes, and strikes effectively, at the root of the principal difficulty of most colonies—disease. It will cheapen government and make it more efficient. It will encourage and cheapen commercial enterprise. It will conciliate and foster the native." ["（热带医学）有效地打击了大多数殖民地苦难的根源——疾病。它将降低政府的成本，提高效率。它将鼓励商业，降低物价。本地人因此能安居乐业。"] Manson, quoted in Michael Worboys, "Tropical Medicine," in *Companion Encyclopaedia of the History of Medicine*, ed. Roy Porter and W. F. Bynum (London: Taylor & Francis, 1993), 512 - 36.

35. Warwick Anderson, "Geography, Race and Nation: Remapping 'Tropical' Australia, 1890 - 1930," *Medical History Supplement* 44, S20 (2000): 146 - 59.

36. The other peak is in the late twentieth century, allied with the rise of "new environmentalism."（另一次高峰与刚新兴起的"新环保主义"一起出现在 20 世纪末。）David N. Livingstone, "Changing Climate, Human Evolution, and the Revival of Environmental Determinism," *Bulletin of the History of Medicine* 86 (2012): 564 - 95.

37. Warwick Anderson, *The Cultivation of Whiteness: Science, Health, and Racial Destiny in Australia* (Durham, NC: Duke University Press, 2006); Anderson, "Where Every Prospect Pleases and Only Man Is Vile: Laboratory Medicine as Colonial Discourse," *Critical Inquiry* 18 (1992): 506 - 29.

38. West, *High Life*. John B. West was responsible for setting up the High Altitude Medicine and Physiology collection within the Mandeville

Special Collections at the library of the University of California, San Diego ("Mandeville" in these notes).

39. James A. Horscroft et al., "Metabolic Basis to Sherpa Altitude Adaptation," *Proceedings of the National Academy of Sciences* 114 (2017): 6382 - 87.

40. Juanma Sánchez Arteaga, "Biological Discourses on Human Races and Scientific Racism in Brazil (1832 - 1911)," *Journal of the History of Biology* 50 (May 2017): 267 - 314; Marcos Cueto, "Laboratory Styles in Argentine Physiology," *Isis* 85 (1994): 228 - 46; Cueto, "Andean Biology in Peru: Scientific Styles on the Periphery," *Isis* 80 (1989): 640 - 58; Jorge Lossio, "Life at High Altitudes: Medical Historical Debates (Andean Region, 1890 - 1960)" (Ph.D. diss., University of Manchester, 2006); Stefan Pohl-Valero, "¿Agresiones de la altura y degeneración fisiológica? La biografía del 'clima' como objeto de investigación científica en Colombia durante el siglo XIX e inicios del XX," in "Historias alternativas de la fisiología en América Latina," número especial, *Revista Ciencias de la Salud* 13 (2015): 65 - 83; Pohl-Valero, "'La raza entra por la boca': Energy, Diet, and Eugenics in Colombia, 1890 - 1940," *Hispanic American Historical Review* 94 (2014): 455 - 86.

41. Morgan Seag, "Women Need Not Apply: Gendered Institutional Change in Antarctica and Outer Space," *Polar Journal* 7 (2017): 319 - 35; Seag, "Equal Opportunities on Ice: Examining Gender and Institutional Change at the British Antarctic Survey, 1975 - 1996" (masters' thesis, University of Cambridge, 2015).

42. University of California, San Diego, Mandeville Special Collections ［hereafter Mandeville］, Pugh Papers (MSS491), box 42, folder 8, Photo cliché nos. 1925 & 1928; on the disputes, see also（相关争议也见于）James Milledge Papers (MSS455), box 1, folder 20, Diary.

43. For a simple briefer on the linguistic conventions, see（关于这几个词的用法惯例的简单介绍，见）"Inuit or Eskimo: Which Name to Use?" at the website of the Alaska Native Language Center, University of Alaska Fairbanks, https://www.uaf.edu/anlc/resources/ inuit–eskimo/ (accessed May 2017). Note that *Eskimo* was removed from US federal legislation (and replaced by "Alaska Native") only in 2016. Annie Zak, "Obama Signs Measure to Get Rid of the Word 'Eskimo' in Federal Laws," *Alaska Dispatch News, May* 24,2016, https://www.adn.com/alaska–news/2016/05/23/obama–signs–measure–to–get–rid–of– the–word –eskimo–in–federal–laws/ (accessed May 2016).

44. Iwan Rhys Morus, "Invisible Technicians, Instrument Makers and Artisans," in *A Companion to the History of Science*, ed. B. Lightman (London: Wiley Blackwell, 2016), 97 – 110; Steven Shapin, "The Invisible Technician," *American Scientist* 77 (1989): 554 – 63.

45. Sherry B. Ortner, *Life and Death on Mt. Everest: Sherpas and Himalayan Mountaineering* (Princeton, NJ: Princeton University Press, 1999);Ortner, "Thick Resistance: Death and the Cultural Construction of Agency in Himalayan Mountaineering," *Representations* 59 (1997): 135 – 62.

46. G. Godin and Roy J. Shephard, "Activity Patterns of the Canadian Eskimo," in *Polar Human Biology: The Proceedings of the SCAR/IUPS/*

IUBS Symposium on Human Biology and Medicine in the Antarctic, ed. O. G. Edholm and E. K. Eric Gunderson (London: Heinemann Medical, 1973), 193 - 215.

47. Animals that live in extreme conditions—not just of heat and cold, but also acidity, alkalinity, etc. ［生活在极端条件下（不仅仅是炎热和寒冷，还有酸性、碱性环境等）的动物。］

48. Vanessa Heggie, "Experimental Physiology, Everest and oxygen: From the Ghastly Kitchens to the Gasping Lung," *British Journal for the History of Science* 46 (2013): 123 - 47.

49. Peder Roberts, "Heroes for the Past and Present: A Century of Remembering Amundsen and Scott," in "Beyond the Limits of Latitude: Reappraising the Race to the South Pole," special issue, *Endeavour* 35 (2011): 142 - 50; Max Jones, "From 'Noble Example' to 'Potty Pioneer': Rethinking Scott of the Antarctic, c. 1945 - 2011," *Polar Journal* 1 (2011): 191 - 206; Jones, *The Last Great Quest: Captain Scott's Antarctic Sacrifice* (Oxford: Oxford University Press, 2003).

第二章

1. Paul Bert, *La pression barométrique: Recherches de physiologie expérimentale* (Paris: G. Masson, 1878), 759 - 63.

2. Bert, *La pression*, 1105.

3. In the pages before the "Everest" summit, Bert had also used the height of "Mexico"and "Mount Blanc" as comparators.（在“珠峰”登

顶前，贝尔也曾用“墨西哥”和“勃朗峰”作为比较物。）

4. Gabriel Auvinet and Monique Briulet, “El Doctor Denis Jourdanet: Su Vida y Su Obra,” *Gaceta médica de México* 140 (2004): 426 - 29.

5. R. H. Kellogg, “‘La Pression Barométrique’: Paul Bert’s Hypoxia Theory and Its Critics,” *Respiration Physiology* 34 (1978): 1 - 28.

6. Philipp Felsch, *Laborlandschaften: Physiologische Alpenreisen im 19. Jahrhundert* (Göttingen: Wallstein, 2007).

7. Andrew Cunningham and Perry Williams, eds., *The Laboratory Revolution in Medicine* (Cambridge: Cambridge University Press, 1992).

8. William Rostène, “Paul Bert: Homme de science, homme politique,” *Journal de la Société de Biologie* 200 (2006): 245 - 50.

9. Marc Dufour, “Sur le mal de montagne,” *Bulletin de la Société médicale de la Suisse Romande* 74 (1874): 72 - 79, 261 - 64.

10. Philipp Felsch, “Mountains of Sublimity, Mountains of Fatigue: Towards a History of Speechlessness in the Alps,” *Science in Context* 22 (2009): 341 - 64; Richard Gillespie, “Industrial Fatigue and the Discipline of physiology,” in *Physiology in the American Context, 1850 - 1940*, ed. Gerald L. Geison (Bethesda, MD: American Physiological Society, 1987), 237 - 62.

11. Anson Rabinbach, *The Human Motor: Energy, Fatigue and the Origins of Modernity* (Berkeley: University of California Press, 1992).

12. Vanessa Heggie, “Introduction: Special Section—Harvard Fatigue Laboratory,” *Journal of the History of Biology* 48 (2015): 361 – 64.

13. Steven M. Horvath and Elizabeth C. Horvath, *The Harvard Fatigue Laboratory: Its History and Contributions*, International Research Monograph Series in Physical Education (Englewood Cliffs, NJ: Prentice-Hall, 1973).

14. Felsch, *Laborlandschaften*.

15. Camillo Di Giulio and John B. West, “Angelo Mosso’s Experiments at Very Low Barometric Pressures,” *High Altitude Medicine & Biology* 14 (2013): 78 – 79.

16. John B. West, *High Life: A History of High-Altitude Physiology and Medicine* (Oxford: Oxford University Press, 1998), 81 – 82.

17. Angelo Mosso, *Life of Man on the High Alps*, trans. E. Lough Kiesow (London: T. Fisher Unwin, 1898), 308 – 9.

18. Deborah R. Coen, “The Storm Lab: Meteorology in the Austrian Alps,” *Science in Context* 22 (2009): 463 – 86; Stephane Le Gars and David Aubin, “The Elusive Placelessness of the Mont-Blanc Observatory (1893 – 1909): The Social Underpinnings of High-Altitude Observation,” *Science in Context* 22 (2009): 509 – 31.

19. David Aubin, “The Hotel that Became an Observatory: Mount Faulhorn as Singularity, Microcosm, and Macro-Tool,” *Science in Context* 22 (2009): 365 – 86.

20. Mosso, *Life of Man*, 267.

21. Felsch, *Laborlandschaften*, 59.

22. Mosso, *Life of Man*, 65.

23. "To my astonishment not one of them spoke of any benefit obtained from inhalations of oxygen. That evening as the guides sat drinking, one of them broke out with the remark that the wine was better than oxygen, and this was repeated by all as a good joke."（"让我吃惊的是，他们中没一个人认为吸氧有什么好处。那天晚上，向导们正坐着喝酒，其中一个突然说，喝酒比吸氧好。大家觉得这是一个很好的笑话，都学着说。"）Mosso, *Life of Man*, 177.

24. Mosso, *Life of Man*, 179.

25. Kellogg, "La Pression Barométrique," 21.

26. See the argument for a circulatory, muscle pressure, and fatigue explanation in（关于循环系统、肌肉压力和疲劳的解释方面的争论见）Clinton T. Dent, "Can Mount Everest Be Ascended?" *Nineteenth Century* 32 (1892): 604 – 13.

27. T. G. Longstaff, *Mountain Sickness and Its Probable Causes* (London: Spottiswoode, 1906); Royal Geographical Society Archives ［hereafter RGS］, EE/98, Minute Books of the Himalayan Committee, and EE/96, Everest Committee Minutes. See also the description of the conflict between George Ingle Finch, a mountaineer who favored oxygen, and Longstaff in George W. Rodway, "Historical Vignette: George Ingle

Finch and the Mount Everest Expedition of 1922: Breaching the 8000–m Barrier," *High Altitude Medicine & Biology* 8 (2007): 68 – 76.

28. Gordon Douglas et al., "Physiological Observations Made on Pike's Peak, Colorado, with Special Reference to Adaptation to Low Barometric Pressures," *Philosophical Transactions of the Royal Society of London, Series B* 203 (1913): 185 – 318, Addendum 310.

29. N. Zuntz et al., *Höhenklima und Bergwanderungen in ihrer Wirkung auf den Menschen* (Berlin: Deutsches Verlagshaus, 1906).

30. Hans-Christian Gunga, *Nathan Zuntz: His Life and Work in the Fields of High Altitude Physiology and Aviation Medicine* (New York: Springer Verlag, 2008).

31. West, *High Life*, 92.

32. West, *High Life*, 93; Joseph Barcroft, "The Effect of Altitude on the Dissociation Curve of Blood," *Journal of Physiology* 42 (1911): 44 – 63.

33. M. P. FitzGerald, "The Changes in the Breathing and the Blood at Various High Altitudes," *Proceedings of the Royal Society of London, Series B* 88 (1913): 351 – 71.

34. Douglas et al., "Physiological Observations," 186.

35. This is exactly the same argument—"normality"—that was mobilized by the leader of the first extended barometric experimental trials in 1944 (described below). ["常态" ，就是于 1944 年第一次尝试扩大气压

舱实验的实验负责人提出的论点（描述见下）］C. S. Houston and R. L. Riley, "Respiratory and Circulatory Changes during Acclimatisation to High Altitude," *American Journal of Physiology* 149 (1947): 565 - 88. See also the repeated use of the phrase "natural laboratory" to describe the polar regions in O. G. Edholm and E. K. Eric Gunderson, eds., *Polar Human Biology: The Proceedings of the SCAR/IUPS/IUBS Symposium on Human Biology and Medicine in the Antarctic* (London: Heinemann Medical, 1973).

36. Douglas et al., "Physiological Observations," 308.

37. John Hunt, *The Ascent of Everest* (London: Hodder & Stoughton, 1953), 276.

38. Vanessa Heggie, "Experimental Physiology, Everest and Oxygen: From the Ghastly Kitchens to the Gasping Lung," *British Journal for the History of Science* 46 (2013): 123 - 47.

39. L. G. C. E. Pugh, "The Effects of Oxygen on Acclimatized Men at High Altitude," *Proceedings of the Royal Society of London, Series B* 143 (1954): 17.

40. West, *High Life*, 169.

41. "Obituary: Alexander Mitchell Kellas, D. Sc. (Lond.), Ph.D. (Heidelberg)," *Geographical Journal* 58 (July 1921): 73 - 75; J. S. Haldane, A. M. Kellas, and E. L. Kennaway, "Experiments on Acclimatisation to Reduced Atmospheric Pressure," *Journal of Physiology* 53 (1919): 181 - 206.

42. Kellas, A. M., “Dr. Kellas’ Expedition to Kamet,” *Geographical Journal* 57 (1921): 124 - 30.

43. T. Howard Somervell, *After Everest: The Experiences of a Mountaineer and Medical Missionary*, 2nd ed. (London: Hodder & Stoughton, 1939), 107.

44. Jeremy Windsor, Roger C. McMorrow, and George W. Rodway, “Oxygen on Everest: The Development of Modern Open-Circuit Systems for Mountaineers,” *Aviation, Space, and Environmental Medicine* 79 (A2008): 799 - 804.

45. These problems were not replicated in the laboratory, as the researchers for the 1953 Everest expedition had to relearn when trying to develop a closed-circuit system in the 1950s. See（这些问题并没有在实验室中重现，当研究 1953 年珠峰探险的人在 20 世纪 50 年代试图开发一个闭路系统时不得不重新进行学习。见）RGS, EE/75, Report by Campbell Secord to the MRC High Altitude Committee, January 8, 1953: “Two of the runs were done at 250 mm. in the IAM chamber, but these were discontinued when it was realised that conditions were less representative of a climber at 28 000′ than sea-level tests (no increase of moisture, mass-flow one third of normal, and pressure drop one-ninth of its high-altitude value).”

46. Hugh Ruttledge, “The Mount Everest Expedition, 1933,” *Geographical Journal* 83 (1934): 2.

47. T. Howard Somervell, “Note on the Composition of Alveolar Air at Extreme Heights,” *Journal of Physiology* 60 (September 4, 1925):

282 – 85; C. B. Warren, "The Medical and Physiological Aspects of the Mount Everest Expeditions," *Geographical Journal* 90 (August 1937): 126 – 43.

48. J. B. Haldane et al., "Physiological Difficulties in the Ascent of Mount Everest: Discussion," *Geographical Journal* 65 (January 1925): 16. Kellas said essentially the same thing in A. M. Kellas, "A Consideration of the Possibility of Ascending the Loftier Himalaya," *Geographical Journal* 49 (January 1917): 26 – 46.

49. R. W. G. Hingston, "Physiological Difficulties in the Ascent of Mount Everest," *Geographical Journal* 65 (1925): 4 – 16.

50. Harriet Pugh Tuckey, *Everest—The First Ascent: The Untold Story of Griffith Pugh, the Man Who Made It Possible* (London: Rider, 2013), 35 – 36.

51. See, for example, E. Simons and O. Oelz, "Mont Blanc with Oxygen: The First Rotters," *High Altitude Medicine & Biology* 2 (2001): 545 – 49.

52. Walt Unsworth, *Everest: The Mountaineering History*, 3rd ed. (London: Bâton Wicks, 2000), 78.

53. Georges Dreyer is sometimes mistakenly rendered as "George," e.g., in Rodway, "Historical Vignette."

54. M. P. FitzGerald and G. Dreyer, *The Unreliability of the Neutral Red Method, as Generally Employed, for the Differentiation of B. typhosus and B. coli, reprinted from Contributions from the University*

Laboratory for Medical Bacteriology □*Copenhagen*□ *to Celebrate the Inauguration of the State Serum Institute* (Copenhagen: O. C. Olsen & Co., 1902).

55. University of California, San Diego, Mandeville Special Collections [hereafter Mandeville], West Papers (MSS444), box 20, folder 12, letter, West to Dr. Scott Russell, February 1, 1988.

56. E. Hohwu Christensen, "Respiratory Control in Acute and Prolonged Hypoxia," *Proceedings of the Royal Society of London, Series B* 143 (1954): 8 - 12.

57. The same point was made by Haldane in 1927: J. S. Haldane, "Acclimatisation to High Altitudes," *Physiological Reviews* V Ⅱ 3 (1927): 363 - 84.

58. Joseph Barcroft et al., "Observations upon the Effect of High Altitude on the Physiological Processes of the Human Body, Carried out in the Peruvian Andes, Chiefly at Cerro de Pasco," *Philosophical Transactions of the Royal Society of London, Series B* 211 (1923): 351 - 480; Joseph Barcroft, "Recent Expedition to the Andes for the Study of the Physiology of High Altitudes (BAAS Section of Physiology)," *Lancet* 200 (1922): 685 - 86.

59. J. S. Milledge, "The Great Oxygen Secretion Controversy," *Lancet* 326 (1985): 1408 - 11.

60. Milledge, "Great Oxygen Secretion Controversy," 1410.

61. Marcos Cueto, "Andean Biology in Peru: Scientific Styles on the Periphery," *Isis* 80 (1989): 644 – 46.

62. Joseph Barcroft, *The Respiratory Function of the Blood, Part I: Lessons from High Altitudes* (Cambridge: Cambridge University Press, 1925), 176.

63. Cueto, "Andean Biology."

64. Ancel Keys, "The Physiology of Life at High Altitudes," *Scientific Monthly* 43 (1936): 289.

65. Keys, "Physiology of Life," 281.

66. Sarah Tracey, "The Physiology of Extremes: Ancel Keys and the International High Altitude Expedition of 1935," *Bulletin of the History of Medicine* 86 (2012): 627 – 60.

67. H. T. Edwards, "Lactic Acid in Rest and Work at High Altitude," *American Journal of Physiology* 116 (1936): note 1, p. 367.

68. This was in no sense an unusual model for exploration funding: the British Arctic expeditions of the early twentieth century sometimes took "paying members" on the promise of an opportunity to hunt polar bears. (这种探险筹资模式并不少见：20 世纪早期的英国北极探险队有时会对"付费成员"承诺有猎杀北极熊的机会。) John Wright, "British Polar Expeditions 1919 – 39," *Polar Record* 26 (1990): 80.

69. L. G. C. E. Pugh, "Haemoglobin Levels in the British Himalayan

Expeditions to Cho Oyu in 1952 and Everest in 1953," *Journal of Physiology* 126 (1954): 38 - 39.

70. John R. Sutton, "A Lifetime of Going Higher: Charles Snead Houston," *Journal of Wilderness Medicine* 3 (1992): 225 - 31.

71. H. W. Tilman, *The Ascent of Nanda Devi* (Cambridge: Cambridge University Press, 1937).

72. Charles S. Hoston, "Operation Everest: A Study of Acclimatization to Anoxia," *US Naval Medical Bulletin* 46 (1946): 1783 - 92.

73. H L. Rxburgh, "Oxygen Equipment for Climbing Mount Everest," *Geographical Journal* 109 (1947): 208. On "flying stress" and tests, see Mark Jackson, "Men and Women under Stress: Neuropsychiatric Models of Resilience During and After the Second World War," in *Stress in Post-War Britain*, 1945 - 85, ed. Mark Jackson (London: Pickering & Chatto, 2015), 111 - 29.

74. Roxburgh, "Oxygen Equipment," 208.

75. The Bourdillons concentrated on trying to develop a closed-circuit oxygen system; closed-circuit technology is more complicated than open-circuit technology, as it involves the "recycling" of exhaled breath. Although a closed-circuit system was tested on Everest in 1953, it was the open-circuit system that remained the most popular, and reliable, oxygen technology on the mountain, and it is the only easily available option for mountaineers in the twenty-first century.（登山家鲍迪伦曾致力于开发一种闭路氧气系统。闭路技术比开路技术更复杂，因为它涉及

呼出气体的“回收”。虽然 1953 年在珠穆朗玛峰测试过闭路系统，但开路技术仍然是山上最受欢迎、最可靠的氧气技术，也是 21 世纪登山者唯一容易获得的技术。）Windsor, McMorrow, and Rodway, “Oxygen on Everest.”

76. RGS, EE/75, draft of *The British Attempt on Everest*, 1953.

77. Houston and Riley, “Respiratory and Circulatory Changes.”

78. Zuntz et al., *Höhenklima und Bergwanderungen*, 38.

79. FitzGerald, “Changes in the Breathing.”

80. L. G. C. E. Pugh, “Resting Ventilation and Alveolar Air on Mount Everest,” *Journal of Physiology* 135 (1957): 604.

81. Pugh, “Resting Ventilation,” 606.

82. Pugh, “Resting Ventilation.”

83. D. B. Dill and D. S. Evans, “Report Barometric Pressure!” *Journal of Applied Physiology* 29 (1970): 914 – 16.

84. Many more measurements had been made on the south Col and by using weather balloons in the region.（在南坳和该地区使用气象气球时进行了更多的测量。）John B. West, “Barometric Pressures on Mt. Everest,” *Journal of Applied Physiology* 86 (1999): 1062 – 66.

85. Pugh, “Resting Ventilation.”

86. Mandeville, West Papers (MSS444), box 42, folder 10, "Plan for a combined mountaineering and scientific expedition to Everest."

87. L. G. C. E. Pugh, "Muscular Exercise on Mount Everest," *Journal of Physiology* 141 (1958): 233 - 61.

88. West, *High Life*, 292.

89. Mandeville, Pugh Papers (MSS491), box 42, folder 10, Himalayan Scientific and Mountaineering Expedition 1960/61, Leader Sir Edmund Hillary, Application for a grant for physiological equipment.

90. Tuckey, *Everest*.

91. Mandeville, Pugh Papers (MSS491), box 42, folder 10, letter, Pugh to Elsner, May 25, 1960.

92. Peter Mulgrew, *No Place for Men* (Auckland: Longman Paul, 1981), 39.

93. L. G. C. E. Pugh, "Science in the Himalaya," *Nature* 191 (1961): 429 - 30.

94. Hillary's yeti team consisted of himself, American zoologist Larry Swan, zoo director Marlin Perkins, another American climber, John Dienhart, *Statesman* journalist Desmond Doil, climbers George Lowe, Peter Mulgrew, and Pat Barcham, and Gill and Nevison.

95. Mulgrew later died in a plane accident in Antarctica, having taken

Ed Hillary's place while Hillary was on a speaking tour in the USA. For an account of Hillary's "cerebral vascular incident," see Mandeville, Milledge Papers (MSS0455), box 1, folder 21, Diary, Sunday, May 7, 1961.

96. For more on the clashes between Hillary and Pugh, see Tuckey, *Everest*. For an overview of the experiments, see L. G. C. E. Pugh, "Physiological and Medical Aspects of the Himalayan Scientific and Mountaineering Expedition," *British Medical Journal* (September 8, 1962): 621 – 27.

97. As a selection: M. B. Gill et al., "Alveolar Gas Composition at 21 000 to 25 700 Ft. (6400 – 7830 M)," *Journal of Physiology* 163 (1962): 373 – 77; M. B. Gill et al., "Falling Efficiency at Sorting Cards during Acclimatisation at 19 000 Ft," *Nature* 203 (1964): 436; M. B. Gill and L. G. C. E. Pugh, "Basal Metabolism and Respiration in Men Living at 5 800 m (19 000 Ft)," *Journal of Applied Physiology* 19 (1964): 949 – 54.

98. J. S. Milledge, "The Silver Hut Expedition, 1960 – 1961," *High Altitude Medicine & Biology* 11 (2010): 93 – 101.

99. Milledge, "Silver Hut Expedition."

100.7 440 m was the height of the bicycle ergometer on Makalu Col; electrocardiograms were also recorded here, while alveolar gas samples were taken at 7 830 m. The majority of the hut's activities took place at 5 800 m.（自行车测功计的实验地点在海拔 7 440 米处的马卡鲁峰坳；心电图也是在这里记录的，而肺泡气体样本采集点是在 7 830 米处，

小屋的大部分活动发生在 5 800 米处。）

101. Mandeville, West Papers (MSS444), box 74, folder 15, letter, Hillary to West, February 23, 1976.

102. Mandeville, West Papers (MSS444), box 10, folder 14, letter, Kellogg to West, January 10, 1981.

103. Although the first woman on the summit of Everest was Japanese, she was followed a few days later by the 1975 Chinese expedition, which had a female deputy leader (Phantog, a Tibetan climber), and undertook at least basic scientific activities on the mountain. [尽管最早登上珠峰的女性是日本人，但几天后，1975 年的中国探险队也跟上了她的脚步，并且探险队中有一位女副队长（藏族登山家潘多），他们还在山上进行了一些基础的科学活动。] Unsworth, *Everest*, appendix 4, 598 - 99 and chap. 15. See also Monica Jackson and Elizabeth Stark, *Tents in the Clouds: The First Women's Himalayan Expedition* (London: Travel Book Club, 1957).

104. See, for example, Nello Pace, L. Bruce Meyer, and Burton E. Vaughan, "Erythrolysis on Return of Altitude Acclimatized Individuals to Sea-Level," *Journal of Applied Physiology* 9 (1956): 141 - 44; Philip W. Clements, *Science in an Extreme Environment: The 1963 American Mount Everest Expedition* (Pittsburgh: University of Pittsburgh Press, 2018).

105. Unsworth, Everest, 461 - 62.

106. P. Cerretelli, "Limiting Factors to Oxygen Transport on Mount

Everest," *Journal of Applied Physiology* 40 (1976): 658 - 67.

107. R. F. Fletcher, "Birmingham Medical Research Expeditionary Society 1977 Expedition: Signs and Symptoms," *Postgraduate Medical Journal* 55 (1979): 461 - 63.

108. West, *High Life*, 328 - 30.

109. John B. West et al., "Pulmonary Gas Exchange on the Summit of Mount Everest," *Journal of Applied Physiology* 55 (1983): 678 - 87.

110. Mandeville, West Papers (MSS444), box 15, folder 32, letter, West to Sheldon Shultz, February 11, 1982.

111. Mandeville,West Papers (MSS444), box 15, folder 32, letter, West to Sheldon Schultz, February 11, 1982, p. 2.

112. Houston and Riley, "Respiratory and Circulatory Changes," 566. West had refuted this suggestion at length in 1962: John B. West, "Diffusing Capacity of the Lung for Carbon Monoxide at High Altitude," *Journal of Applied Physiology* 17 (1962): 421 - 26.

113. Mandeville, West Papers (MSS444), box 8, folder 27, letter, West to Charles S. Houston, September 11, 1987.

114. John R. Sutton et al., "Operation Everest Ⅱ: Oxygen Transport during Exercise at Extreme Simulated Altitude," *Journal of Applied Physiology* 64 (1988): 1309 - 21.

115. Notably, the volunteer subjects were still all male, and all White.（值得注意的是，自愿受试者依然全是男性，并且全是白种人。）Jean-Paul Richalet, “Operation Everest Ⅲ : COMEX ’97,” *High Altitude Medicine & Biology* 11 (2010): 121 – 32.

116. J. M. van der Kaaij et al., “Research on Mount Everest: Exploring Adaptation to Hypoxia to Benefit the Critically Ill Patient,” *Netherlands Journal of Critical Care* 15 (2011): 241.

117. Mandeville, West Papers (MSS444), box 8, folder 4, letter, West to Hackett, December 5, 1988.

118. G. Savourey et al., “Are the Laboratory and Field Conditions Observations of Acute Mountain Sickness Related?” *Aviation, Space, and Environmental Medicine* 68 (1997): 895 – 99.

119. John T. Reeves et al., “Operation Everest Ⅱ : Preservation of Cardiac Function at Extreme Altitude,” *Journal of Applied Physiology* 63 (1987): 531.

120. See, for example, Mandeville, West Papers (MSS444), box 8, folder 27, letter, West to Charles Houston, September 11, 1987.

121. See, for example, the anecdotes, personal stories, detailed images, and technical specifications in T. D. Bourdillon, “The Use of Oxygen Apparatus by Acclimatized Men,” *Proceedings of the Royal Society of London, Series B* 143 (1954): 24 – 32. But compare this account with the vastly more detailed accounts of the Silver Hut expedition in articles written by Ward for a nonscientific journal: Michael Ward, “Himalayan

Scientific Expedition 1960 – 61 (A Himalayan Winter, Rakpa Peak, Ama Dablam, Makalu)," *Alpine Journal* 66 (1961): 343 – 64; and Michael Ward, "The Descent from Makalu, 1961, and Some Medical Aspects of High Altitude Climbing," *Alpine Journal* 68 (1963): 11 – 19.

122. Tuckey, *Everest*, 94. See reports in RGS, EE/90, "Report on Visit to Swiss Foundation for Alpine Research September 22 – 15, 1952"; and John B. West, "Times Past: Failure on Everest: The Oxygen Equipment of the Spring 1952 Swiss Expedition," *High Altitude Medicine & Biology* 4 (2003): 39 – 43.

123. J. E. Cotes, "Ventilatory Capacity at Altitude and Its Relation to Mask Design," *Proceedings of the Royal Society of London, Series B* 143 (1954): 32 – 39.

124. See the letter from Glaxo's advertising department to Hinks, March 23, 1922, in RGS, EE/17/1. Sadly, as Hinks wrote back, "I can . . . tell you privately and not for publication that I heard from the Chief of the Expedition that most of the members did not like it at all."（遗憾的是，欣克斯回信说："我可以……告诉你，但这事不能公开——我从探险队队长那里听说，大多数队员根本不喜欢。"）

125. Mandeville, Hornbein Papers (MSS669), box 31, folder 6, letter, Dyhrenfurth to Mr. Minot Dole, June 9, 1961.

126. "Beyond the satisfaction of contributing to the first American attempt to climb the highest mountain in the world, there is little that can be offered in return for your assistance. It is my hope that we can climb the mountain with oxygen equipment of American design and manufacture

not just because it is 'American,' but also because it is superior to anything available elsewhere."（"这是美国人第一次尝试攀登世界最高峰，十分感谢你们的帮助，对此我们无以回报。我希望我们能够使用美国设计和制造的氧气设备来登山，不仅仅是因为它们是'美国的'，还因为它们就是比其他的好。"）Mandeville, Hornbein Papers (MSS669), box 31, folder 7, letter, Hornbein to Harry L. Daulton, January 2, 1961.

127. Mandeville, Hornbein Papers (MSS669), box 31, folder 7, Report by Hornbein on Development of Oxygen Masks, c. 1961.

128. Mandeville, Hornbein Papers (MSS669), box 31, folder 7, letter, Hornbein to Dyhrenfurth, January 12, 1961.

129. Mandeville, Hornbein Papers (MSS669), box 31, folder 6, letter, Hornbein to Dyhrenfurth, July 30, 1961.

130. Dass Deepak and G. Bhaumik, "The Silver Hut Experiment," *Science Reporter* (November 2012), http://nopr.niscair.res.in/bitstream/123456789/15016/1/SR%2049%2811%29%2056- 57.pdf (accessed June 25, 2014).

131. Bruno Latour, *The Pasteurisation of France*, trans. Alan Sheridan and John Law (Cambridge, MA: Harvard University Press, 1988).

132. Deepak and Bhaumik, "Silver Hut Experiment."

133. John B. West, "Letter from Chowri Kang," *High Altitude Medicine & Biology* 2 (2001): 311 – 13.

134. Similar practices had been undertaken by British Everest teams, using the Alps as a "staging post" for their oxygen equipment, in both the 1930s and 1950s.（20 世纪 30 年代和 50 年代，英国的珠峰登山队也采取了类似的做法，将阿尔卑斯山作为氧气设备的“中转站”。）RGS, EE/54, Report on the Tests with an Oxygen Apparatus in the Alps, c. 1937, and EE/90/12 (various; correspondence with the Swiss).

135. With thanks to the Caudwell Xtreme Everest Expeditions team—particularly Andrew Murray and Mike Grocott—for allowing me to attend a planning meeting.

第三章

1. John B. West, *Everest: The Testing Place* (New York: McGraw-Hill, 1985), 117.

2. John B. West, "American Medical Research Expedition to Everest, 1981," *Himalayan Journal* 39 (1981 – 82): 25.

3. Sherry B. Ortner, *Life and Death on Mt. Everest: Sherpas and Himalayan Mountaineering* (Princeton, NJ: Princeton University Press, 1999), 61; West, *Everest: The Testing Place*, 100; Walt Unsworth, *Everest: The Mountaineering History*, 3rd ed. (London: Bâton Wicks, 2000), 618.

4. The same was true for nonscientist explorers: see the analysis of group formation in John Wright, "British Polar Expeditions 1919 – 39," *Polar Record* 26 (1990): 77 – 84.

5. University of California, San Diego, Mandeville Special Collections [hereafter Mandeville], Hornbein Papers (MSS669), box 33, folder 2, letter, Tom to "Barrel" Bishop, January 8, 1965; Wright, "British Polar Expeditions"; see also Peder Roberts, *The European Antarctic: Science and Strategy in Scandinavia and the British Empire* (New York: Palgrave Macmillan, 2011), particularly chapter 4.

6. Mandeville, Pugh Papers (MSS491), box 8, folder 29, letter, C. L. Levere to Pugh, August 2, 1958.

7. For multiple examples relating to Antarctic medicine and physiology, see Henry Raymond Guly, "Medical Aspects of the Expeditions of the Heroic Age of Antarctic Exploration (1895 - 1922)" (Ph.D. diss., University of Exeter, 2015).

8. John B. West, "George I. Finch and His Pioneering Use of Oxygen for Climbing at Extreme Altitudes," *Journal of Applied Physiology* 94 (2003): 1702 - 13.

9. M. P. FitzGerald and J. S. Haldane, "The Normal Alveolar Carbonic Acid Pressure in Man," *Journal of Physiology* 32 (1905): 486 - 94.

10. John B. West, *High Life: A History of High-Altitude Physiology and Medicine* (New York: Published for the American Physiological Society by Oxford University Press, 1998), 128.

11. West, *High Life*, 131.

12. Nea Morin, *A Woman's Reach: Mountaineering Memoirs* (London:

Eyre & Spottiswoode, 1968), 229 – 30.

13. Frederic Jackson and Hywel Davies, "The Electrocardiogram of the Mountaineer at High Altitude," *British Heart Journal* 22 (1960): 671 – 85.

14. E. S. Williams, "Sleep and Wakefulness at High Altitudes," *British Medical Journal* 1 (January 24, 1959): 197.

15. John V. Pickstone, "Museological Science? The Place of the Analytical/Comparative in Nineteenth-Century Science, Technology and Medicine," *History of Science* 31 (1994): 111 – 38.

16. The organizer of this expedition, Edward S. Williams, wrote several times to Pugh (sending him a research proposal for the expedition) for advice on scientific work at altitude. [这次探险的组织者爱德华·S.威廉姆斯（Edward S. Williams）几次写信给皮尤（给他发送了这次探险的计划），征求他对高海拔科学工作的建议。] Mandeville, Pugh Papers (MSS491), box 10, folder 33.

17. West, *Everest: The Testing Place*, 30. It is a sign that things were changing that West is clear that there needs to be an apology for an all-male team and openly notes, "Some will brand our attitude as ultraconservative or even chauvinistic."

18. Polly G. Nicely and Judith K. Childers, "Mt. Everest Reveals Its Secrets to Medicine and Science: A Report on the 1981 American Medical Research Expedition to Everest," *Journal of the Indiana State Medical Association* 75 (1982): 704 – 8.

19. Nicely and Childers, “Mt. Everest reveals,” 705.

20. M. C. Shelesnyak, “The History of the Arctic Research Laboratory, Point Barrow, Alaska,” *Arctic* 1 (1948): 97 – 106.

21. Mary C. Lobban, “Cambridge Spitsbergen Physiological Expedition, 1953,” *Polar Record* 48 (1954): 151 – 61.

22. Ann M. Savours, “Obituary: Mary C. Lobban,” *Polar Record* 21 (1983): 403.

23. Julie Clayton, *MRC National Institute for Medical Research: A Century of Science for Health* (London: MRC, 2014), 253.

24. Helen E. Ross, “Sleep and Wakefulness in the Arctic under an Irregular Regime,” in *Biometeorology: Proceedings of the Second International Bioclimatological Conference* (1960), ed. S. W. Tromp (Oxford: Pergamon Press, 1962), 394.

25. Beau Riffenburgh, ed., *Encyclopaedia of the Antarctic*, vol. 1 (London: Routledge, 2007), 1094.

26. Colin Bull, “Behind the Scenes: Colin Bull Recalls His 10–Year Quest to Send Women Researchers to Antarctica,” *Antarctic Sun*, November 13, 2009, https://antarcticsun.usap. gov/features/contentHandler.cfm?id=1955 (accessed June 2017). see also the interview with Colin Bull by Brian Shoemaker, conducted as part of the Polar Oral History Programme (2007), at http://hdl.handle.net/1811/28580 (accessed July 2017).

27. Felicity Aston, "Women of the White Continent," *Geographical* 77 (2005): 26 – 30.

28. Jennifer Keys and Henry Guly, "The Medical History of South Georgia," *Polar Record* 45 (2009): 270.

29. Aston, "Women of the White Continent."

30. Ove Wilson, "Human Adaptation to Life in Antarctica," in *Biogeography and Ecology in Antarctica*, ed. Van Mieghem and P. van Oye (The Hague: W. Junk, 1965), 732.

31. Morgan Seag, "Women Need Not Apply: Gendered Institutional Change in Antarctica and Outer Space," *Polar Journal* 7 (2017): 319 – 35.

32. Lowe wrote an autobiographical account of his exploration in the 1950s: *From Everest to the South Pole* (New York: St. Martin's Press, 1961).

33. David Kaiser, *How the Hippies Saved Physics: Science, Counterculture and the Quantum Revival* (London: Norton, 2011).

34. West, *Everest: The Testing Place*, 23.

35. The British Antarctic Survey was still the Falklands Islands Dependencies Survey, and these negotiations were led by its Deputy/Acting Director (1955 – 58), Sir Raymond Priestley. O. G. Edholm, "Medical Research by the British Antarctic Survey," *Polar Record* 12

(1965): 575 – 82.

36. Mandeville, West Papers (MSS444), box 14, folder 7, reply to letter, Kurt Papenfus, Aspen Valley Hospital, to West, April 21, 1993.

37. For a review of revisionist histories, see Max Jones, "From'Noble Example'to 'Potty Pioneer' Rethinking Scott of the Antarctic, c. 1945 – 2011," *Polar Journal* 1 (2011): 191 – 206.

38. Max Jones, *The Last Great Quest: Captain Scott's Antarctic Sacrifice* (Oxford: Oxford University Press, 2004).

39. L. G. Halsey and M. A. Stroud, "100 Years since Scott Reached the Pole: A Century of Learning about the Physiological Demands of Antarctica," *Physiological Reviews* 92 (2012): 521 – 36.

40. M. A. Stroud, "Nutrition and Energy Balance on the 'Footsteps of Scott' Expedition 1984 – 86," *Human Nutrition: Applied Nutrition* 41 (1987): 426 – 33.

41. Sally Simth Hughes, "Interview Transcript: Will Siri," Bancroft Library, University of California, Berkeley, 1980, 70, http://digitalassets.lib.berkeley.edu/rohoia/ucb/text/nuclearmedicine00lawrrich.pdf (accessed May 2015).

42. Henry Raymond Guly, "Human Biology Investigations during the Heroic Age of Antarctic Exploration (1897 – 1922)," *Polar Record* 50 (2014): 183 – 91.

43. “Nello Pace Biographical Material,” White Mountain Research Center, UCLA Institute of the Environment and Sustainability, http://www.wmrc.edu/gifts/pace-bio .html (accessed March 2016).

44. Much of the information in this section has been taken from previously collected oral histories（本节的大部分信息都来自口述历史）。Anna Berge and Nello Pace, “Human Radiation Studies: Remembering the Early Years—Oral History of Physiologist Nello Pace Ph.D.,” United States Department of Energy—Office of Human Radiation Experiments— DOE/EH–0476, June 1995, www.iaea.org/inis/collection/NCLCollectionStore/_Public/27/ 059/27059281.pdf (accessed December 2017); Simth Hughes, “Interview Transcript: Will Siri.”

45. Mandeville, Pugh Papers (MSS491), box 39, folder 12, letter, Pugh to Professor Brown, April 1955.

46. Mandeville, Pugh Papers (MSS491), box 39, folder 12, letter, E. H. Eckelmeyer to Edholm, April 17, 1957.

47. Siri, William E., and Ann Lage, *William E. Siri: Reflections on the Sierra Club, the Environment and Mountaineering*, 1950s - 1970s, Sierra Club History Series (Berkeley: Regional Oral History Office, The Bancroft Library, University of California, 1979), 252.

48. Simth Hughes, “Interview Transcript: Will Siri,” 252.

49. Simth Hughes, “Interview Transcript: Will Siri,” 71.

50. Mandeville, Pugh Papers (MSS491), box 39, folder 12, letter, Pugh to

Pace, July 3, 1957.

51. Mandeville, Pugh Papers (MSS491), box 39, various.

52. "The participation of Dr Pugh on this project is regarded as being in the interest of international cooperation and would undoubtedly result in significant contributions to our knowledge of the effects of polar environments on man."（"皮尤博士参加这个项目，有益于国际间合作，并必将为了解极地环境对人类的影响做出重大贡献。"）Mandeville, Pugh Papers (MSS491), box 39, folder 12, letter, E. H. Eckelmeyer to Edholm, April 17, 1957.

53. Mandeville, Pugh Papers (MSS491), box 39, folder 14, letter, Pugh to Halve Carlson, April 11, 1957.

54. "Jim Adam" is Major James Adam of the Royal Army Medical Corps. Mandeville, Pugh Papers (MSS491), box 39, folder 14, letter, Pugh to Halve Carlson, April 11, 1957.

55. British readers of a certain age may recognize Dr. Wolff as the judge and later presenter of the competitive engineering game show *The Great Egg Race* (1979 - 86). Clayton, *MRC National Institute*, 294.

56. Lowe, *From Everest*, 161.

57. Scott Polar Research Institute ［hereafter SPRI］, Vivian Fuchs Papers (GB 15), ms1536/2, "On Being 'Imped.'"

58. SPRI, Vivian Fuchs Papers (GB 15), ms1536/2, "On Being 'Imped.'"

59. SPRI, Vivian Fuchs Papers (GB 15), ms1536/2, "On Being 'Imped.'"

60. SPRI, Vivian Fuchs Papers (GB 15), ms1536/2, diary, January 28, 1959.

61. Mandeville, Pugh Papers (MSS491), box 3, folder 8; A. F. Rogers and R. J. Sutherland, *Antarctic Climate, Clothing and Acclimatization: Final Scientific Report* (Bristol: Bristol University Department of Physiology, 1971), section IV.7.

62. Mandeville, Pugh Papers (MSS491), box 3, folder 8. diary: January 4, 1958.

63. Rogers and Sutherland, *Antarctic Climate*, section P. Ⅱ .3.

64. A. B. Blackburn, "Medical Research at Plateau Station," *Antarctic Journal of the United States* 3 (December 1968): 237 - 39.

65. Mandeville, Pugh Papers (MSS491), box 39, folder 12, International Physiological Expedition to Antarctica.

66. Blackburn, "Medical Research"; R. I. Adam and W. R. Stanmeyer, "Effects of Prolonged Antarctic Isolation on Oral and Intestinal Bacteria," *Oral Surgery, Oral Medicine, Oral Pathology* 13 (1960): 117 - 20.

67. Mandeville, Pugh Papers (MSS491), box 39, folder 12, transcript of a program "Man below Zero," broadcast Sunday, June 29, 1958, on KNX LA and KCBS San Francisco.

68. Mandeville, Pugh Papers (MSS491), box 3, folder 8, diary, February 19, 1958. Rather tellingly, the entry for February 19 about killing and analyzing seals is followed on February 22 by an entry "Looked up seals in volume of Ency. Brit to find no mention of their blood." This may be what inspired Pugh to set up his own study.（更能说明问题的是，皮尤在2月19日写下关于捕杀和分析海豹的记录之后，2月22日又写下了“在大英百科全书中查找海豹，没有找到关于海豹血液的条目”。这可能是促使皮尤开始自己的研究的原因。）

69. T. Howard Somervell, "Note on the Composition of Alveolar Air at Extreme Heights," *Journal of Physiology* 60 (1925): 282 – 85.

70. Raymond Greene, "Observations on the Composition of Alveolar Air on Everest, 1933," *Journal of Physiology* 82 (1934): 481 – 85.

71. L. G. C. E. Pugh, "Muscular Exercise on Mount Everest," in *High Altitude Physiology: Benchmark Papers in Human Physiology*, ed. John B. West (Stroudsburg, PA: Hutchinson Ross, 1981), 79 – 81.

72. West, *Everest: The Testing Place*, 117.

73. West, *Everest: The Testing Place*, 118.

74. D. S. Matthews et al., "Some Effects of High-Altitude Climbing; Investigations Made on Climbers of the British Kangchenjunga Reconnaissance Expedition, 1954," *British Medical Journal* 1 (March 26, 1955): 769.

75. Operation Snuffles was part of the US Operation Deepfreeze IV and

included a “British observer” on the icebreaker USS *Staten Island*: Raymond Priestley, himself an Antarctic explorer and scientist and then the director of the British Antarctic Survey. （“鼻塞行动”是美国“深度冷冻4号行动”的一部分，“史坦顿岛”号破冰船上还有一名“英国观察员”——雷蒙德·普里斯特利。他本人是一名南极探险家和科学家，后来担任了英国南极考察队的负责人。）“Biological and Medical Research Based on USS *Staten Island*, Antarctica, 1958 - 59,” *Polar Record* 10 (1960): 146 - 48.

76. “Biological and Medical Research,” 146 - 47.

77. O. G. Edholm and E. K. Eric Gunderson, eds., *Polar Human Biology: The Proceedings of the SCAR/IUPS/IUBS Symposium on Human Biology and Medicine in the Antarctic* (London: Heinemann Medical, 1973).

78. R. M. Lloyd, “Ketonuria in the Antarctic: A Detailed Study,” *British Antarctic Survey Bulletin* 20 (1969): 59 - 68.

79. D. L. Easty, A. Antonis, and I. Bersohn. “Adipose Fat Composition in Young Men in Antarctica,” *British Antarctic Survey Bulletin* 13 (1967): 41 - 45.

80. Mandeville, Pugh Papers (MSS491), box 1, folder 3, report of a meeting of the scientific staff, December 10, 1957. This MRC meeting was held in the absence of Pugh, who was still in the Antarctic.

81. Rogers and Sutherland, *Antarctic Climate*, methods sections.

82. Rogers and Sutherland, *Antarctic Climate.*

83. Rogers and Sutherland, *Antarctic Climate*, 1.

84. The literature here is huge, but See, for example, A. G. Davis, "Seasonal Changes in Body Weight and Skinfold Thickness," *British Antarctic Survey Bulletin* 19 (1969): 75 – 81; I. F. G. Hampton, "Local Acclimatisation of the Hands to Prolonged Cold Exposure in the Antarctic," *British Antarctic Survey Bulletin* 19 (1969): 9 – 56; J. N. Norman, "Cold Exposure and Patterns of Activity at a Polar Station," *British Antarctic Survey Bulletin* 6 (1965): 1 – 13.

85. Early in the century some explorers had gone so far as to suggest that White bodies might actually have an advantage in the polar regions: the American Arctic explorer Robert Peary claimed that for winter expeditions he preferentially recruited blondes, believing them to be more resistant to the "absence of the actinic or the physiological affects of the sun's rays."（在 20 世纪初，一些探险家甚至认为，白种人的身体在极地地区可能确实有优势。美国北极探险家罗伯特·皮尔里声称，他在冬季探险时更倾向于招募金色头发的队员，认为他们更能抵御“缺乏日光的光化或生理影响”。）Robert E. Peary, *Secrets of Polar Travel* (New York: Century Co., 1917; reprint, Elibrion Classics, 2007), 52.

86. G. M. Brown et al., "The Circulation in Cold Acclimatization," *Circulation* 9 (1954): 813 – 22.

87. Edholm and Gunderson, *Polar Human Biology.*

88. For a closer look at the internal politics of expeditions, particularly the relationship between Pugh and Hillary, see Harriet Tuckey, *Everest—The First Ascent: The Untold Story of Griffith Pugh, the Man Who Made It Possible* (London: Rider, 2013).

89. There is an extremely comprehensive review of studies in E. K. Eric Gunderson, ed., *Human Adaptability to Antarctic Conditions*, Antarctic Research Series, vol. 22 (Washington, DC: American Geophysical Union, 1974).

90. Vivian Fuchs, foreword to *Man in the Antarctic: The Scientific Work of the International Biomedical Expedition to the Antarctic (IBEA)*, by Jean Rivolier (London: Taylor & Francis, 1988), xvi.

91. Rivolier, *Man in the Antarctic*, 3.

92. Rivolier, *Man in the Antarctic*, 150.

93. Rivolier, *Man in the Antarctic*, 12.

94. Anthony J. W. Taylor and Iain A. McCormick, "Human Experimentation during the International Biomedical Expedition to the Antarctic (IBEA)," *Journal of Human Stress* 11 (1985): 162.

95. Rivolier, *Man in the Antarctic*, 81 - 82.

96. L. A. Palinkas and D. Browner, "Stress, Coping and Depression in US Antarctic Program Personnel," *Antarctic Journal of the United States* 26 (1991): 240 - 41.

97. Siri and Lage, *William E. Siri*, 249.

98. Philip W. Clements, *Science in an Extreme Environment: The 1963 American Mount Everest Expedition* (Pittsburgh: University of Pittsburgh Press, 2018); see also the extensive report by James T. Lester, *Behavioral Research during the 1963 American Mount Everest Expedition* (Final Report September 1964), www.dtic.mil/dtic/tr/fulltext/u2 /607336.pdf (accessed June 2018).

99. University of Adelaide Rare Books & Special Collections [hereafter Adelaide], W. V. Macfarlane Papers 1947 - 1985 (MS0006), F2/37, letter, Dr. P. G. Law, March 11, 1980.

100. Mandeville, Pugh Papers (MSS491), box 3, folder 8, diary, January 5, 1958.

101. Lowe, *From Everest*, 155.

102. See, for example, debates over airing "dirty linen" in Mandeville, Hornbein Papers (MSS669), box 32, folder 5, letter, Norman [Dyhrenfurth] to Tom H., November 11, 1963.

103. SPRI, Vivian Fuchs Papers (GB 15), ms1536/2, diary, April 24 - 25, 1957.

104. SPRI, Vivian Fuchs Papers (GB 15), ms1536/2, diary, April 24 - 25, 1957.

105. E. F. Adolph, ed., *Physiology of Man in the Desert* (New York:

Interscience Publishers, 1947).

106. Lowe, *From Everest*, 35.

107. Wilfred Noyce, *South Col: The Personal Account of One Man's Adventures on Everest* (London: Reprint Society, 1955), 125; John Hunt, *The Ascent of Everest* (London: Hodder & Stoughton, 1953), 115.

108. Lowe. *From Everest*, 36.

109. Noyce, *South Col*, 87.

110. Cf. this quote in relation to one of Chris Bonington's expeditions of the early 1970s: "The frequency of the Face expeditions was such that each camp site was littered with the bric- ά -brac of previous expeditions—tent frames and platforms (often damaged), oxygen cylinders, spare rope: all the mountain excreta of our modern consumer technology."［这句话与克里斯・博宁顿（Chris Boninton）于 20 世纪 70 年代初的一次探险有关："山的这一面得到了探险队的频繁光顾，以至于每一个营地都留有之前探险队的杂物——帐篷架和平台（通常是坏的）、氧气瓶、备用绳索，所有这些都是现代消费科技的登山废品。"］Unsworth, *Everest*, 438.

111. Edmund Hillary and Desmond Doig, *High in the Thin Cold Air* (London: Hodder & Stoughton, 1963), 29.

112. Ortner, *Life and Death*.

113. P. J. Capelotti,"Extreme Archaeological Sites and Their Tourism: A

Conceptual Model from Historic American Polar Expeditions in Svalbard, Franz Josef Land and Northeast Greenland," *Polar Journal* 2 (2012): 236 - 55.

114. Noel Barber, *The White Desert* (London: Hodder & Stoughton, 1958), 107.

115. Christy Collis, "Walking in Your Footsteps: 'Footsteps of the Explorers' Expeditions and the Contest for Australian Desert Space," in *New Spaces of Exploration: Geographies of Discovery in the Twentieth Century*, ed. S. Naylor and J. R. Ryan (London: I. B. Tauris & Co., 2009), 222 - 40.

116. Personal communication, explorer X (anonymized), June 2011.

117. Simth Hughes, "Interview Transcript: Will Siri," 72.

118. L. G. C. E. Pugh, "Carbon Monoxide Content of the Blood and Other Observations on Weddell Seals," *Nature* 183 (1959): 74 - 76; Pugh, "Carbon Monoxide Hazard in Antarctica," *British Medical Journal* 1 (January 24, 1959): 192 - 96.

119. Innes M. Keighren, "A Scot of the Antarctic: The Reception and Commemoration of William Speirs Bruce" (master's thesis, University of Edinburgh, 2003), 48 - 49. See also Beau Riffenburgh, *The Myth of the Explorer: The Press, Sensationalism and Geographical Discovery* (London: Belhaven Press, 1993).

第四章

1. From Bowers's reckoning of the sledge weights for the first winter journey: Apsley Cherry-Garrard, *The Worst Journey in the World 1910–13*, vol. 1 (London: Constable and Co., 1922), 230 – 31.

2. Henry Raymond Guly, "Bacteriology during the Expeditions of the Heroic Age of Antarctic Exploration," *Polar Record* 49 (2013): 321 – 27, table 1.

3. A. B. Blackburn, "Medical Research at Plateau Station," *Antarctic Journal of the United States* Ⅲ (1968): 237. On the overlap of kit, see Mike Parsons and Mary B. Rose, *Invisible on Everest: Innovation and the Gear Makers* (London: Old City Publishing, 2002).

4. Royal Geographical Society Archives [hereafter RGS], EE/16/1/6, letter, Simpson to Hinks, February 1, 1921.

5. B. Charnley, "Arguing over Adulteration: The Success of the Analytical Sanitary Commission," *Endeavour* 32 (2008): 129 – 33; S. D. Simth, "Coffee, Microscopy, and the *Lancet's* Analytical Sanitary Commission," *Social History of Medicine* 14 (2001): 171 – 97.

6. Arthur J. Ray, "The Northern Great Plains: Pantry of the Northwestern Fur Trade, 1774 – 1885," *Prairie Forum* 9 (1984): 270 – 71.

7. For a broader environmental history take on pemmican's role in North America, see George Colpitts, *Pemmican Empire: Food, Trade, and the Last Bison Hunts in the North American Plains, 1780–1882* (Cambridge:

Cambridge University Press, 2015).

8. Vanessa Heggie, "Rationalised and Rationed: Food and Health," in *Cultural History of Medicine: Age of Empire, 1800–1920*, ed. J. Reinarz (London: Bloomsbury, forthcoming).

9. For a non-European example, see Gail Borden, *The Meat Biscuit: Invented, Patented, and Manufactured* (New York, 1853).

10. F. Galton, *The Art of Travel*, 1st ed. (London: John Murray, 1855), 49 - 50.

11. Robert E. Peary, *Secrets of Polar Travel* (New York: Century Co., 1917; reprint, Elibrion Classics, 2007), 83.

12. Vivian Fuchs, "Sledging Rations of the Falkland Islands Dependencies Survey, 1948 - 50," *Polar Record* 6 (1952): 511.

13. University of California, San Diego, Mandeville Special Collections [hereafter Mandeville], Pugh Papers (MSS491), box 10, folder 9, "The South Georgia Survey 1953 - 4, VⅢ sledging rations," n.d.

14. Londa Schiebinger, *Plants and Empire: Colonial Bioprospecting in the Atlantic World* (Cambridge, MA: Harvard University Press, 2004); Abena Dove Osseo-Asare, "Bioprospecting and Resistance: Transforming Poisoned Arrows into Strophantin Pills in Colonial Gold Coast, 1885 - 1922," *Social History of Medicine* 21 (2008): 269 - 90.

15. Raf De Bont, "'Primitives' and Protected Areas: International

Conservation and the 'Naturalization' of Indigenous People, ca. 1910 – 1975," *Journal of the History of Ideas* 76 (2015): 215 – 36.

16. Shane Greene, "Indigenous People Incorporated? Culture as Politics, Culture as Property in Pharmaceutical Bioprospecting," *Current Anthropology* 45 (2004): 211 – 37; John Merson, "Bio-Prospecting or Bio-Piracy: Intellectual Property Rights and Biodiversity in a Colonial and Postcolonial Context," *Osiris* 15 (2000): 282 – 96.

17. J. T. Kenny, "Claiming the High Ground: Theories of Imperial Authority and the British Hill Stations in India," *Political Geography* 16 (1997): 655 – 73.

18. Matthew Farish, "The Lab and the Land: Overcoming the Arctic in Cold War Alaska," *Isis* 104 (2013): 1 – 29.

19. Michael Ward, "The Height of Mount Everest," *Alpine Journal* 100 (1995): 30 – 33.

20. Kapil Raj, *Relocating Modern Science. Circulation and the Construction of Knowledge in South Asia and Europe, 1650–1900* (London: Routledge, 2007).

21. Pundits, sometimes rendered as "pandits," were particularly used to gain access to territories that were closed to British explorers or hostile to the idea of a British survey and surveillance.（印度学者，又被戏称为“熊猫学者”，常能进入那些禁止英国探险者进入，或反对英国调查和监视的地区。）Kapil Raj, "When Human Travellers Become Instruments," in *Instruments, Travel and Science*, ed. Marie Noëlle

Bourguet, Christian Licoppe, and H. Otto Sibum (London: Routledge, 2002), 156 - 88.

22. T. G. Longstaff, "A Mountaineering Expedition to the Himalaya of Garhwal," *Geographical Journal* 31 (1908): 364.

23. "As an instance of the value of local native evidence, I may mention that Mr. J. S. Ward, of the Rifle Brigade, told me that less than three months later our route was pointed out to him as lying over the spurs to the west of Dunagiri, along a shepherd's summer track." ["我可以举一个证明当地人富有经验的例子，步枪队的 J. S. 沃德（J. S. Ward）先生告诉我，不到三个月就有人指出，我们的路在杜纳吉里山的山嘴的西边，紧挨着牧羊人的夏季小道。"] Longstaff, "Mountaineering Expedition," 367.

24. Clements R. Markham, *The Lands of Silence* (Cambridge: Cambridge University press, 1921), 214.

25. Longstaff, "Mountaineering Expedition," 364.

26. H. T. Morshead, "Report on the Expedition to Kamet, 1920," *Geographical Journal* 57 (1921): 219.

27. George W. Rodway, "Prelude to Everest: Alexander M. Kellas and the 1920 High Altitude Scientific Expedition to Kamet," *High Altitude Medicine & Biology* 5 (2004): 364 - 79; Mandeville, West Papers (MSS444), box 70, folder 18, offprint of Paul Geissler, "Alexander M Kellas," *Deutsche Alpenzeitung* 30 (1935): 103 - 10.

28. A. M. Kellas, "Dr. Kellas' Expedition to Kamet," *Geographical Journal* 57 (1921): 128.

29. Mandeville, West Papers (MSS444), box 70, folder 18, offprint of Paul Geissler, "Alexander M Kellas," *Deutsche Alpenzeitung* 30 (1935): 103 - 10.

30. "The flat noses of the Sherpas presented difficulty and a little padding was required in some cases."（"夏尔巴人的扁鼻子不能贴合面罩，有时候里面必须塞些垫料。"）Mandeville, Hornbein Papers (MSS669), box 31, folder 7, letter, John Cotes to Hornbein, January 11, 1962.

31. For example, see the frustration of Bourdillon that the Sherpa can "only" use closed-circuit oxygen "under supervision"（例如，鲍迪伦就因为夏尔巴人"只会"在指导下使用闭路氧气系统而感到气馁。）: T. D. Bourdillon, "The Use of Oxygen Apparatus by Acclimatized Men," *Proceedings of the Royal Society of London, Series B* 143 (1954): 31.

32. The IBP continued to use the blanket term "Eskimo" through the 1970s.（在整个20世纪70年代，国际生物学计划都一直用"Eskimo"这个统称。）

33. Sarah Pickman, "Dress, Image, and Cultural Encounter in the Heroic Age of Polar Exploration," in *Expedition: Fashion from the Extreme* (New York: Thames & Hudson, 2017), 32. See also Ellen Boucher, "Arctic Mysteries and Imperial Ambitions: The Hunt for Sir John Franklin and the Victorian Culture of Survival," *Journal of Modern History* 90 (2018): 40 - 75.

34. Michael F. Robinson, *The Coldest Crucible: Arctic Exploration and American Culture* (Chicago: University of Chicago Press, 2006), 69; Efram Sera-Shriar, "Arctic Observers: Richard King, Monogenism and the Historicisation of Inuit through Travel Narratives." *Studies in History and Philosophy of Science Part C* 51 (2015): 23 - 31.

35. Robinson, *Coldest Crucible.*

36. Robinson, *Coldest Crucible*, chap. 3, "An Arctic Divided: Isaac Hayes and Charles Hall."

37. See, for example, the many references in Peary, *Secrets of Polar Travel.*

38. Janice Cavell, "Going Native in the North: Reconsidering British Attitudes during the Franklin Search, 1848 - 1859," *Polar Record* 45 (2009): 26.

39. Raymond Priestley, "Twentieth-Century Man against Antarctica," *Nature* 178 (September 1, 1956): 468.

40. Vilhjalmur Stefansson, *My Life with the Eskimo* (New York: Macmillan, 1912); Stefansson, *The Friendly Arctic: The Story of Five Years in Polar Regions* (New York: Macmillan, 1922).

41. Vilhjalmur Stefansson and US War Department, *Arctic Manual* (Washington, DC: Government Printing Office, 1940), 398.

42. Stefansson, *Arctic Manual*, 437.

43. John Wright, "British Polar Expeditions 1919 - 39," *Polar Record* 26 (1990): 80.

44. Simon Schaffer, "The Asiatic Enlightenment of British Astronomy," in *The Brokered World: Go-Betweens and Global Intelligence*, 1770 - 1820, ed. S. Schaffer et al. (Sagamore Beach, MA: Watson Publishing, 2009), 49 - 104.

45. Alan C. Burton and Otto G. Edholm, *Man in a Cold Environment: Physiological and Pathological Effects of Exposure to Low Temperatures* (London: Edward Arnold, 1955), XI. For an example with specific relevance to extreme physiology, air regulators retrieved from downed German aircraft during the Battle of Britain were provided to American researchers at the Aero Medical Laboratory at Wright Field in 1941. These examples were directly used as the basis for a new model of regulator (the A-12) issued to American airmen early in 1944.［举一个与极端生理学相关的具体例子。1941 年，美国赖特机场航空医学实验室的研究人员得到了在英国战役中被击落的德军飞机上的空气调节器，他们在此基础上进行改装后制造出新的空气调节器（A-12），在 1944 年初发给了美国飞行员。］Douglas H. Robinson, *The Dangerous Sky: A History of Aviation Medicine* (Henley-on-Thames: Foulis, 1973), 171.

46. K. Anderson, "Science and the Savage: The Linnean Society of New South Wales, 1874 - 1900," *Cultural Geographies* 5 (1998): 133.

47. David Landy, "Pibloktoq (Hysteria) and Inuit Nutrition: Possible Implication of Hypervitaminosis A," *Social Science & Medicine* 21 (1985): 176.

48. Jenny Mai Handford, "Dog Sledging in the Eighteenth Century: North America and Siberia," *Polar Record* 34 (1998): 238 - 39.

49. There are Western exceptions, although the fact that "indigenous innovation" had to be explicitly argued *for* in 1969 is telling: Milton M. R. Freeman, "Adaptive Innovation among Recent Eskimo Immigrants in the Eastern Arctic Canada," *Polar Record* 14 (1969): 769 - 81.

50. Graham Rowley, "Snow-House Building," *Polar Record* 2 (1938): 109.

51. R. DeC. W., "The Snow Huts of the Eskimo," *Bulletin of the American Geographical Society* 37 (1905): 674.

52. Louis Malavielle, "Vacances en igloo sur le Mont-Blanc," *La Montaigne* vii (May 1939): 141 - 51.

53. "Igloos in the Alps," *Polar Record* 3 (1942): 512 - 16.

54. "Igloos in the Alps," 512.

55. René Dittert, Gabriel Chevalley, and Raymond Lambert, *Forerunners to Everest*, trans. Malcolm Barnes (London: Hamilton & Co., 1956), 98.

56. Clements R. Markham, *The Lands of Silence* (Cambridge: Cambridge University Press, 1921), 341.

57. Douglas Mawson, *Home of the Blizzard* (London: St. Martin's Press, 1999), chap. 20.

58. Mawson, *Home of the Blizzard*, chap. 20.

59. Ursula Rack, "Felix König and the European Science Community across Enemy Lines during the First World War," *Polar Journal* 4 (2014): 90.

60. William E. Siri and Ann Lage, *William E. Siri: Reflections on the Sierra Club: The Environment and Mountaineering, 1950s–1970s*, Sierra Club History Series (Berkeley: Regional Oral History Office, Bancroft Library, University of California, 1979), 253.

61. Siri and Lage, *William E. Siri*, 253.

62. George Lowe, *From Everest to the South Pole* (New York: St. Martin's Press, 1961), 70.

63. Stefansson, *Arctic Manual*, 1:161 - 62.

64. Stefansson, *Arctic Manual*, 1:161 - 62.

65. Stefansson, *Arctic Manual*, 1:166.

66. Stefansson, *Arctic Manual*, 1:165.

67. For much more on tents, see Parsons and Rose, *Invisible on Everest.*

68. Parsons and Rose, *Invisible on Everest*, 34.

69. Parsons and Rose, *Invisible on Everest*, 36.

70. RGS, EE/88, folder 3, Progress reports (spare copies). List of equipment from Everest expedition in the basement of the Royal Geographical Society (as of February, 1955).

71. Mandeville, Pugh Papers (MSS491), box 35, folder 15, letter, presumably Pugh to Hunt, January 23, 1953.

72. J. S. Milledge, "Electrocardiographic Changes at High Altitude," *British Heart Journal* 25 (1963): 291.

73. RGS, EE/47, letter, Shebbeare to Norton, September 28, 1932.

74. RGS, EE/47, letter, Shebbeare to Norton, September 28, 1932.

75. RGS, EE/54/1, Mount Everest Committee Meeting, November 5, 1934. Comments and suggestions—FS Smythe［marked 42/1/3］.

76. RGS, EE/33/3/4, Report on the Mount Everest oxygen cylinders a& apparatus.

77. Wilfred Noyce, *South Col: The Personal Account of One Man's Adventures on Everest* (London: Reprint Society, 1955), 44.

78. Ryan Johnson, "European Cloth and 'Tropical' Skin: Clothing Material and British Ideas of Health and Hygiene in Tropical Climates," *Bulletin of the History of Medicine* 83 (2009): 530 – 60.

79. Clare Roche, "Women Climbers 1850 – 1900: A Challenge to Male Hegemony?" *Sport in History* 3 (2013): 236 – 59.

80. K. Asahina, "Japanese Antarctic Expedition of 1911 - 12," in *Polar Human Biology: The Proceedings of the SCAR/IUPS/IUBS Symposium on Human Biology and Medicine in the Antarctic*, ed. O. G. Edholm and E. K. Eric Gunderson (London: Heinemann Medical, 1973), 8 - 14.

81. L. H. Newburgh, ed., *The Physiology of Heat Regulation and the Science of Clothing; Prepared at the Request of the Division of Medical Sciences, National Research Council* (Philadelphia: W. B. Saunders, 1949).

82. Frederick R. Wulsin, "Adaptations to Climate among Non-European Peoples," in Newburgh, *Physiology of Heat Regulation*, 1 - 50.

83. Harry Collins, *Changing Order: Replication and Induction in Scientific Practice* (London: Sage Publications, 1985).

84. Siple also writes of "hybrid combinations of Eskimo clothing with *ordinary conventional* cold weather garments [my emphasis]." Paul A. Siple, "Clothing and Climate," in Newburgh, *Physiology of Heat Regulation*, 433 - 41.

85. G. M. Budd, "Skin Temperature, Thermal Comfort, Sweating, Clothing and Activity of Men Sledging in Antarctica," *Journal of Physiology* 186 (1966): 202.

86. RGS, EE/88, #5, Equipment, Clothing (spare copies).

87. Scott Polar Research Institute [hereafter SPRI], Vivian Fuchs Papers (GB 15), ms1536/2, diary, July 13, 1957.

88. SPRI, Vivian Fuchs Papers (GB 15), ms1536/2, diary, July 13, 1957.

89. Siple, "Clothing and Climate," 433.

90. F. Galton, *The Art of Travel*, 5th ed. (London: John Murray, 1872), 112 – 13.

91. A. P. Gagge, A. C. Burton, and H. C. Bazett, "A Practical System of Units for the Description of the Heat Exchange of Man with His Environment," *Science* 94 (1941): 428 – 30.

92. Paul A. Siple and Charles F. Passel, "Measurements of Dry Atmospheric Cooling in Subfreezing Temperatures," *Proceedings of the American Philosophical Society* 89 (1945): 177 – 99.

93. A. F. Rogers and R. J. Sutherland, *Antarctic Climate, Clothing and Acclimatization: Final Scientific Report* (Bristol: Bristol University Department of Physiology, 1971), section VⅡ.3, section X.5.

94. L. G. C. E. Pugh, "Tolerance to Extreme Cold at Altitude in a Nepalese Pilgrim," *Journal of Applied Physiology* 18 (1963): 1236; Burton and Edholm, *Man in a Cold Environment*, 55.

95. Rogers and Sutherland, *Antarctic Climate*, section X.8.

96. Mountain Heritage Trust, "Mallory Replica Clothing," http://www.mountain-heritage.org/ projects/mallory-replica-clothing–2/ (accessed December 2018).

97. Mary B. Rose and Mike Parsons, *Mallory Myths and Mysteries: The Mallory Clothing Replica Project* (Keswick, Cumbria: Mountain Heritage Trust, 2006); George W. Rodway, "Mountain Clothing and Thermoregulation: A Look Back," *Wilderness & Environmental Medicine* 23 (2012): 91 – 94.

98. G. Hoyland, "Testing Mallory's Clothes on Everest," *Alpine Journal* 112 (2007): 243 – 46.

99. Paul A. Siple, "General Principles Governing Selection of Clothing for Cold Climates," *Proceedings of the American Philosophical Society* 89 (1945): 200 – 234.

100. John Giaever, *The White Desert: The Official Account of the Norwegian-British-Swedish Antarctic Expedition* (London: Chatto & Windus, 1954). Giaever, the Norwegian expedition leader, was relatively unusual for the period in being willing to entirely eschew the rhetoric of hardship and manliness on the issue of furs versus other clothing: "It should be purely a matter of personal choice whether a man wishes to be tough and to rough it in the polar regions as everywhere else. Personally I have never had any such ambition; for both in the arctic and the Antarctic there are all too frequent occasions when it is in any case quite impossible to avoid having a rough time. It is really superfluous to plan hardships deliberately."（挪威探险队的领队贾埃弗在那个年代很不一般，他没有把毛皮与其他衣物和男子气概混为一谈："不管是在极地还是在其他任何地方，一个人是否愿意吃苦耐劳，这完全是个人的选择问题。就我自己来说，我从来不想充好汉，因为在北极和南极，每走一步都别想省力气。你要去自找苦吃的话，真的太多余了。"）Giaever, *White Desert*, 21.

101. Carl Murray, "The Use and Abuse of Dogs on Scott's and Amundsen's South Pole Expeditions," *Polar Record* 44 (2008): 303 – 10.

102. Murray, "Use and Abuse of Dogs." See also John Wright specifically contradicting Shackleton's claim that "the Eskimo" mistreated their dogs: John Wright, "The Polar Eskimos," *Polar Record* 3 (1939): 122.

103. Andrew Croft, "West Greenland Sledge Dogs," *Polar Record* 2 (1937): 77.

104. T. Howard Somervell, *After Everest: The Experiences of a Mountaineer and Medical Missionary*, 2nd ed. (London: Hodder & Stoughton, 1939), 57 – 58.

105. "The nut food contains cashew-nut cream, peanut cream, soya flour, groundnut oil, 'yeastrel', dehydrated onion, celery, sage, mace and salt." W. R. B. Battle, "An Experimental Concentrated Nut Food," *Polar Record* 7 (1954): 54.

106. L. G. C. E. Pugh, "Physiological and Medical Aspects of the Himalayan Scientific and Mountaineering Expedition," *British Medical Journal* 2 (September 8, 1962): 625.

107. For one example, see Paul Gilchrist, "The Politics of Totemic Sporting Heroes and the Conquest of Everest," *Anthropological Notebooks* 12 (2006): 41.

108. Mandeville, Pugh Papers (MSS491), box 35, folder 1, letter, M. W. Grant to Pugh, November 14, 1952.

109. Iain A. McCormick et al., "A Psychometric Study of Stress and Coping during the International Biomedical Expedition to the Antarctic (IBEA)," *Journal of Human Stress* 11 (1985): 153.

110. Anthony J. W. Taylor and Iain A. McCormick, "Human Experimentation during the International Biomedical Expedition to the Antarctic (IBEA)," *Journal of Human Stress* 11 (1985): 161 – 62.

111. Mandeville,Pugh Papers (MSS491), box 39, folder 5, High-Altituder Ration Questionnaire c. 1952.

112. Noel Barber, *The White Desert* (London: Hodder & Stoughton, 1958), 106.

113. Deborah Neill, "Finding the 'Ideal Diet': Nutrition, Culture, and Dietary Practices in France and French Equatorial Africa, c. 1890s to 1920s," *Food and Foodways* 17 (2009): 15.

114. Heggie, "Rationalised and Rationed."

115. E. F. Adolph, ed., *Physiology of Man in the Desert* (New York: Interscience Publishers, 1947); see, in particular, chapter 6, "Urinary Excretion of Water and solutes."

116. Indeed, this diet was once used as an explanation for the name "Eskimo" and for its perjorativeness—it was thought to be a corruption of terms meaning "raw meat eater." This origin is debated by linguists.（事实上，这种饮食曾经被用来解释"因纽特人"这个名字，并被认为含有贬义，是"吃生肉的人"的变体。语言学家们对这一起源

莫衷一是。）

117. Kåre Rodahl and T. Moore, "The Vitamin A Content and Toxicity of Bear and Seal Liver," *Biochemical Journal* 37 (1943): 166 – 68.

118. Kåre Rodahl, *Between Two Worlds: A Doctor's Log-Book of Life amongst the Alaskan Eskimos*, 2nd ed. (London: Heinemann, 1964), chaps. 9, 10.

119. Rodahl, *Between Two Worlds*, 134.

120. Vilhjalmur Stefansson, *The Fat of the Land* (enlarged edition of *Not by Bread Alone*) (New York: Macmillan, 1960), 74.

121. Stefansson, *Fat of the Land*, 74.

122. Hugh Ruttledge, *Everest: The Unfinished Adventure* (London: Hodder & Stoughton, 1937); T. S. Blakeney, "Maurice Wilson and Everest, 1934," *Alpine Journal* 70 (1965): 269 – 72.

123. ［Frank Debenham?］,"The Eskimo Kayak," *Polar Record* 1 (1934): 54.

124. ［Debenham?］, "The Eskimo Kayak," 57.

125. Mandeville, Pugh Papers (MSS491), box 6, folder 25, letter, Brotherhood to Grahame, October 10, 1972.

126. Rowley, "Snow-House Building," 109.

127. "About Pemmican," Classic Jerky Company, http://pemmican.com/about-pemmican/ (accessed May 2017).

128. Elena Aronova, Karen S. Baker, and Naomi Oreskes, "Big Science and Big Data in Biology: From the International Geophysical Year through the International Biological Program to the Long Term Ecological Research (LTER) Network, 1957 - Present," *Historical Studies in the Natural Sciences* 40 (2010): 183 - 224.

129. Joanna Radin, *Life on Ice: A History of New Uses for Cold Blood* (Chicago: University of Chicago Press, 2017). On "vanishing" populations, see also Soraya de Chadarevian,"Human Population Studies and the World Health Organization," *Dynamis* 35(2015): 359 - 88.

130. Joanna Radin, "Latent Life: Concepts and Practices of Human Tissue Preservation in the International Biological Program," *Social Studies of Science* 43 (2013): 484 - 508.

131. Henrik Forsius, Aldur W. Eriksson, and Johan Fellman, "The International Biological Program/Human Adaptability Studies among the Skolt Sami in Finland (1966 - 1970)," *International Journal of Circumpolar Health* 71 (2012): 1 - 5

第五章

1. John B. West, *High Life: A History of High-Altitude Physiology and Medicine* (New York: Published for the American Physiological Society by Oxford University Press, 1998), 240; George W. Rodway, "Ulrich C. Luft and Physiology on Nanga Parbat: The Winds of War," *High Altitude*

Medicine & Biology 10 (2009): 89 - 96.

2. West, *High Life*, 250.

3. Paul Bauer, “Nanga Parbat, 1937,” *Himalayan Journal* 10 (1938), https:///www.himalayanclub.org/jnl/10/9/nanga-parbat-1937/.

4. Bauer had led three teams that failed to reach the summit of Kangchenjunga and had subsequently failed to raise funds for further expeditions to that mountain, as interest had switched to Nanga Parbat.（鲍尔带领的三支登山队都没能到达干城章嘉峰顶，后来也没能筹集到足够的资金，因为大家的兴趣都转向了南迦帕尔巴特峰。）

5. Bauer, “Nanga Parbat.”

6. “Lagen sie friedlich in ihre Zelte, ihre Gesichter zeigten keine Spur einer Angst vor de nahendne Unheil.” University of California, San Diego, Mandeville Special Collections ［hereafter Mandeville］, Ulrich Cameron Luft Papers (MSS475), box 40, folder 8, manuscript, “Ganz Deutschland hielt den Atem an . . . ,” Munich, November 7, 1937.

7. Bauer, “Nanga Parbat”; Harald Hoebusch, “Ascent into Darkness: German Himalaya Expeditions and the National Socialist Quest for High-Altitude Flight,” *International Journal of the History of Sport* 24 (2007): 526.

8. Aviation technology was of sustained strategic interest to the US military; see, for example, the retrieved information in United States Air Force, *German Aviation Medicine, World War* □, vol. 2 (Washington,

DC: Government Printing Office, 1950); A. Jacobson, *Operation Paperclip: The Secret Intelligence Program that Brought Nazi Scientists to America* (Boston: Little, Brown, 2014).

9. Rodway, "Ulrich C. Luft."

10. Mandeville, Pugh Papers (MSS491), box 42, folder 8, letter, Nevison to "Griff," November 13, 1961.

11. Rodway, "Ulrich C. Luft"; see also Karl Heinz Roth, "Flying Bodies—Enforcing States: German Aviation Medical Research from 1925 to 1975 and the Deutsche Forschungsgemeinschaft," in *Man, Medicine, and the State: The Human Body as an Object of Government Sponsored Medical Research in the 20th Century*, ed. Wolfgang U. Eckart (Stuttgart: Franz Steiner Verlag Wiesbaden GmbH, 2006), 108 - 32; Jonathan D. Moreno, *Undue Risk: Secret State Experiments on Humans* (New York: W. H. Freeman, 1999); in particular, chapter 4: "Deals with Devils."

12. F. Viault, "Sur l'augmentation considérable de nombre des globules rouges dans le sang chez les habitants des hautes plataux de l'Amérique du Sud," *Comptes rendues de l'Académie des Sciences* 111 (1890): 917 - 18. See also West, *High Life*, 200 - 201. West notes that Viault's increases, if accurate, are much higher than modern studies would expect, and are therefore probably due to significant dehydration as well as increased red blood cell production.

13. Mandeville, Pugh Papers (MSS491), box 39, folder 1, letter, J. S. Horn to Edholm, June 22, 1953.

14. Mandeville, Pugh Papers (MSS491), box 39, folder 1, letter, Pugh to J. S. Horn, July 14, 1953.

15. W. Schneider, "Blood Transfusion in Peace and War, 1900 - 1918," *Social History of Medicine* 10 (1997): 105 - 26.

16. Mandeville, Hornbein Papers (MSS669), box 32, folder 5, letter, Tom to Ross Paul, November 21, 1963.

17. R. A. Zink et al., "Hemodilution: Practical Experiences in High Altitude Expeditions," in *High Altitude Physiology and Medicine*, ed. W. Brendel and R. A. Zink (New York: Springer-Verlag, 1982), 291 - 97.

18. Mandeville, West Papers (MSS444), box 81, folder 6, Research proposal by Frank H. Sarnquist to American Lung Association (successful), May 31, 1982.

19. Mandeville, West Papers (MSS444), box 81, folder 6, letter, ?West to AMREE team, November 17, 1980.

20. Hugo Chiodi, "Respiratory Adaptations to Chronic High Altitude Hypoxia," *Journal of Applied Physiology* 10 (1957): 81 - 87; F. Kreuzer and Z. Turek, "Influence of the Position of the Oxygen Dissociation Curve on the Oxygen Supply to Tissues," in *High Altitude Physiology and Medicine*, ed. W. Brendel and R. A. Zink (New York: Springer-Verlag, 1982), 66 - 72.

21. Zink et al., "Hemodilution," 295; José Luis Bermúdez, "Climbing on Kangchenjunga since 1955," *Alpine Journal* 101 (1996): 50 - 56.

22. F. H. Sarnquist, R. Schoene, and P. Hackett, "Exercise Tolerance and Cerebral Function after Acute Hemodilution of Polycythemic Mountain Climbers," *Physiologist* 25 (1982): 327.

23. Zink et al., "Hemodilution," 296.

24. K. Messmer, "Oxygen Transport Capacity," and on the Austrian expedition, Oswald Oelz, "How to Stay Healthy While Climbing Mount Everest," both in *High Altitude Physiology and Medicine*, ed. W. Brendel and R. A. Zink (New York: Springer-Verlag, 1982), 21 - 27, 298 - 300, respectively.

25. T. Howard Somervell, "Note on the Composition of Alveolar Air at Extreme Heights," *Journal of Physiology* 60 (1925): 282 - 85.

26. Mandeville, Pugh Papers (MSS491), box 39, folder 1, letter, J. S. Horn to Edholm, June 22, 1953; this work was eventually published as a short note: L. G. C. E. Pugh, "Haemoglobin Levels on the British Himalayan expeditions to Cho Oyu in 1952 and Everest in 1953," *Journal of Physiology* 126–Supp. (1964): 38 - 39.

27. John B. Winslow, "High-Altitude Polycythemia," in *High Altitude and Man*, ed. John B. West and Sukhamay Lahiri (Bethesda, MD: American Physiological Society, 1984), 163 - 73.

28. Nancy Stepan, *The Idea of Race in Science: Great Britain 1800–1960* (Houndmills, Hampshire: Macmillan, 1987); see, in particular, chapter 6, "A Period of Doubt: Race Science before the Second World War," and chapter 7, "After the War: New Science & Old Controversies."

29. For a review of these for the Sherpa, see Sherry B. Ortner, *Life and Death on Mt. Everest: Sherpas and Himalayan Mountaineering* (Princeton, NJ: Princeton University Press, 1999).

30. Joseph Barcroft, *The Respiratory Function of the Blood, Part I: Lessons from High Altitudes* (Cambridge: Cambridge University Press, 1925), 176.

31. Eric T. Jennings, *Curing the Colonizers: Hydrotherapy, Climatology, and French Colonial Spas* (Durham, NC: Duke University Press, 2006), 75 – 78; Dane Kennedy, *The Magic Mountains: Hill Stations and the British Raj* (Berkeley: University of California Press, 1996); J. T. Kenny, "Climate, Race, and Imperial Authority: The Symbolic Landscape of the British Hill Station in India," *Annals of the Association of American Geographers* 85 (1995): 694 – 714; Kenny, "Claiming the High Ground: Theories of Imperial Authority and the British Hill Stations in India," *Political Geography* 16 (1997): 655 – 73.

32. Ana Cecilia Rodríguez de Romo and José Rogelio Pérez Padillia, "The Mexican Response to High Altitudes in the 1890s: The Case of a Physician and his 'Magic Mountain,'" *Medical History* 42 (2003): 493 – 516.

33. H. P. Lobenhoffer, R. A. Zink, and W. Brendel, "High Altitude Pulmonary Edema: Analysis of 166 Cases," in *High Altitude Physiology and Medicine*, ed. W. Brendel and R. A. Zink (New York: Springer-Verlag, 1982), 219 – 31.

34. Carlos Monge Medrano, *Acclimatization in the Andes* (Baltimore:

Johns Hopkins University Press, 1948), xii.

35. Monge Medrano, *Acclimatization*, xii.

36. Monge Medrano, *Acclimatization*, 47.

37. Monge Medrano, *Acclimatization*, ix.

38. Cf. John B. West, "Barcroft's Bold Assertion: All Dwellers at High Altitudes Are Persons of Impaired Physical and Mental Powers," *Journal of Physiology* 594 (2016): 1127 - 34.

39. Monge Medrano, *Acclimatization*, 62.

40. Ortner, *Life and Death*; Ortner, "Thick Resistance: Death and the Cultural Construction of Agency in Himalayan Mountaineering," *Representations* 59 (1997): 135 - 62. Pain has long been recognized by historians as a medical concept deeply shaped by racialized ideas: Joanna Bourke, "Pain Sensitivity: An Unnatural History from 1800 to 1965," *Journal of Medical Humanities* 35 (2014): 301 - 19.

41. Lobenhoffer, Zink, and Brendel, "High Altitude Pulmonary Edema."

42. L. G. C. E. Pugh, "Tolerance to Extreme Cold at Altitude in a Nepalese Pilgrim," *Journal of Applied Physiology* 18 (1963): 1234 - 38.

43. J. G. Wilson, "The Himalayan Schoolhouse Expeditions," *Alpine Journal* 70 (1965): 226 - 39.

44. S. Lahiri and J. S. Milledge, “Sherpa Physiology,” *Nature* 207 (1965): 611.

45. S. Lahiri and J. S. Milledge, “Acid-Base in Sherpa Altitude Residents and Lowlanders at 4880 m,” *Respiration Physiology* 2 (1967): 332.

46. Lahiri and Milledge, “Sherpa Physiology,” 612.

47. Peter H. Hackett et al., “Control of Breathing in Sherpas at Low and High Altitude,” *Journal of Applied Physiology* 49 (1980): 374.

48. Frederic Jackson, “The Heart at High Altitude,” *British Heart Journal* 30 (1968): 292.

49. Mandeville, Pugh Papers (MSS491), box 42, folder 10, letter, Elsner to Pugh, June 27, 1960.

50. Jeremy Windsor and George W. Rodway, “Heights and Haematology: The Story of Haemoglobin at Altitude,” *Postgraduate Medical Journal* 83 (2007): 148 – 51.

51. Mandeville, Pugh Papers (MSS491), box 10, folder 35, letter, G. Pugh to P. O. Williams ［MRC］, November 25, 1958.

52. Frederic Jackson and Hywel Davies, “The Electrocardiogram of the Mountaineer at High Altitude,” *British Heart Journal* 22 (1960): 671 – 85.

53. J. H. Emlyn Jones, “Ama Dablam, 1959,” *Alpine Journal* 65 (1960):

1 - 10.

54. The classics on this topic are Londa Schiebinger, "Why Mammals Are Called Mammals: Gender Politics in Eighteenth-Century Natural History," *American Historical Review* 98 (1993): 382 - 411; and Emily Martin, "The Egg and the Sperm: How Science Has Constructed a Romance Based on Stereotypical Male-Female Roles," *Signs* 16 (1991): 485 - 501.

55. Mandeville, Pugh Papers (MSS491), box 35, folder 13, diary, April 11, 1953.

56. Martina Gugglberger, "Climbing Beyond the Summits: Social and Global Aspects of Women's Expeditions in the Himalayas," *International Journal of the History of Sport* 32 (2015): 597 - 613.

57. Gugglberger, "Climbing Beyond," 605, 609.

58. James A. Horscroft et al., "Metabolic Basis to Sherpa Altitude Adaptation," *Proceedings of the National Academy of Sciences* 114 (2017): 6382 - 87.

59. Warwick Anderson, "Hybridity, Race, and Science: The Voyage of the *Zaca*, 1934 - 1935," *Isis* 103 (2012): 229 - 53.

60. In fact, Kestner's initial research was on dogs. O. Kestner, "Klimatologische Studien. L Der wirksame Anteil des Hoheriklimas," *Zeitschrift für Biologie* 73 (1921): 1 - 6; as cited in H. H. Mitchell and Marjorie Edman, *Nutrition and Resistance to Climatic Stress with*

Particular Reference to Man, Report: Quartermaster Food and Container Institute for the Armed Forces, Research and Development Branch (November 1949), 41, www.dtic.mil/dtic/tr/fulltext/u2/ a581922.pdf (accessed July 2018).

61. D. V. Latham and C. Gillman, "Kilimanjaro and Some Observations on the Physiology of High Altitudes in the Tropics," *Geographical Journal* 68 (1926): 492.

62. E. M. Glaser, "Acclimatization to Heat and Cold," *Journal of Physiology* 110 (1949): 335.

63. Glaser, "Acclimatization to Heat and Cold."

64. E. F. Adolph, ed., *Physiology of Man in the Desert* (New York: Interscience Publishers, 1947). 17.

65. University of Adelaide Rare Books & Special Collections [hereafter Adelaide], W. V. Macfarlane Papers 1947 – 1985 (MS0006), F2/51 US Army Medical Research Command—Water and electrolyte metabolism of desert Aboriginals and New Guinea Melanesians.

66. R. H. Fox et al., "A Study of Temperature Regulation in New Guinea People," *Philosophical Transactions of the Royal Society of London, Series B* 268 (1974): 375 – 91.

67. A. Grenfell Price, *White Settlers in the Tropics* (New York: American Geographical Society, 1939).

68. Warwick Anderson, *The Cultivation of Whiteness: Science, Health, and Racial Destiny in Australia* (Durham, NC: Duke University Press, 2006).

69. Adelaide, W. V. Macfarlane Papers 1947 – 1985 (MS0006), F2/37, letter, Macfarlane to Law, March 11, 1980.

70. Adelaide, W. V. Macfarlane Papers 1947 – 1985 (MS0006), F2/1, letter, Macfarlane to Kirk, May 21, 1969.

71. Adelaide, W. V. Macfarlane Papers 1947 – 1985 (MS0006), F2/6, Macfarlane to Mr. R. Ballantyne, Building Research Station, CSIRO, Victoria, January 18, 1978.

72. Jean Rivolier, *Man in the Antarctic: The Scientific Work of the International Biomedical Expedition to the Antarctic (IBEA)* (London: Taylor & Francis, 1988), 105.

73. Rivolier, *Man in the Antarctic*, 105.

74. Joel B. Hagen, "Bergmann's Rule, Adaptation, and Thermoregulation in Arctic Animals: Conflicting Perspectives from Physiology, Evolutionary Biology, and Physical Anthropology after World War Ⅱ," *Journal of the History of Biology* 50 (2017): 235 – 65.

75. "Davenport also demonstrates that some of the mulattoes have unexpected combinations of long legs and short bodies, or long bodies and short legs. Other individuals have the long legs of the negro and the short arms of the white, which would put them at a disadvantage in

picking up things from the ground."（“达文波特还证明，有些混血儿的身材比例出人意料，有的长腿短身，有的长身短腿，而另一些有黑人的长腿和白人的短臂，他们从地上捡东西的时候就不如其他人。”）C. B. Davenport and Morris Steggerda, "Race Crossing in Jamaica" (Washington: Carnegie Institution, 1929), quoted in Grenfell Price, *White Settlers in the Tropics*, 180.

76. Hagen, "Bergmann's Rule," 248.

77. Hagen, "Bergmann's Rule". We should acknowledge that some of this counterargument relied on the belief that adaptive mechanisms seen in non-European populations were at least "latent" in people of European descent; these mechanisms included a generalized acclimatization to cold, which, of course, many other physiologists were denying existed in any population.（我们应该承认，这种反驳有一部分是基于这样的理念，即非欧洲人种群的适应机制在欧洲人后裔中是“隐性的”；这些机制包括一般的冷习服，当然，许多其他的生理学家认为任何人种都没有这种冷习服。）

78. Frederick A. Itoh, "Physiology of Circumpolar People," in *The Human Biology of Circumpolar Populations*, ed. Frederick A. Milan (Cambridge: Cambridge University Press, 1980), 288.

79. Mandeville, Pugh Papers (MSS491), box 7, folder 31, letter, Dr. Raymond Greene to Pugh, July 11, 1957.

80. R. F. Hellon et al., "Natural and Artificial Acclimatisation to Hot Environments," *Journal of Physiology* 132 (1956): 559 – 76.

81. Fox et al., “Study of Temperature Regulation,” 390.

82. D. C. Wilkins, “Heat Acclimatization in the Antarctic,” *Journal of Physiology* 214 (1971): 15 - 16.

83. Steven M. Horvath and Elizabeth C. Horvath, *The Harvard Fatigue Laboratory: Its History and Contributions,* International Research Monograph Series in Physical Education (Englewood Cliffs, NJ: Prentice-Hall, 1973), 147.

84. Javier Arias-Stella, “Morphological Patterns: Mechanism of Pulmonary Arterial Hypertension,” in *Life at High Altitudes* [Proceedings of the Special Session Held during the Fifth Meeting of the PAHO Advisory Committee on Medical Research, June 15, 1966] , ed. A. Hurtado (Washington, DC: Pan American Health Organisation/World Health Organisation, 1966), 11.

85. D. A. Giussani et al., “Hypoxia, Fetal and Neonatal Physiology: 100 Years On from Sir Joseph Barcroft: Editorial,” *Journal of Physiology* 594 (2016): 1107.

86. A. Hurtado, “Natural Acclimatization to High Altitudes: Review of Concepts,” in Hurtado, *Life at High Altitudes*, 7.

87. “Polar Medicine,” *Lancet* 274 (November 7, 1959): 787.

88. Nea Morin, *A Woman's Reach: Mountaineering Memoirs* (London: Eyre & Spottiswoode, 1968), 215.

89. Twentieth-century writers sometimes use the single word "Ama" to refer to both Japanese and Korean diving women.

90. Hermann Rahn, "Lessons from Breath Holding," in *The Regulation of Human Respiration: The Proceedings of the J. S. Haldane Centenary Symposium Held in the University Laboratory of Physiology, Oxford*, ed. D. J. Cunningham and B. B. Lloyd (Oxford: Blackwell Scientific, 1963), 293 – 302.

91. Suk Ki Hong and Hermann Rahn, "The Diving Women of Korea and Japan," in *Human Physiology and the Environment in Health and Disease: Readings from Scientific American,* ed. Arthur J. Vander (San Francisco: W. H. Freeman, 1976), chap. 9, 92 – 101.

92. Hong and Rahn, "Diving Women," 100.

93. Hong and Rahn, "Diving Women," 101.

94. Vilhjalmur Stefansson and US War Department, *Arctic Manual* (Washington, DC: Government Printing Office, 1940), 293.

95. H. E. Lewis and J. P. Masterton. "British North Greenland Expedition 1952 – 54: Medical and Physiological Aspects [Part 1]," *Lancet* 266 (September 3, 1955): 499.

96. G. M. Budd and N. Warhaft, "Cardiovascular and Metabolic Responses to Noradrenaline in Man, before and after Acclimatization to Cold in Antarctica," *Journal of Physiology* 186 (1966): 233 – 42.

97. Mandeville, Pugh Papers (MSS491), box 7, folder 28, letter, Goldberger to Leathes, December 2, 1970.

98. Vanessa Heggie, "'Only the British Appear to Be Making a Fuss': The Science of Success and the Myth of Amateurism at the Mexico Olympiad, 1968," *Sport in History* 28 (2008): 213 – 35; Alison M. Wrynn, "'A Debt Was Paid Off in Tears': Science, IOC Politics and the Debate about High Altitude in the 1968 Mexico City Olympics," *International Journal of the History of Sport* 23 (2006): 1152 – 72.

99. Mandeville, Hornbein Papers (MSS669), box 32, folder 5, letter, Tom to Ross Paul, November 21, 1963.

100. John Gleaves, "Manufactured Dope: How the 1984 US Olympic Cycling Team Rewrote the Rules on Drugs in Sports," *International Journal of the History of Sport* 32 (2015): 89 – 107.

101. Vanessa Heggie, *A History of British Sports Medicine* (Manchester: University of Manchester Press, 2011).

102. This is a literature too large to cite fully, but good starting points are Paul Dimeo, *A History of Drug Use in Sport, 1876–1976: Beyond Good and Evil* (New York: Routledge/Taylor & Francis, 2007); Rob Beamish and Ian Ritchie, "From Fixed Capacities to Performance-Enhancement: The Paradigm Shift in the Science of 'Training' and the Use of Performance-Enhancing Substances," *Sport in History* 25 (2005): 412 – 33; John M. Hoberman, *Mortal Engines: The Science of Performance and the Dehumanization of Sport* (Caldwell, NJ: Blackburn Press, 2001).

第六章

1. L. G. C. E. Pugh, "Clothing Insulation and Accidental Hypothermia in Youth," *Nature* 209 (1966): 1281 - 86.

2. L. G. C. E. Pugh, "Cold Stress and Muscular Exercise, with Special Reference to Accidental Hypothermia," *British Medical Journal* 2 (May 6, 1967): 333 - 37; Pugh, "Clothing Insulation," 1286.

3. L. G. C. E. Pugh, "Accidental Hypothermia in Walkers, Climbers, and Campers: Report to the Medical Commission on Accident Prevention," *British Medical Journal* 1 (January 15, 1966).

4. Pugh, "Accidental Hypothermia," 123.

5. Pugh, "Clothing Insulation."

6. Mark Jackson, *The Age of Stress: Science and the Search for Stability* (Oxford: Oxford University Press, 2013); Anson Rabinbach, *The Human Motor: Energy, Fatigue and the Origins of Modernity* (Berkeley: University of California Press, 1992); Anna Katharina Schaffner, *Exhaustion: A History* (New York: Columbia University Press, 2016); Robin Wolfe Scheffler, "The Fate of a Progressive Science: The Harvard Fatigue Laboratory, Athletes, the Science of Work and the Politics of Reform," *Endeavour* 35 (June 2011): 48 - 54.

7. These changes are outlined in Jackson, *Age of Stress*, although, as Layne Karafantis has noted, there are still lacunae in work on *field* psychology. Karafantis, "Sealab Ⅱ and Skylab: Psychological Fieldwork

in Extreme Spaces," *Historical Studies in the Natural Sciences* 43 (2013): 551 – 88.

8. And, of course, in choosing future polar and high-altitude personnel; psychological testing had been part of the recruitment process for American Antarctic personnel since the early 1960s. E. K. Eric Gunderson, "Psychological Studies in Antarctica," in *Human Adaptability to Antarctic Conditions*, ed. E. K. Eric Gunderson, Antarctic Research Series, vol. 22 (Washington, DC: American Geophysical Union, 1974), 115–31. See also Philip W. Clements, *Science in an Extreme Environment: The 1963 American Mount Everest Expedition* (Pittsburgh: University of Pittsburgh Press, 2018).

9. E. M. Glaser, "Immersion and Survival in Cold Water," *Nature* 166 (1950): 1068.

10. "The metabolic cost of sustained swimming . . . is not greatly in excess of the heat production from shivering, at any rate in peak periods. Heat loss from a moving body as compared with a subject keeping still would possibly be increased, and for thin subjects keeping still might be better than swimming. The evidence on this point is not yet adequate."（连续游泳的代谢值……不会超过寒颤产生的热量，高峰期也一样。身体在运动时的热量损失比在静止时的更高，对于瘦人来说保持静止可能比游泳更好。关于这一点的证据还不充分。）Alan C. Burton and Otto G. Edholm, eds., *Man in a Cold Environment. Physiological and Pathological Effects of Exposure to Low Temperatures* (London: Edward Arnold, 1955), 212.

11. L. G. C. E. Pugh and O. G. Edholm, "The Physiology of Channel

Swimmers," *Lancet* 269 (1955): 761 – 68; "Physiology of Channel Swimmers," *British Medical Journal* 2 (September 3, 1960): 725; Vanessa Heggie, *A History of British Sports Medicine* (Manchester: Manchester University Press, 2011).

12. Steven M. Horvath and Elizabeth C. Horvath, The *Harvard Fatigue Laboratory: Its History and Contributions*, International Research Monograph Series in Physical Education (Englewood Cliffs, NJ: Prentice-Hall, 1973), 155. On the links between the ethics of this work and Nazi experiments, see Paul Weindling, *John W. Thompson: Psychiatrist in the Shadow of the Holocaust* (Rochester, NY: University of Rochester Press, 2010), esp. 138 – 51.

13. Burton and Edholm, *Man in a Cold Environment*, 212.

14. O. G. Edholm and A. L. Bacharach, eds., *Exploration Medicine: Being a Practical Guide for Those Going on Expeditions* (Bristol: John Wright & Sons, 1965).

15. R. L. Berger, "Nazi Science—the Dachau Hypothermia Experiments," *New England Journal of Medicine* 322 (1990): 1435 – 40.

16. Wilfred Noyce, *South Col: One Man's Adventure on the Ascent of Everest 1953* (London: Reprint Society, 1955), 198.

17. J. S. Haldane, A. M. Kellas, and E. L. Kennaway, "Experiments on Acclimatisation to Reduced Atmospheric Pressure," *Journal of Physiology* 53 (1919): 181 – 206; J. M. H. Campbell, C. Gordon Douglas, and F. G. Hobson, "The Respiratory Exchange of Man during and after

Muscular Exercise," *Philosophical Transactions of the Royal Society of London*, Series B 210 (1921): 1 - 47.

18. Ove Wilson, "Physiological Changes in Blood in the Antarctic," *British Medical Journal* 2 (December 26, 1953): 1425.

19. C. B. Warren, "The Medical and Physiological Aspects of the Mount Everest Expeditions," *Geographical Journal* 90 (1937): 136.

20. As examples: Royal Geographical Society Archives [hereafter RGS], EE/45, letter, Ruttledge to Greene, November 22, 1932; EE/66.11, letter, W. G. Lowe to Dr. B. N. Wallies, October 15, 1953.

21. University of California, San Diego, Mandeville Special Collections [hereafter Mandeville], Pugh Papers (MSS491), box 7, folder 50.

22. Mandeville, Pugh Papers (MSS491), box 7, folder 50, letter, Hyman to Pugh, February 1967.

23. W. R. Keatinge, "The Effect of Repeated Daily Exposure to Cold and of Improved Physical Fitness on the Metabolic and Vascular Response to Cold Air," *Journal of Physiology* 157 (1961): 209.

24. Mandeville, Pugh Papers (MSS491), box 42, folder 10, letter, Pugh to "Ed," April 6, 1959.

25. Clements, *Science in an Extreme Environment*.

26. Shirley V. Scott, "Ingenious and Innocuous? Article IV of the Antarctic

Treaty as Imperialism," *Polar Journal* 1 (June 2011): 51 - 62.

27. Other funders included the American Alpine Club, the National Geographic Society, the Parisian Servier Laboratories, the Explorers Club, and private donations. F. H. Sarnquist, "Physicians on Mount Everest," *Western Journal of Medicine* 139 (1983): 480 - 85.

28. On the TAE: "During this stage of the journey Geoffrey Pratt was found to be suffering from severe cumulative carbon monoxide poisoning and had to be given oxygen from the welding equipment."（在英联邦跨南极探险队："在这一段路程中，杰弗里·普拉特被发现患有严重的一氧化碳中毒，队员只能用焊接设备的氧气给他供氧。"）Vivian Fuchs, "The Commonwealth Trans-Antarctic Expedition," *Geographical Journal* 124 (1958): 447. And at Silver Hut: "When we were measuring carbon monoxide diffusion capacities in the Silver Hut in 1961, I found on one occasion that the expired carbon monoxide concentration exceeded the inspired concentration (which was about 0.05%). We traced the problem to the fact that a Sherpa had been using a primus stove inside the Silver hut which was well sealed. I think that 0.05% is equivalent to 500 parts per million so the expired concentration exceeded that. We must have had a lot of carbon monoxide on board."［在银色小屋："1961 年，当我们在银色小屋测量一氧化碳的扩散能力时，我发现有一次呼出的一氧化碳浓度超过了吸入浓度（约为 0.05%）。我们找到了问题的根源，即一个夏尔巴人在密封得很好的小屋里使用了煤气炉。我想，0.05% 就是百万分之五百，浓度超过太多了。我们体内肯定有大量的一氧化碳。"］Mandeville, West Papers (MSS444), box 8, folder 4, letter, West to Hackett, December 5, 1988.

29. “Such a reaction is extremely rare, but it brought home to us that an invasive procedure in such a remote environment can easily turn into a serious unpleasant situation because there was little if any way to treat him. Fortunately the reaction was short-lived.”（“这样的反应很少见，但它提醒了我们：在这样一个偏僻的环境中，侵入性的手术很容易造成严重的后果，因为我们无法对他进行治疗。幸运的是，过敏反应很短暂。”）John B. West, *Everest: The Testing Place* (New York: McGraw Hill, 1985), 146.

30. Charles S. Houston, “Introductory Address: Lessons to Be Learned from High Altitude,” *Postgraduate Medical Journal* 55 (July 1979): 450.

31. Houston, “Introductory Address,” 450.

32. John Hunt, *The Ascent of Everest* (London: Hodder & Stoughton, 1953), 71.

33. Hunt, *Ascent of Everest*, 71.

34. A. F. Rogers and R. J. Sutherland, *Antarctic Climate, Clothing and Acclimatization: Final Scientific Report* (Bristol: Bristol University Department of Physiology, 1971), section Ⅱ .2.

35. Charles J. Eagan, “Resistance to Finger Cooling Related to Physical Fitness,” *Nature* 200 (1963): 852.

36. Workers were “sampled” between five and eleven times over the course of the year.（工人在一年里接受了 5 到 11 次“采样”。）D. L. Easty, A. Antonis, and I. Bersohn, “Adipose Fat Composition in

Young Men in Antarctica," *British Antarctic Survey Bulletin* 13 (1967): 41 - 45.

37. H. E. Lewis and J. P. Masterton, "British North Greenland Expedition 1952 - 54: Medical and Physiological Aspects ［Part 2］," *Lancet* 266 (1955): 552.

38. Lewis and Masterton, "British North Greenland ［Part 2］," 552.

39. Anthony J. W. Taylor and Iain A. McCormick, "Human Experimentation during the International Biomedical Expedition to the Antarctic (IBEA)," *Journal of Human Stress* 11 (1985): 162.

40. J. R. Brotherhood, "The British Antarctic Environment with Special Reference to Energy Expenditure," *Forsvarsmedicine* 8 (1972): 112.

41. "Only one Sherpa learnt to work satisfactorily on the bicycle ergometer at the Silver Hut."（"在银色小屋，只有一个夏尔巴人掌握了正确的使用测功计的方法。"）L. G. C. E. Pugh, "Physiological and Medical Aspects of the Himalayan Scientific and Mountaineering Expedition," *British Medical Journal* 2 (September 8, 1962): 624.

42. P. Cerretelli, A. Veicsteinas, and C Marconi, "Anaerobic Metabolism at High Altitude: The Lactacid Mechanism," in *High Altitude Physiology and Medicine*, ed. W. Brendel and R. A. Zink (New York: Springer-Verlag, 1982), 95.

43. Roy J. Shephard, "Work Physiology and Activity Patterns of Circumpolar Eskimos and Ainu: A Synthesis of IBP Data," *Human*

Biology 46 (1974): 263 – 94.

44. A. V. Hill, *Muscular Movement in Man: The Factors Governing Speed and Recovery from Fatigue* (New York: McGraw-Hill, 1927), 3.

45. For more biographical detail, see Harriet Tuckey, *Everest—The First Ascent: The Untold Story of Griffith Pugh, the Man Who Made It Possible* (London: Rider, 2013).

46. Mandeville, West Papers (MSS444), box 25, folder 32, letter, West to Sheldon Shultz.

47. A. H. Brown, "Water Requirements of Man in the Desert," in *Physiology of Man in the Desert*, ed. E. F. Adolph (New York: Interscience Publishers, 1947), 122.

48. Adolph, *Physiology of Man*.

49. The relative advantage of high skin melanin in warmer climates was still a matter of debate in the 1950s: M. L. Thomson, "The Cause of Changes in Sweating Rate after Ultraviolet Radiation," *Journal of Physiology* 112 (1951): 31 – 42.

50. Joanna Radin, *Life on Ice: A History of New Uses for Cold Blood* (Chicago: University of Chicago Press, 2017). See, in particular, chap. 3, "'Before It's Too Late': Life from the Past."

51. Sherry B. Ortner, "Thick Resistance: Death and the Cultural Construction of Agency in Himalayan Mountaineering," *Representations*

59 (1997): 135 – 62; Ortner, *Life and Death on Mt. Everest: Sherpas and Himalayan Mountaineering* (Princeton, NJ: Princeton University Press, 1999).

52. Richard Gillespie, "Industrial Fatigue and the Discipline of Physiology," in *Physiology in the American Context, 1850–1940*, ed. Gerald L. Geison (Bethesda, MD: American Physiological Society, 1987), 237 – 62.

53. Scheffler, "Fate of a Progressive Science"; Carleton B. Chapman, "The Long Reach of Harvard's Fatigue Laboratory, 1926 – 1947," *Perspectives in Biology and Medicine* 34 (1990): 17 – 33; Horvath and Horvath, *Harvard Fatigue Laboratory*.

54. Gillespie, "Industrial Fatigue."

55. "The flat noses of the Sherpas presented difficulty and a little padding was required in some cases."（"夏尔巴人的扁鼻子不能贴合面罩，有时候里面必须塞些垫料。"）Mandeville, Hornbein Papers (MSS669), box 32, folder 7, letter, John Cotes to Tom "Dr. Hornbein," January 11, 1962.

56. Ken Wilson and Mike Pearson, "Post-Mortem of an International Expedition," *Himalayan Journal* 31 (1971): 33 – 83.

57. Walt Unsworth, *Everest: The Mountaineering History*, 3rd ed. (London: Bâton Wicks, 2000), 409.

58. Hugh Ruttledge, *Everest: The Unfinished Adventure* (London:

Hodder & Stoughton, 1937), 44.

59. W. Larry Kenney, David W. DeGroot, and Lacy Alexander Holowatz, "Extremes of Human Heat Tolerance: Life at the Precipice of Thermoregulatory Failure," *Journal of Thermal Biology* 29 (2004): 481.

60. F. P. Ellis et al., "The Upper Limits of Tolerance of Environmental Stress," in *Physiological Responses to Hot Environments*, ed. R. K. Macpherson (London: HMSO, 1960), 158 - 79.

61. Ortner, *Life and Death*, 288. Schmatz's husband eventually paid for her body to be removed although two men (including one Sherpa porter) died in the attempt.（施马茨的丈夫最终出钱请了两个人把她的尸体移开，但两人在这个过程中遇难，其中一人是夏尔巴脚夫。）

62. W. Ambach et al., "Corpses Released from Glacier Ice: Glaciological and Forensic Aspects," *Journal of Wilderness Medicine* 3 (1992): 372 - 76.

63. Unsworth, *Everest*, 409.

64. John V. Pickstone, *Ways of Knowing: A New History of Science, Technology and Medicine* (Chicago: University of Chicago Press, 2001).

65. Proving equipment by taking it out into the field is by no means a modern phenomenon. Nicky Reeves, "'To Demonstrate the Exactness of the Instrument': Mountainside Trials of Precision in Scotland, 1774," *Science in Context* 22 (2009): 323 - 40.

66. Dorinda Outram, "On Being Perseus: New Knowledge, Dislocation, and Enlightenment Exploration," in *Geography and Enlightenment*, ed. David N. Livingstone and Charles W. J. Withers (Chicago: University of Chicago Press, 1997), 281 – 94.

67. Naomi Oreskes, "Objectivity or Heroism? On the Invisibility of Women in Science," *Osiris* 11 (1996): 87 – 113.

68. Clements, *Science in an Extreme Environment*.

69. Outram, "On Being Perseus."

70. On mountains: Clements, *Science in an Extreme Environment*. In Antarctica: Jean Rivolier, "Physiological and Psychological Studies Conducted by Continental European and Japanese Expeditions," in *Human Adaptability to Antarctic Conditions*, ed. E. K. Eric Gunderson, Antarctic Research Series, vol. 22 (Washington, DC: American Geophysical Union, 1974), 63.

缩略语

AMEE	American Mount Everest Expedition (1963) 美国珠峰探险队（1963）
AMREE	American Medical Research Expedition to Everest (1981) 美国医学研究珠峰探险队（1981）
AMS	acute mountain sickness 急性高山病
BAS	British Antarctic Survey 英国南极调查局
DIPAS	(India) Defense Institute of Physiology and Allied Sciences（印度）生理暨相关科学国防研究所
ECG	electrocardiogram 心电图
EPO	erythropoietin 红细胞生成素
FIDS	Falkland Islands Dependency Survey (later BAS) 福克兰群岛属地调查局（后来的 BAS）
IBEA	International Biomedical Expedition to the Antarctic (1980—1981) 国际生物医学南极探险队（1980—1981）
IBP	International Biological Program (1964—1974) 国际生物学计划（1964—1974）
ICAO	International Civil Aviation Organization 国际民用航空组织

IGY	International Geophysical Year (1957—1958) 国际地球物理年（1957—1958）
IMP	integrating motor pneumotachograph 集成呼吸流速器
INPHEXAN	International Physiological Expedition to Antarctica (1957) 国际生理学南极考察队（1957）
IOC	International Olympic Committee 国际奥委会
MRC	Medical Research Council 医学研究理事会
NIMR	(UK) National Institute of Medical Research（英国）国立医学研究所
OEI, Ⅱ，Ⅲ	Operation Everest Ⅰ，Ⅱ，Ⅲ珠峰行动Ⅰ，Ⅱ，Ⅲ
ONR	(US) Office for Naval Research（美国）海军研究总署
Po_2, Pco_2	partial pressure of oxygen, carbon dioxide 氧分压，二氧化碳分压
RAF	(UK) Royal Air Force（英国）皇家空军
RGS	(UK) Royal Geographical Society（英国）皇家地理学会
SCAR	Scientific Committee on Antarctic Research 南极研究科学委员会
TAE	Commonwealth Trans-Antarctic Expedition (1955—1958) 英联邦跨南极探险队（1955—1958）

致 谢

这本书是我在几个有着固定期限的学术职位上的产物，创作期间我欠下的“债”之多，一般篇幅的致谢写不下我想要感谢的人的名字。我的研究工作得以开展，多亏了惠康基金会（批准号 088204/Z/09/A）和艾萨克·牛顿基金会（Isaac Newton Trust），后者为剑桥大学历史与科学哲学系提供了为期 2 年的研究金。下面我要感谢的人有的阅读了本书的初稿，在筹款和工作上对我提供了帮助，或为本书提供了其他重要的支持——尼克·霍普伍德（Nick Hopwood）、劳伦·卡塞尔（Lauren Kassell）、西蒙·谢弗（Simon Schaffer）、詹姆斯·西科德（James Secord）、尼基·里夫斯（Nicky Reeves），以及博士后写作和阅读小组的所有成员，尤其是萨迪娅·库雷希（Sadiah Qureshi）。伯明翰大学的医学社会学组的伯明翰研究协会对我进一步的研究和写作提供了支持。在此我要特别感谢乔纳森·赖纳兹（Jonathan Reinarz）和丽贝卡·温特（Rebecca Wynter），以及我在大学里其他系的同事——马修·希尔顿

（Matthew Hilton）、科里·罗斯（Corey Ross）、凯特·尼科尔斯（Kate Nichols）和萨迪娅（Sadiah）。感谢克里斯·摩尔（Chris Moores）让我知道了什么是征服珠穆朗玛峰的桌上游戏（图5）！

感谢悉尼大学科学基金会悉尼研究中心的访问学者项目，给我提供了重要的研究机会，我要对沃里克·安德森（Warwick Anderson）、塞巴斯蒂安·吉尔–里亚诺（Sebastián Gil-Riaño）、汉斯·波尔斯（Hans Pols）、萨拉·沃尔什（Sarah Walsh）和杰米·邓克（Jamie Dunk），以及我的共同访问学者珍妮特·戈尔登（Janet Golden）表示衷心的感谢。没有这个项目的支持，我将无从下笔，也不可能找到写书的动力。

我还想像往常一样，感谢加利福尼亚州大学圣迭戈分校曼德维尔特藏图书馆（Mandeville Special Collections）、英国皇家地理协会档案馆（Royal Geographical Society Archives）、斯科特极地研究所（Scott Polar Research Institute）和阿德莱德大学珍稀图书和特藏图书馆（University of Adelaide Rare Books & Special Collections）的档案员和图书馆管理员们，在他们的帮助下，我的工作才得以进行。感谢南极新西兰科考站（Antarctica New Zealand，图3）的贝利（Bailey）帮助我进行最后的图像搜索。我还要特别感谢哈丽雅特·塔基（Harriet Tuckey）和英格莱斯·麦克法兰（Ingereth Macfarlane），他们是书中2位生理学家的亲戚，给予我建议、信息和鼓励。所有极端生理学历史的成就里都有约翰·韦斯特教授的功劳，不仅是因为他的支持，还因为他创造的两个宝贵的历史资源：他的书和在圣地亚哥大学的档案资料。

我的“债主”还有凯特·伍德（Kate Wood）、克里斯廷·贝克（Christine Baker）和戴西·黄（Daisie Huang）。在他们的帮助下，我才完成了初稿中最困难的部分。经许可，第二章的部分内容摘自我的文章《实验生理学，珠穆朗玛峰和氧气：从可怕的厨房到缺氧的肺部》（Experimental Physiology, Everest and Oxygen: From the Ghasthy kitchens to the Gasping Lung），原文刊登于《英国科学史杂志》［（*British Journal of the History of Science*）46（2013）：123~147］。我感谢该杂志、芝加哥大学出版社的《伊希斯》（*Isis*）杂志，以及《科学社会研究》（*Social Studies in Science*）的审稿人和编辑，尤其是伯纳德·莱特曼（Bernard Lightman）。我要感谢的参加研讨会和论文会议的人就太多了：如果在过去10年中问过我一个相关的问题，那么您可能也帮助我写出了这本书。

有3个人见证了这项工作的开始，但不幸的是没能看到它的完成。他们是剑桥大学2位系主任彼得·利普顿（Peter Lipton）和约翰·福里斯特（John Forrester），以及我在曼彻斯特大学的同事约翰·皮克斯通（John Pickstone）。

最后，我还要一如既往地对本（Ben）表示感谢，感谢他陪伴我近 20 年，还鼓励我这个天性懒惰的人自己去探索高山和冰川。